LEÇONS

SUR LA

THÉORIE MATHÉMATIQUE

DE

L'ÉLASTICITÉ DES CORPS SOLIDES.

───────

Ouvrages de M. G. Lamé.

Cours de Physique de l'École Polytechnique; 2ᵉ édit., revue et augmentée; 3 vol. in-8°; 1840.

Plans d'Écoles générales et spéciales pour l'agriculture, l'industrie manufacturière, le commerce et l'administration, etc.; par MM. Lamé et Clapeyron; in-8°; 1833.

PARIS. — IMPRIMERIE DE BACHELIER,
rue du Jardinet, n° 12.

LEÇONS

SUR LA

THÉORIE MATHÉMATIQUE

DE

L'ÉLASTICITÉ DES CORPS SOLIDES,

Par M. G. LAMÉ,

MEMBRE DE L'INSTITUT,

PARIS,

BACHELIER, IMPRIMEUR-LIBRAIRE

DU BUREAU DES LONGITUDES ET DE L'ÉCOLE POLYTECHNIQUE,

QUAI DES AUGUSTINS, 55.

—

1852

ORIGINE ET BUT DE CET OUVRAGE.

———

Des Leçons sur l'élasticité des corps solides font partie essentielle du Cours de Physique mathématique que je professe à la Faculté des Sciences de Paris. Plusieurs personnes très-compétentes, qui ont assisté à ces Leçons, me conseillent de les publier, et pensent que cet ouvrage ne sera pas sans utilité. En suivant un conseil, dicté sans doute par une extrême bienveillance, je ne consulte pas mes forces : je cède à mes convictions sur l'importance et l'opportunité du sujet dont il s'agit.

La Physique mathématique, proprement dite, est une création toute moderne, qui appartient exclusivement aux Géomètres de notre siècle. Aujourd'hui, cette science ne comprend en réalité que trois chapitres, diversement étendus, qui soient traités rationnellement; c'est-à-dire qui ne s'appuient que sur des principes ou sur des lois incontestables. Ces chapitres sont : la théorie de l'électricité statique à la surface des corps conducteurs; la théorie analytique de la chaleur; enfin la théorie mathématique de l'élasticité des corps solides. Le dernier est le plus difficile, le moins complet; il est aussi le plus *utile*, à une époque où l'on veut apprécier l'importance d'une théorie mathématique par les résultats qu'elle peut fournir immédiatement à la pratique industrielle.

L'Analyse ne tardera pas, sans doute, à embrasser d'autres parties de la Physique générale, telles que la théorie de la lumière, et celle des phénomènes électro-dynamiques. Mais, on ne saurait trop le répéter, la véritable Physique mathématique est une science aussi rigoureuse, aussi exacte que la Mécanique rationnelle. Elle se distingue, par là, de toutes les applications qui s'appuient sur des principes douteux, sur des hy-pothèses gratuites ou commodes, sur des formules empiriques; le plus souvent, ce ne sont là que des essais, que des calculs numériques au service d'une classification factice.

Cependant, la lenteur des progrès de la vraie science oblige d'avoir recours à ce genre d'applications, pour coordonner les théories physiques, pour étudier et comparer les moteurs, les machines, les projets de constructions de toute sorte, pour jauger les cours d'eau, les conduites de gaz, etc. Malgré leur utilité actuelle, qui est incontestable, toutes ces théories empiriques et partielles ne sont que des sciences d'at-tente. Leur règne est essentiellement passager, inté-rimaire. Il durera jusqu'à ce que la Physique ration-nelle puisse envahir leur domaine. Elles n'auront plus alors qu'une importance historique.

Jusqu'à cette époque, peut-être plus voisine qu'on ne le croit généralement, enseignons avec soin ces sciences d'attente, que d'habiles praticiens ont édifiées, afin de répondre aux besoins incessants des arts industriels. Mais ne les enseignons pas seules : tenons les élèves-ingénieurs au courant des progrès lents, mais sûrs, de la véritable Physique mathématique ; et, pour qu'ils puissent eux-mêmes accélérer ces progrès, faisons en sorte qu'ils connaissent toutes les ressources actuelles de l'Analyse.

C'est ce dernier but que je me propose, en publiant des Leçons sur la Théorie mathématique de l'élasticité, considérée dans les corps solides. La table des matières, le commencement ou la fin de chaque Leçon, les articles marqués d'un astérisque, indiquent suffisamment les objets traités, les théorèmes nouveaux, leur importance et leur liaison, sans qu'il soit nécessaire d'en parler ici.

TABLE DES MATIÈRES.

QUATRIÈME LEÇON.

RÉDUCTION RELATIVE AUX CORPS SOLIDES HOMOGÈNES D'ÉLASTICITÉ CONSTANTE.— CAS D'UNE TRACTION. — CAS D'UNE TORSION. — EXPRESSIONS RÉDUITES DES FORCES ÉLASTIQUES.

CINQUIÈME LEÇON.

DE L'ELLIPSOÏDE D'ÉLASTICITÉ. — FORCES ÉLASTIQUES PRINCIPALES. — PLANS SOLLICITÉS PAR LES FORCES ÉLASTIQUES. — CAS PARTICULIERS.

SIXIÈME LEÇON.

ÉQUATIONS DE L'ÉLASTICITÉ POUR LES SOLIDES HOMOGÈNES D'ÉLASTICITÉ CONSTANTE. — CAS DE L'ÉQUILIBRE D'ÉLASTICITÉ. — DES FORCES ÉMANANT DE CENTRES EXTÉRIEURS. — COEFFICIENT D'ÉLASTICITÉ.

SEPTIÈME LEÇON.

DU TRAVAIL DES FORCES ÉLASTIQUES. — THÉORÈME DE M. CLAPEYRON.— TRAVAIL D'UNE TRACTION. — TRAVAIL D'UNE COMPRESSION. — PUISSANCE D'UN RESSORT. — APPLICATION AUX CONSTRUCTIONS.

HUITIÈME LEÇON.

ÉQUILIBRE ET DILATATION D'UN FIL ÉLASTIQUE. — CORDES VIBRANTES. — LOIS DES VIBRATIONS TRANSVERSALES ET LONGITUDINALES DES CORDES. — SONS SIMULTANÉS.

NEUVIÈME LEÇON.

ÉQUILIBRE DES SURFACES ÉLASTIQUES. — CAS D'UNE MEMBRANE PLANE. — ÉQUATION QUI RÉGIT LES PETITS MOUVEMENTS D'UNE MEMBRANE PLANE ET TENDUE. — INTÉGRATION DE CETTE ÉQUATION.

DIXIÈME LEÇON.

VIBRATIONS TRANSVERSALES DES MEMBRANES PLANES. — MEMBRANE CARRÉE; CLASSEMENT DES SONS; LIGNES NODALES. — MEMBRANE RECTANGULAIRE. — MEMBRANE TRIANGULAIRE ÉQUILATÉRALE.

ONZIÈME LEÇON.

VITESSES DE PROPAGATION DES ACTIONS ÉLASTIQUES. — VITESSES DES ONDES
PLANES. — ÉQUATIONS QUI RÉGISSENT LES PETITS MOUVEMENTS INTÉRIEURS
DES SOLIDES HOMOGÈNES D'ÉLASTICITÉ CONSTANTE. — CLASSEMENT DES ÉTATS
VIBRATOIRES:

DOUZIÈME LEÇON.

INTÉGRALES DES ÉQUATIONS DE L'ÉLASTICITÉ EN COORDONNÉES RECTILIGNES. —
ÉQUILIBRE D'ÉLASTICITÉ DU PRISME RECTANGLE. — CAS OU LA LOI DE LA
DILATATION EST CONNUE. — CAS DES EFFORTS NORMAUX ET CONSTANTS.

TREIZIÈME LEÇON.

ÉTATS VIBRATOIRES DU PRISME RECTANGLE. — VIBRATIONS LONGITUDINALES,
TRANSVERSALES, TOURNANTES, ET COMPOSÉES D'UNE LAME RECTANGULAIRE. —
ÉTATS VIBRATOIRES SANS MANIFESTATION EXTÉRIEURE.

QUATORZIÈME LEÇON.

ÉQUATIONS GÉNÉRALES DE L'ÉLASTICITÉ EN COORDONNÉES SEMI-POLAIRES OU CY-
LINDRIQUES. — ÉQUILIBRE DE TORSION D'UN CYLINDRE. — ÉQUILIBRE D'ÉLAS-
TICITÉ D'UNE ENVELOPPE CYLINDRIQUE. — VIBRATIONS DES TIGES.

QUINZIÈME LEÇON.

ÉQUATIONS GÉNÉRALES DE L'ÉLASTICITÉ EN COORDONNÉES POLAIRES OU SPHÉRIQUES.
— ENVELOPPE SPHÉRIQUE VIBRANTE. — VIBRATIONS DES TIMBRES HÉMISPHÉ-
RIQUES.

SEIZIÈME LEÇON.

ÉQUILIBRE D'ÉLASTICITÉ D'UNE ENVELOPPE SPHÉRIQUE. — ÉQUILIBRE D'ÉLASTICITÉ
D'UNE CROÛTE PLANÉTAIRE. — APPLICATION AU GLOBE TERRESTRE. — SURFACES
ISOSTATIQUES.

DIX-SEPTIÈME LEÇON.

APPLICATION DE LA THÉORIE DE L'ÉLASTICITÉ A LA DOUBLE RÉFRACTION. — CONDITIONS DE LA BIRÉFRINGENCE. — ÉQUATION AUX VITESSES DES ONDES PLANES.

DIX-HUITIÈME LEÇON.

DIRECTIONS DES VIBRATIONS. — ÉQUATION DE LA SURFACE DES ONDES. — POINTS CONJUGUÉS. — RELATIONS SYMÉTRIQUES.

DIX-NEUVIÈME LEÇON.

PROPRIÉTÉS GÉOMÉTRIQUES DE LA SURFACE DES ONDES. — AXES OPTIQUES. — CERCLES DE CONTACT ET OMBILICS. — COURBES SPHÉRIQUES ET COURBES ELLIPSOÏDALES. — CONES ORTHOGONAUX. — VARIÉTÉS DE LA SURFACE DES ONDES.

VINGTIÈME LEÇON.

ONDES CIRCULAIRES A LA SURFACE D'UN LIQUIDE. — ONDES LINÉAIRES COMPOSÉES. — ONDES SPHÉRIQUES. — CONSTRUCTION D'HUYGHENS. — THÉORIE DE LA DOUBLE RÉFRACTION DE FRESNEL.

VINGT ET UNIÈME LEÇON.

GÉNÉRALISATION DE LA CONSTRUCTION D'HUYGHENS. — FAISCEAU CONIQUE RÉFRACTÉ.
— FAISCEAU CONIQUE ÉMERGENT. — RAYONS RÉFRACTÉS POUR UNE INCIDENCE
DONNÉE.— CAS DE L'INCIDENCE NORMALE. — FORCES ÉLASTIQUES DÉVELOPPÉES
LORS DES VIBRATIONS LUMINEUSES.

VINGT-DEUXIÈME LEÇON.

RECHERCHES SUR LA POSSIBILITÉ D'UN SEUL CENTRE D'ÉBRANLEMENT. — CONDITIONS
DE CETTE POSSIBILITÉ.— CONDITION POUR LES ONDES, VÉRIFIÉE PAR LES ONDES
PROGRESSIVES A DEUX NAPPES DE FRESNEL.

VINGT-TROISIÈME LEÇON.

SUITE DES RECHERCHES SUR LA POSSIBILITÉ D'UN SEUL CENTRE D'ÉBRANLEMENT.—
DÉTERMINATION DES PROJECTIONS DE L'AMPLITUDE.— LOIS DE L'AMPLITUDE DES
VIBRATIONS.

· VINGT-QUATRIÈME LEÇON,

FIN DES RECHERCHES SUR LA POSSIBILITÉ D'UN SEUL CENTRE D'ÉBRANLEMENT. — MOUVEMENT GÉNÉRAL DES ONDES PROGRESSIVES. — NÉCESSITÉ D'ADMETTRE L'ÉTHER. — CONCLUSION. — SUR LA CONSTITUTION INTÉRIEURE DES CORPS SOLIDES.

FIN DE LA TABLE DES MATIÈRES.

LEÇONS

SUR LA

THÉORIE MATHÉMATIQUE

DE

L'ÉLASTICITÉ DES CORPS SOLIDES.

PREMIÈRE LEÇON.

De l'élasticité. — Des corps solides homogènes. — Origine et principe de la théorie de l'élasticité. — Des forces élastiques.

§ 1. — Lorsque les molécules de la matière constituent un corps ou un milieu, limité ou indéfini, les causes qui ont assigné à ces molécules leurs positions relatives sont en quelque sorte persistantes, ou agissent continuellement; car, si quelque effort extérieur change un peu et momentanément ces positions, les mêmes causes tendent à ramener les molécules à leurs places primitives. C'est cette tendance ou cette action continue que l'on désigne sous le nom d'*élasticité*.

L'élasticité a une limite. Quand l'effort extérieur a trop changé les positions relatives des molécules, ou lorsqu'il a trop longtemps exercé son action, le corps reste déformé; c'est-à-dire que les molécules ne reprennent plus leurs anciennes places et s'arrêtent dans de nouvelles positions. Les déformations permanentes sont dues aux mêmes causes que l'élasticité, mais ce sont des effets d'une autre nature et que nous n'étudierons pas. La plus grande intensité ou la plus

1

faible durée de l'effort extérieur, qui n'amène pas une déformation permanente, sert de mesure à la limite de l'élasticité. Cette limite est rapidement dépassée dans les fluides
et certains corps solides, mais elle n'est réellement nulle
pour aucun milieu.

L'élasticité est donc une des propriétés générales de la
matière. Elle est, en effet, l'origine réelle ou l'intermédiaire indispensable des phénomènes physiques les plus importants de l'univers. C'est par elle que la lumière se ré-
pand, que la chaleur rayonne, que le son se forme, se
propage et se perçoit, que notre corps agit et se déplace,
que nos machines se meuvent, travaillent et se conservent,
que nos constructions, nos instruments échappent à mille
causes de destruction. En un mot, le rôle de l'élasticité,
dans la nature, est au moins aussi important que celui de
la pesanteur universelle. D'ailleurs la gravitation et l'élasticité doivent être considérées comme les effets d'une même
cause, qui rend dépendantes ou solidaires toutes les parties
matérielles de l'univers, la première manifestant cette dépendance à des distances considérables, la seconde à des
distances très-petites.

Définition des
corps solides
homogènes.

§ 2. — Dans le Cours actuel, nous n'étudierons les effets
de l'élasticité que sur les corps solides homogènes. Il importe de définir ici le genre d'homogénéité que nous admettons. On appelle généralement *homogène* un corps
formé par des molécules semblables, simples ou composées,
qui ont toutes les mêmes propriétés physiques, et la même
composition chimique; nous supposons, de plus, qu'elles
occupent des espaces égaux, et nous appelons *système
moléculaire* l'espace élémentaire et de forme polyédrique,
qui appartient à chaque molécule ou qui la contient seule.
D'après cela, les corps homogènes que nous considérons
sont ceux dans lesquels une droite L, de longueur appré-

ciable et de direction déterminée, traverse le même nombre n de systèmes moléculaires, en quelque endroit qu'elle
soit placée; le rapport $\frac{L}{n}$ peut d'ailleurs varier avec la direction de la droite L.

Cette définition de l'homogénéité embrasse les corps solides cristallisés, quelle que soit la forme, régulière, semi-
régulière ou irrégulière, de leur molécule intégrante; le
rapport $\frac{L}{n}$ peut alors avoir des valeurs très-différentes,
suivant les diverses directions. Dans les corps homogènes
non cristallisés, tels que les métaux, le verre, on admet
que le rapport $\frac{L}{n}$ varie très-peu, ou ne varie pas sensiblement; c'est-à-dire que ce rapport peut être considéré
comme indépendant de la direction de L. Cette hypothèse
exige que n soit très-grand; quelque petite que soit la ligne L:
car il est impossible de distribuer un nombre fini de points
matériels, de telle sorte que le rapport $\frac{L}{n}$ soit constant. Mais
on verra qu'il peut exister, dans un corps solide, une telle
distribution régulière des molécules, que les effets de l'é-
lasticité soient complétement indépendants de la direction
des axes de symétrie; lorsque ce mode de distribution a
lieu, le corps solide est *homogène et d'élasticité constante*.
Cette dernière définition ne repose sur aucune abstraction;
et le nombre n peut être quelconque, petit ou grand.

Il importe souvent de considérer d'abord un corps solide
dans son état d'homogénéité absolue, avant qu'aucune action étrangère ait mis en jeu son élasticité; que cette action
provienne d'efforts exercés à la surface même du corps, ou
qu'elle soit le résultat d'actions à distance. En un mot,
l'état primitif supposé est celui du corps solide complétement libre, et même soustrait à l'action déformatrice de la
pesanteur, tel qu'il serait, par exemple, en tombant libre-

ment dans le vide. Un corps solide pesant, rendu immobile, n'est plus dans cet état d'homogénéité absolue; s'il est suspendu par un fil, ou placé sur un support, l'élasticité y a développé des forces intérieures et d'intensités différentes, qui maintiennent au repos ses diverses parties; en réalité, sa densité n'est plus uniforme. Toutefois, pour presque tous les corps solides, pour ceux surtout que nous avons principalement en vue, la déformation qui résulte de l'action de la pesanteur sur ces corps seuls est tout à fait insensible; c'est-à-dire qu'en retournant l'un d'eux, pour le faire reposer successivement sur ses différentes faces, on ne peut distinguer aucune différence dans sa forme aux diverses stations. La théorie indique d'ailleurs en quoi consistent ces déformations, dont l'existence est réelle, et donne les moyens de les calculer. Ces définitions et ces notions préliminaires étant établies, on peut aborder, comme il suit, la théorie mathématique de l'élasticité considérée dans les corps solides.

Origine
de la théorie de
l'élasticité.

§ 3. — Dans la théorie de l'équilibre et du mouvement des corps solides, on considère ces corps comme ayant une rigidité parfaite; on suppose que les distances des points d'application des forces restent invariables, quelque intenses que soient ces forces. Cette abstraction suffit pour les problèmes qu'on a en vue, et simplifie leurs solutions sans troubler leur rigueur, excepté dans quelques cas très-particuliers. Mais cette hypothèse laisse ignorer la loi suivant laquelle se transmet, d'une partie à l'autre du corps solide, l'influence réciproque qui fait détruire l'action d'une force par celle des autres; c'est cependant un phénomène important et qui a ses limites, bien nécessaires à connaître, puisque, quand les forces qui se font équilibre par l'intermédiaire solide acquièrent un degré suffisant d'intensité, le corps, après avoir plus ou moins changé de forme, finit par se briser. C'est la nécessité d'étudier ce phénomène et d'éviter, dans les constructions, les ruptures et les déformations permanentes, qui a donné naissance à la théorie mathématique de l'élasticité des solides; théorie que les géomètres ont étendue à la recherche des lois que suivent les petits mouvements, ou les vibrations des milieux élastiques.

Un corps solide peut être considéré comme le lieu géométrique d'un nombre infini de points matériels, lequel se distingue du reste de l'espace par plusieurs propriétés mécaniques. Lorsque le solide est à l'état de repos relatif, les points matériels qui le composent sont sollicités par des forces, ou nulles, ou qui se font équilibre. Mais, quand on exerce un effort à la surface, celle-ci entre en mouvement, l'ébranlement se communique aux molécules intérieures, le solide se déforme légèrement et se constitue bientôt dans un nouvel état d'équilibre. Ce phénomène, très-sensible sur certains corps, exigerait des instruments délicats pour être constaté sur d'autres, mais il existe pour tous. Les points matériels placés à la surface, et qui reçoivent l'action immédiate d'une pression, transmettent cette pression aux molécules intérieures du solide et éprouvent de leur part une pression égale, qui maintient leur nouvel équilibre; les molécules de la seconde couche exercent sur les molécules placées à une plus grande profondeur une action analogue. Ainsi se propage, suivant une loi inconnue, la pression exercée à la surface, jusqu'à ce qu'elle soit détruite par un obstacle contre lequel s'appuie le solide. Quand la pression extérieure cesse, les pressions intérieures cessent aussi, et tout finit par rentrer dans l'état primitif, si toutefois l'effort extérieur n'a pas dépassé une certaine limite.

Soit un corps cylindrique aux bases duquel on applique des tractions égales et opposées; il s'allonge légèrement et l'équilibre se rétablit ensuite. La traction exercée aux extrémités s'est propagée dans l'intérieur du cylindre : en effet, si l'on imagine une section perpendiculaire aux arêtes, il est nécessaire, pour le nouvel état d'équilibre, que la partie du corps placée d'un côté de la section attire celle qui est placée de l'autre côté, et soit attirée vers elle, par une force égale à la traction exercée à chaque extrémité. Si celle-ci était remplacée par une pression, le cylindre, au lieu de s'allonger, se raccourcirait, et la partie du corps placée d'un côté de la section exercerait sur l'autre, et éprouverait de sa part, une action répulsive égale à la pression exercée à chaque extrémité. Enfin, si l'on fait cesser les tractions ou les pressions extérieures, les attractions ou les répulsions intérieures cessent également, et le cylindre reprend sa grandeur primitive.

Les changements de forme d'un corps solide, c'est-à-dire les variations des distances respectives des points matériels qui le composent, sont donc toujours accompagnées du développement de forces attractives ou répulsives entre ces points. Ces variations et ces forces naissent, croissent, décroissent et s'annulent en même temps ; elles sont donc dans une dépendance mutuelle. C'est cette dépendance dont il s'agit de trouver les lois. Or les propriétés d'un corps solide ne pouvant dépendre que de celles des points matériels qui le composent, eux seuls doivent être considérés comme les foyers d'où émanent les forces intérieures dont nous venons de parler. On a donc le principe, ou, si l'on veut, le résultat que voici.

Principe
de la théorie de
l'élasticité.

§ 4. — Un corps solide, à la surface duquel ne s'exerce aucune pression et dont les molécules ne sont sollicitées par aucune force extérieure, est le lieu d'une infinité de points matériels infiniment rapprochés, mais qui ne se touchent pas, équidistants si le corps est homogène, et qui jouissent les uns à l'égard des autres de la propriété sui-

vante : si, en vertu d'un effort ou d'une action extérieure
qui vient à naître tout à coup, deux points matériels pris au
hasard, mais suffisamment voisins, se rapprochent ou s'é-
loignent l'un de l'autre, il en résulte entre ces deux molécules une action ou force, répulsive dans le premier cas,
attractive dans le second, qui est une fonction de la distance primitive ζ des deux molécules, et de l'écartement $\Delta\zeta$,
c'est-à-dire de la quantité dont elles se sont rapprochées ou
éloignées. Cette fonction, pour un même corps, est nulle,
quelle que soit la distance ζ, lorsque l'écartement $\Delta\zeta$ est
nul ; elle décroît rapidement, quel que soit l'écartement,
dès que la distance ζ acquiert une valeur sensible, puisque
toute adhésion cesse entre deux parties d'un même corps séparées par une distance appréciable. Selon que cette fonction variera plus ou moins rapidement avec l'écartement,
les mêmes forces extérieures produiront un changement de
forme moins sensible dans le premier cas, plus sensible
dans le second. La théorie développée dans ce Cours s'applique au cas où les changements de forme résultant des
actions extérieures sont extrêmement petits, soit que les
actions aient de faibles intensités, soit que les corps considérés aient une grande rigidité. Alors la fonction de l'é-
cartement $\Delta\zeta$, et de la distance ζ, se réduit au produit de la
première puissance de l'écartement par une fonction de
ζ, $[F(\zeta)]$, qui est insensible dès que ζ est appréciable.

Dans ces circonstances, soient (*fig.* 1) M, M′ les positions primitives de deux points matériels ; m, m' leurs nouvelles positions ; $\overline{MM'} = \zeta$; si l'on mène, par m, une droite
$\overline{m\mu}$ égale et parallèle à $\overline{MM'}$, l'écartement $\Delta\zeta$, où la différence des deux distances $\overline{mm'}$ et $\overline{m\mu}$, peut être exprimée par
la projection de $\overline{\mu m'}$ sur $\overline{mm'}$, car $\overline{\mu m'}$ est supposé extrêmement petit par rapport à $\overline{mm'}$ ou ζ ; ce qui doit être, si
l'on ne considère que des déformations très-faibles. L'écar-

tement $\Delta\zeta$, ainsi exprimé par la projection dont il s'agit, aura le signe $+$ si les molécules se sont éloignées, le signe $-$ si elles se sont rapprochées. La grandeur insensible de ζ n'est pas ici une objection : car si ζ était considéré comme un infiniment petit du premier ordre, $\Delta\zeta$ serait infiniment petit par rapport à ζ, ou un infiniment petit du second ordre.

Définition de la force élastique.

§ 5. — Soit (*fig.* 2) M une molécule intérieure du solide. Imaginons : 1° la sphère S, dont le centre est en M, et qui a pour rayon la plus grande distance ζ au delà de laquelle $F(\zeta)$ est insensible, distance-limite qu'on appelle rayon d'activité de l'action moléculaire; 2° par le point M un plan quelconque LN, lequel partage la sphère S en deux hémisphères SA, SB; 3° au point M un élément superficiel extrêmement petit ϖ, sur le plan LN; 4° enfin, dans l'hémisphère SB un cylindre droit, très-délié, ayant ϖ pour base. Par suite de la déformation générale, les molécules contenues dans l'hémisphère SA exercent des actions sur les molécules du cylindre. La résultante ϖE de toutes ces actions est ce que nous appellerons *la force élastique* exercée par SA sur SB, et rapportée à l'élément-plan ϖ. Cette résultante sera, en général, oblique à l'élément-plan ϖ; si elle est normale à cet élément, et dirigée vers l'hémisphère SA, elle représente une *traction*. Si, encore normale à ϖ, elle est dirigée vers SB, elle représente une *pression*; c'est-à-dire que SA attire le cylindre dans le premier cas, et le repousse dans le second. Si la force élastique ϖE, ou la résultante qui vient d'être définie, est parallèle à l'élément ϖ, elle tend à faire glisser le cylindre parallèlement au plan $\overline{LN}$; on lui donne alors le nom de *force élastique tangentielle*.

Pareillement, si le cylindre est situé dans l'hémisphère SA, la résultante des actions exercées sur les molécules de ce cylindre, par les molécules de l'hémisphère SB, est la force élastique $\varpi E'$ exercée par SB sur SA, et rapportée à l'élément-plan ϖ. Si le corps, légèrement déformé, est en équilibre d'élasticité, les deux forces élastiques ϖE, $\varpi E'$, doivent être égales en intensité, et de directions contraires ou opposées. Mais elles représentent toutes les deux, ou des tractions, ou des pressions, ou des forces tangentielles; c'est-à-dire que si l'une est une traction, l'autre sera pareillement une traction directement opposée à la première.

La force élastique ϖE, considérée par rapport aux éléments-plans ϖ, menés, tous parallèles entre eux, par tous les points du corps, variera en intensité et en direction, d'un de ces points à un autre; de plus, au même point M, elle variera avec l'orientation de l'élément-plan ϖ, ou avec les deux angles de direction de la normale à cet élément. Ainsi E, et ses deux angles de direction Φ, Ψ, sont en réalité, dans le cas de l'équilibre d'élasticité, des fonctions de cinq variables, savoir : les trois coordonnées x, y, z du point M, et deux angles φ et ψ, propres à déterminer la direction de la normale à l'élément ϖ. S'il y a mouvement intérieur, c'est-à-dire si la déformation s'opère, ou si le corps vibre, le temps t est une sixième variable que devront comprendre les trois fonctions.

Quelques mots sont ici nécessaires pour définir les deux angles d'une direction. On indique complétement la direction d'une droite, à l'aide de deux angles seulement, par le système, bien connu, de la latitude et de la longitude. L'axe des z étant l'axe polaire, le plan des xy celui de l'équateur, et le plan des zx le premier méridien, la droite, partant de l'origine, se trouve dans un méridien dont la longitude est ψ, et fait avec l'équateur l'angle φ, appelé latitude.

L'angle ψ peut varier de o à 2π, l'angle φ de $-\dfrac{\pi}{2}$ à $+\dfrac{\pi}{2}$.

Si l'on imagine la sphère de rayon 1 dont le centre est à

l'origine, la droite rencontrera cette sphère en un point
dont les coordonnées seront

$$x = \cos \varphi \cos \psi, \quad y = \cos \varphi \sin \psi, \quad z = \sin \varphi ;$$

la direction de la droite étant complétement déterminée
quand ces coordonnées sont connues, toute quantité qui
dépend de cette direction sera implicitement fonction de
$(\cos \varphi \cos \psi, \cos \varphi \sin \psi, \sin \varphi)$, et ne contiendra pas les
angles φ et ψ d'une autre manière; elle satisfera ainsi aux
deux conditions essentielles, de ne pas changer quand ψ
augmente d'un multiple de 2π, et de ne plus contenir ψ
quand $\varphi = \pm \dfrac{\pi}{2}$.

Soient $\varpi X, \varpi Y, \varpi Z$, les trois composantes orthogonales
de ϖE, dirigées suivant les trois axes coordonnés; X, Y, Z,
se déduiraient facilement de E, Φ, Ψ; réciproquement, ces
dernières fonctions seront déterminées, si X, Y, Z le sont;
or il est plus commode de considérer ces trois dernières
fonctions. Ainsi X, Y, Z, sont, en général, des fonctions
de six variables $(x, y, z, \varphi, \psi, t)$, qui, si elles étaient déterminées, d'après les circonstances qui président à la déformation du corps, permettraient d'assigner à chaque instant,
et en chaque point du solide, la direction et l'intensité de
la force élastique qui s'exerce sur tout élément-plan passant
par ce point. La détermination de ces fonctions, et l'étude
de leurs propriétés, font l'objet principal du Cours actuel;
on verra que ce problème général revient à déterminer trois
fonctions de quatre variables seulement.

On peut donner de la force élastique une autre définition, en apparence plus simple que celle qui précède. Le
corps solide, légèrement déformé, étant en équilibre d'é-
lasticité, imaginons qu'il soit coupé par un plan LN en
deux parties A et B; la suppression de A détruirait évidemment l'équilibre de B; mais on conçoit que cet équi-

libre pourrait être conservé, si l'on appliquait en même temps, sur chaque partie ϖ du plan sécant, une force ϖE d'intensité et de direction convenables. Or cette force ϖE est précisément la force élastique exercée par A sur B, et rapportée à l'élément-plan ϖ dont le point M fait partie. La force élastique, ainsi définie, est analogue à la tension en chaque point d'un fil en équilibre, ou plutôt, la tension du fil est un cas particulier de la force élastique.

Mais si cette définition est plus rapide, elle ne donne pas une idée bien nette de la force élastique, et sous ce point de vue, sa simplicité n'est qu'une pure illusion. Quand on dit qu'une force est appliquée à la surface d'un corps, on se sert d'une expression très-vague, qu'un long usage et son adoption générale n'ont pas rendue plus claire. Si l'on cherche à se rendre compte de la manière dont la pression d'un gaz se communique à la surface d'un corps solide, bien des doutes et des difficultés se présentent à l'esprit. On ne saurait admettre le contact immédiat des molécules gazeuses et des molécules du solide; on est conduit à concevoir une force répulsive, que le solide oppose à sa pénétration, émanant, non-seulement des molécules de la première couche solide, mais aussi de celles des couches intérieures et voisines, s'exerçant, non-seulement sur la première couche gazeuse, mais aussi sur des couches plus éloignées. On arrive de la sorte à regarder la pression communiquée comme une résultante d'actions moléculaires, de même nature que la force élastique, telle qu'elle résulte de notre première définition. S'il en est ainsi, n'y a-t-il pas lieu de douter que la densité du fluide, dans la zone voisine du solide, soit la même qu'au loin? et ce doute ne s'étend-il pas aux résultats obtenus dans les expériences sur les gaz?

Quand on analyse le mode d'application d'une traction à la surface d'un solide, on est encore conduit à concevoir des

forces entre des couches éloignées. Plus généralement,
tous les effets qui ont lieu au contact des corps, et même le
sens du toucher, ne peuvent s'expliquer d'une manière satisfaisante qu'en faisant concourir l'action mutuelle des
couches internes. Ainsi, la première définition que nous
avons donnée de la force élastique, non-seulement est seule
complète, mais en outre peut servir à l'explication d'autres
phénomènes. Toutefois, nous adoptons la seconde : éclair-
cie par les considérations précédentes, appuyée sur l'analogie avec les tensions, elle fait pressentir, en peu de mots,
le rôle important des forces élastiques dans les phénomènes
qui nous occupent.

DEUXIÈME LEÇON.

Équations générales de l'élasticité. — Équilibre du parallélipipède et du tétraèdre élémentaires.—Équilibre d'une portion finie d'un milieu solide.

————

§ 6. — L'objet principal de cette Leçon est de faire voir que les trois fonctions X, Y, Z, des six variables x, y, z, φ, ψ, t (§ 5), dépendent uniquement de six nouvelles fonctions de quatre variables seulement (x, y, z, t); et que, en outre, ces nouvelles fonctions sont liées entre elles par trois équations aux différences partielles, linéaires et du premier ordre. Cette dépendance, et ces relations, résultent de la nécessité qu'une portion quelconque du solide, légèrement déformée, soit en équilibre, sous l'action des forces élastiques exercées sur la surface, et des forces qui sollicitent la masse. La densité du milieu solide étant ρ, ω étant l'élément de volume dont le point M fait partie, nous désignerons par $\rho\omega X_0$, $\rho\omega Y_0$, $\rho\omega Z_0$, les composantes, suivant les axes coordonnés, de la résultante des forces qui sollicitent la masse de l'élément ω. Si le corps est en équilibre d'élasticité, ces forces se réduisent à la pesanteur, ou plus généralement à des actions émanant de points extérieurs. Mais, si le milieu est agité, soit qu'il se déforme, soit qu'il vibre, les composantes X_0, Y_0, Z_0 doivent contenir, en outre, les forces d'inertie : $-\dfrac{d^2x}{dt^2}$, $-\dfrac{d^2y}{dt^2}$, $-\dfrac{d^2z}{dt^2}$. Dans le premier cas, l'équilibre est réel ; dans le second, il n'est que fictif, et résulte de l'application du principe de d'Alembert.

*Nous adoptons ici l'expression, récemment introduite, de *force d'inertie*, à cause de la facilité qu'elle donne, pour

De l'équilibre d'élasticité.

traiter à la fois les questions de l'équilibre et celles du mouvement. Quant aux idées qui ont dicté cette expression, ou qu'elle amène à sa suite, ce n'est ici le lieu, ni de les exposer ni de les apprécier. Elles se rattachent d'ailleurs au système général de revirement qu'on vient de faire subir à l'enseignement de la Mécanique, et il faut confier au temps le soin de justifier ou de critiquer ce qui se rapporte à ce système. Tous ces changements sont, au fond, très-indifférents pour les savants qui ont soigneusement étudié toutes les parties de la Mécanique rationnelle : ils savent, par d'Alembert, Lagrange, et les géomètres de leur école, que les questions de l'équilibre, et celles du mouvement, sont intimement liées les unes aux autres, qu'elles composent deux parties d'un même tout, et sont comprises dans une même formule générale. Or, que l'on débute par exposer la Statique, pour s'élever ensuite à la Dynamique, ou que l'on parte des notions du mouvement, pour arriver aux lois de l'équilibre, ces deux marches inverses sont équivalentes, pourvu que l'on parcoure avec soin toute la carrière, dans un sens ou dans l'autre, sans négliger la fin plus que le commencement. Reste à savoir si, pour les étudiants qui sont forcés de s'arrêter en route, il est préférable d'avoir des idées saines en Dynamique, et de très-obscures en Statique, ou, au contraire, de connaître à fond les lois de l'équilibre, et fort peu celles du mouvement. L'expérience répondra.

§ 7. — Imaginons, dans le milieu solide, un élément parallélipipédique $\omega = dx\,dy\,dz$, dont les côtés soient parallèles aux axes, et dont le sommet le plus voisin de l'origine soit M ; désignons par A, B, C les trois faces dont les aires sont respectivement

$$\varpi_1 = dy\,dz, \quad \varpi_2 = dz\,dx, \quad \varpi_3 = dx\,dy,$$

Équilibre du parallélipipède élémentaire.

et qui forment l'angle trièdre en M; par A′, B′, C′ les faces aboutissant à l'angle trièdre opposé. L'élément ω doit être en équilibre sous l'action des forces élastiques exercées sur ses six faces, et des forces qui sollicitent sa masse $\rho\omega$ ou $\rho\,dx\,dy\,dz$. Afin d'exprimer cet équilibre, soient, pour le point M : $\varpi_1 X_1$, $\varpi_1 Y_1$, $\varpi_1 Z_1$ les valeurs particulières des composantes de la force élastique quand l'élément-plan ϖ est perpendiculaire aux x, ou pour $\varphi = 0$, $\psi = 0$; $\varpi_2 X_2$, $\varpi_2 Y_2$, $\varpi_2 Z_2$ les valeurs que prennent les mêmes composantes quand ϖ est perpendiculaire aux y, ou pour $\varphi = 0$, $\psi = \dfrac{\pi}{2}$; enfin, $\varpi_3 X_3$, $\varpi_3 Y_3$, $\varpi_3 Z_3$ les valeurs de ces composantes quand ϖ est perpendiculaire aux z, ou pour $\varphi = \dfrac{\pi}{2}$. Les neuf quantités X_i, Y_i, Z_i sont des fonctions de quatre variables seulement (x, y, z, t). Le plan de ϖ_i séparant le milieu en deux parties, $\varpi_i X_i$, $\varpi_i Y_i$, $\varpi_i Z_i$ sont les composantes de la force élastique, exercée par la partie du milieu la plus éloignée de l'origine sur celle qui contient cette origine; et il résulte du § 5 que les composantes de la force élastique exercée par la seconde partie sur la première seront

$$-\varpi_i X_i, \quad -\varpi_i Y_i, \quad -\varpi_i Z_i.$$

Cela posé, écrivons les six équations d'équilibre de l'élément solide ω. Évaluons, pour l'égaler à zéro, la somme des composantes, suivant l'axe des x, de toutes les forces appliquées à cet élément : les faces A et A′ fourniront à cette somme les deux termes $-\varpi_1 X_1$, $+\varpi_1\left(X_1 + \dfrac{dX_1}{dx}\,dx\right)$, dont l'ensemble se réduit au terme unique $\omega\,\dfrac{dX_1}{dx}$; le groupe des faces B et B′ donnera $\omega\,\dfrac{dX_2}{dy}$; celui de C et C′, $\omega\,\dfrac{dX_3}{dz}$; enfin, les forces qui agissent sur la masse $\rho\omega$ ajouteront un dernier terme $\rho\omega X_0$. Ce qui donne, en divisant par ω, la première des équations (1); les deux autres résultent d'une sommation semblable, des composantes parallèles aux y, puis de celles parallèles aux z :

$$(1) \begin{cases} \dfrac{dX_1}{dx} + \dfrac{dX_2}{dy} + \dfrac{dX_3}{dz} + \rho X_0 = 0, \\[2mm] \dfrac{dY_1}{dx} + \dfrac{dY_2}{dy} + \dfrac{dY_3}{dz} + \rho Y_0 = 0, \\[2mm] \dfrac{dZ_1}{dx} + \dfrac{dZ_2}{dy} + \dfrac{dZ_3}{dz} + \rho Z_0 = 0. \end{cases}$$

Les trois équations dites *des moments* expriment, comme on sait, que le solide ne peut tourner autour d'un axe successivement parallèle aux trois coordonnées. Faisons passer cet axe par le centre du parallélipipède ω, et supposons-le parallèle aux x; la résultante des forces $\rho\omega X_0$, $\rho\omega Y_0$, $\rho\omega Z_0$, étant appliquée au centre de ω, donnera un moment nul. Les forces élastiques exercées sur les faces A et A' ont des résultantes qui rencontrent l'axe aux milieux mêmes de ces faces; elles n'entreront donc pas dans la somme des moments. Les composantes

$$-\varpi_2 Y_2, \quad +\varpi_2\left(Y_2 + \frac{dY_2}{dy}\,dy\right), \quad -\varpi_3 Z_3, \quad +\varpi_3\left(Z_3 + \frac{dZ_3}{dz}\,dz\right),$$

des forces élastiques respectivement exercées sur les faces B, B', C, C', concourent au centre de ω, ou en un point de l'axe; elles ne fourniront donc rien non plus. Les composantes

$$-\varpi_2 X_2, \quad +\varpi_2\left(X_2 + \frac{dX_2}{dy}\,dy\right), \quad -\varpi_3 X_3, \quad +\varpi_3\left(X_3 + \frac{dX_3}{dz}\,dz\right),$$

des mêmes forces élastiques, étant parallèles à l'axe, seront dans le même cas. Il reste les composantes

$$-\varpi_2 Z_2, \quad +\varpi_2\left(Z_2 + \frac{dZ_2}{dy}\,dy\right), \quad -\varpi_3 Y_3, \quad +\varpi_3\left(Y_3 + \frac{dY_3}{dz}\,dz\right),$$

qui agissent tangentiellement aux faces B, B′, C, C′ dans un plan perpendiculaire à l'axe, et qui forment deux couples de sens contraires, $\dfrac{\omega Z_2}{2}$ et $\dfrac{\omega Y_3}{2}$, en négligeant les infiniment petits du troisième ordre devant ceux du second. L'équation des moments, pour l'axe proposé, se réduit donc à l'égalité de ces deux couples, ou à la première des équations (2); les deux autres résultent de l'égalité des deux couples contraires, qui tendent à faire tourner l'élément ω, autour d'un axe central parallèle aux y, puis parallèle aux z :

$$(2) \qquad Y_3 = Z_2, \quad Z_1 = X_3, \quad X_2 = Y_1.$$

Nous pouvons, par une extension dont on trouve de fréquents exemples dans les applications de la Mécanique, et notamment dans la théorie des fluides, appeler force élastique, et composantes de la force élastique, la fonction E (§ 5), et les fonctions X, Y, Z, dépourvues de tout facteur : il suffit de concevoir que ces forces s'exercent sur l'unité de surface, avec la même intensité relative que sur l'élément-plan ϖ. Cela posé, les équations (2) expriment que des neuf composantes X_i, Y_i, Z_i, six sont égales deux à deux. Pour démêler, d'une manière commode, quelles sont les composantes qui sont égales entre elles, changeons de notation : désignons les neuf composantes par la seule lettre C, affectée, en haut et en bas, de l'un des indices x, y, z; celui d'en haut indiquant l'axe auquel l'élément ϖ est perpendiculaire, celui d'en bas l'axe auquel la composante est parallèle; on aura ainsi le tableau (3) :

$$(3) \qquad \begin{cases} C_x^{(x)} = X_1, & C_y^{(x)} = Y_1, & C_z^{(x)} = Z_1. \\[4pt] C_x^{(y)} = X_2, & C_y^{(y)} = Y_2, & C_z^{(y)} = Z_2. \\[4pt] C_x^{(z)} = X_3, & C_y^{(z)} = Y_3, & C_z^{(z)} = Z_3. \end{cases}$$

Alors les relations (2) expriment que, *si l'on intervertit les deux accents, la composante conserve la même valeur.* On verra que cette propriété remarquable n'est qu'un cas particulier d'une propriété plus générale (§ 9).

§ 8. — D'après l'énoncé mnémonique qui précède, les composantes $C_x^{(x)}$ ou X_1, $C_y^{(y)}$ ou Y_2, $C_z^{(z)}$ ou Z_3, restent distinctes; nous les désignerons respectivement par N_1, N_2, N_3. On aura ensuite, par le même énoncé :

$$C_y^{(z)} \text{ ou } Y_3 = C_z^{(y)} \text{ ou } Z_2,$$

$$C_z^{(x)} \text{ ou } Z_1 = C_x^{(z)} \text{ ou } X_3,$$

$$C_x^{(y)} \text{ ou } X_2 = C_y^{(x)} \text{ ou } Y_1;$$

nous désignerons respectivement ces composantes par T_1, T_2, T_3. D'après ces conventions, les N_i donnent les composantes normales de la force élastique, pour les trois positions ϖ_i de l'élément-plan ϖ; les T_i donnent les composantes tangentielles qui sont nécessairement égales deux à deux. Si l'on remplace, dans les équations (1), les X_i, Y_i, Z_i, par leurs équivalents N_i, T_i, on obtient les trois équations

$$(4) \quad \begin{cases} \dfrac{dN_1}{dx} + \dfrac{dT_3}{dy} + \dfrac{dT_2}{dz} + \rho X_0 = 0, \\[2mm] \dfrac{dT_3}{dx} + \dfrac{dN_2}{dy} + \dfrac{dT_1}{dz} + \rho Y_0 = 0, \\[2mm] \dfrac{dT_2}{dx} + \dfrac{dT_1}{dy} + \dfrac{dN_3}{dz} + \rho Z_0 = 0, \end{cases}$$

qui peuvent être regardées comme le résultat de l'élimination de trois des neuf composantes entre les six équations d'équilibre (1) et (2). Ainsi les équations (4) expriment à elles seules l'équilibre de l'élément parallélipipédique ω.

Il faudra se rappeler constamment que les six fonctions

de quatre variables, N_i, T_i, qui entrent dans les équations (4), donnent, par le tableau,

$$(5) \quad \begin{cases} N_1, & T_3, & T_2, \\ T_3, & N_2, & T_1, \\ T_2, & T_1, & N_3, \end{cases}$$

les composantes, rapportées à l'unité de surface, de la force élastique exercée sur l'élément-plan ϖ, la première ligne, *horizontale* ou *verticale*, quand cet élément est perpendiculaire aux x, la seconde aux y, la troisième aux z. Cette indifférence, du sens horizontal ou du sens vertical, traduit, d'une autre manière, la réciprocité signalée par les équations (2), et énoncée au § 7.

Les équations (4) doivent exister, quelles que soient les variables x, y, z, t. Elles expriment non-seulement l'équilibre du parallélipipède ω, à toute époque, en quelque lieu qu'il soit, mais encore celui de toute portion finie du corps qui serait complétement décomposable en prismes rectangles, ou dont la surface ne comprendrait que des facettes parallèles aux plans coordonnés. Mais si cette surface avait des facettes inclinées, la décomposition en prismes laisserait des résidus tétraédriques, dont l'équilibre, non établi par les seules équations (4), exige de nouvelles relations.

§ 9. — Imaginons un tétraèdre infiniment petit, dont un sommet soit en M, et dont les trois arêtes qui partent de ce sommet soient parallèles aux axes. Désignons par ϖ l'aire de la face triangulaire opposée, laquelle forme la base du tétraèdre, et soient m, n, p les cosinus des angles que la hauteur ou la normale à l'élément-plan ϖ fait avec les axes des x, y, z. Ces trois cosinus, exprimés en fonction des deux angles de direction φ, ψ de la normale, sont

$$(6) \quad m = \cos\varphi\cos\psi, \quad n = \cos\varphi\sin\psi, \quad p = \sin\varphi,$$

Équilibre du tétraèdre élémentaire.

2.

et l'élimination de φ et ψ donne la relation connue

$$(7) \qquad\qquad m^2 + n^2 + p^2 = 1.$$

D'après un théorème sur la projection des aires, les trois faces triangulaires rectangles a, b, c du tétraèdre que nous venons de définir, lesquelles sont respectivement perpendiculaires aux x, aux y, aux z, auront pour surface

$$a = m\varpi, \quad b = n\varpi, \quad c = p\varpi.$$

Cela posé, le tétraèdre devant être en équilibre, sous l'action des forces élastiques qui s'exercent sur ses quatre faces, et des forces qui sollicitent sa masse, les sommes des composantes de ces forces, estimées suivant chaque axe, devront être nulles. A la somme des composantes suivant l'axe des x, la face inclinée fournira le terme $X\varpi$; la face a, le terme $-N_1 . m\varpi$; la face b, $-T_3 . n\varpi$; la face c, $-T_2 . p\varpi$; les forces qui agissent sur la masse donneront un terme égal à ρX_0 multiplié par le volume du tétraèdre, qui est un infiniment petit du troisième ordre; ce cinquième terme disparaîtra donc à la suite des quatre autres, qui sont des infiniment petits du second ordre. Égalant la somme trouvée à zéro, et divisant par ϖ, on obtient la première des équations

$$(8) \qquad \begin{cases} X = m N_1 + n T_3 + p T_2, \\ Y = m T_3 + n N_2 + p T_1, \\ Z = m T_2 + n T_1 + p N_3; \end{cases}$$

les deux autres résultent d'une sommation semblable des composantes parallèles aux y, puis parallèles aux z.

Les équations (8), quand on y substitue à m, n, p leurs valeurs (6), deviennent

$$(9) \qquad \begin{cases} X = N_1 \cos\varphi \cos\psi + T_3 \cos\varphi \sin\psi + T_2 \sin\varphi, \\ Y = T_3 \cos\varphi \cos\psi + N_2 \cos\varphi \sin\psi + T_1 \sin\varphi, \\ Z = T_2 \cos\varphi \cos\psi + T_1 \cos\varphi \sin\psi + N_3 \sin\varphi, \end{cases}$$

et indiquent de quelle manière φ et ψ entrent nécessairement dans les fonctions de six variables X, Y, Z (§ 5). On
voit par là que les composantes X, Y, Z de la force élastique E dépendent uniquement des six fonctions N_i, T_i,
lesquelles sont à quatre variables, et qui doivent vérifier
les trois équations (4) aux différences partielles, linéaires
et du premier ordre; c'est le résultat que nous annoncions
au commencement de cette Leçon.

Les équations (8) démontrent le théorème général dont
la réciprocité signalée par les équations (2) n'est qu'un cas
particulier : la force élastique qui s'exerce en M sur un
élément-plan perpendiculaire aux x a pour composantes,
suivant les trois axes, N_1, T_3, T_2; sa composante, ou sa
projection suivant la normale à l'élément incliné ϖ, sera
donc

$$(m\,N_1 + n\,T_3 + p\,T_2),$$

et la première des équations (8) démontre que cette projection est précisément égale à X, ou à la projection, suivant l'axe des x, de la force élastique exercée sur l'élément
incliné. Or les axes sont quelconques; on a donc le théorème suivant : *Si, en un même point d'un milieu solide,
E et E' sont les forces élastiques exercées sur deux éléments-plans ϖ et ϖ', ayant respectivement pour normales les lignes L et L', la projection de E sur L' sera égale
à la projection de E' sur L.*

§ 10. — D'après la vérification qui va suivre, les conditions nécessaires et suffisantes, pour établir l'équilibre
d'élasticité d'une portion finie, de forme quelconque, dé-
coupée dans le milieu solide, sont au nombre de six,
savoir : les trois équations (4) et les trois équations (8).
Il faut, pour obtenir ces six conditions, joindre aux équations déduites de l'équilibre du parallélipipède trois des
équations qui expriment l'équilibre du tétraèdre, en lais-

Équilibre d'une
portion finie du
milieu solide.

sant de côté celles dites des moments, ou qui annulent les couples. C'est parce que les équations (2) ne sont que particulières, comparées aux équations générales (8), que le groupe des six équations (1) et (2), ou celui des équations (4), est insuffisant.

Il s'agit de vérifier, maintenant, que les équations (4), accompagnées des relations (8), sont au contraire suffisantes pour établir l'équilibre d'élasticité d'une partie quelconque Ω d'un milieu solide. Multiplions la première équation (4) par $dx\,dy\,dz$, et intégrons dans toute l'étendue de Ω, il viendra

$$(10) \quad \begin{cases} \displaystyle\iiint \frac{d\,N_1}{dx}\,dx\,dy\,dz + \iiint \frac{d\,T_3}{dy}\,dy\,dz\,dx \\[2ex] \displaystyle + \iiint \frac{d\,T_2}{dz}\,dz\,dx\,dy + \iiint \rho\,X_3\,dx\,dy\,dz = 0. \end{cases}$$

Dans l'intégrale triple en N_1, on peut effectuer l'intégration en x, ce qui donnera

$$\iint dy\,dz\,(N'_1 - N''_1),$$

N'_1, N''_1, étant les valeurs de la fonction N_1, aux deux points où la droite parallèle aux x vient couper la surface qui limite Ω; si l'on indique par ϖ' et ϖ'' les éléments de la surface en ces deux points, et par α', α'' les angles que les normales externes en ces mêmes points font avec l'axe des x, on aura

$$dy\,dz = \varpi'\cos\alpha' = -\varpi''\cos\alpha'';$$

et l'intégrale double qui précède ne sera autre que

$$\Sigma\,N_1\,\varpi\cos\alpha,$$

ϖ étant un élément de la surface de Ω, α l'angle que la normale externe en ϖ fait avec l'axe des x, la fonction N_1

ayant la valeur qui correspond au lieu de cet élément, et le Σ s'étendant à toute la surface. On réduira à un Σ semblable la seconde, puis la troisième intégrale triple de la formule (10), en effectuant l'intégration en y dans la seconde, en z dans la troisième, et introduisant les angles β et γ, que la normale externe en ϖ fait avec les axes des y et des z. Enfin, la quatrième intégrale triple, si l'on observe que $\rho\,dx\,dy\,dz$ est l'élément $\rho\omega$ de la masse, peut se mettre sous la forme $\Sigma\rho\omega X_0$, le sigma s'étendant ici à toute la masse de Ω. L'équation (10) devient alors la première des équations

$$(11) \begin{cases} \Sigma\,(N_1\cos\alpha + T_3\cos\beta + T_2\cos\gamma)\,\varpi + \Sigma\rho\omega\,X_0 = 0, \\ \Sigma\,(T_3\cos\alpha + N_2\cos\beta + T_1\cos\gamma)\,\varpi + \Sigma\rho\omega\,Y_0 = 0, \\ \Sigma\,(T_2\cos\alpha + T_1\cos\beta + N_3\cos\gamma)\,\varpi + \Sigma\rho\omega\,Z_0 = 0; \end{cases}$$

les deux autres s'obtiennent en opérant de la même manière sur la seconde et sur la troisième des équations (4). Or, en vertu des relations (8), les parenthèses des premières sommes, dans les trois équations (11), ne sont autres que les composantes X, Y, Z, de la force élastique qui s'exerce sur l'élément ϖ, en prenant $m = \cos\alpha$, $n = \cos\beta$, $p = \cos\gamma$; ces équations (11) peuvent donc s'écrire ainsi :

$$(12) \begin{cases} \displaystyle\sum \varpi X + \sum \rho\omega\,X_0 = 0, \\[2mm] \displaystyle\sum \varpi Y + \sum \rho\omega\,Y_0 = 0, \\[2mm] \displaystyle\sum \varpi Z + \sum \rho\omega\,Z_0 = 0, \end{cases}$$

et expriment que les sommes des composantes des forces qui sollicitent Ω, estimées suivant les trois axes, seront nulles d'elles-mêmes.

Si, de la seconde équation (4), multipliée par z, on retranche la troisième, multipliée par y, il vient

$$(13) \begin{cases} \dfrac{d(zT_3 - yT_2)}{dx} + \left(\dfrac{d(zN_2 - yT_1)}{dy} + T_1 \right) \\ + \left(\dfrac{d(zT_1 - yN_3)}{dz} - T_1 \right) + \rho(zY_0 - Z_0 y) = 0, \end{cases}$$

et l'on remarquera la disparition des quantités $+T_1$, $-T_1$, introduites afin de mettre le second et le troisième terme sous forme de dérivées; multipliant par $dx\, dy\, dz$; intégrant dans toute l'étendue de Ω; effectuant une première intégration de chacune des trois premières intégrales triples; introduisant enfin ϖ, et les angles α, β, γ, la formule (13) deviendra

$$\sum [(zT_3 - yT_2)\cos\alpha + (zN_2 - yT_1)\cos\beta + (zT_1 - yN_3)\cos\gamma]\varpi$$

$$+ \sum \rho\omega(zY_0 - yZ_0) = 0,$$

ou, mettant z et y en facteurs communs, sous la première somme,

$$\sum [z(T_3\cos\alpha + N_2\cos\beta + T_1\cos\gamma) - y(T_2\cos\alpha + T_1\cos\beta + N_3\cos\gamma)]\varpi$$

$$+ \sum \rho\omega(zY_0 - yZ_0) = 0,$$

ce qui donne enfin, en ayant égard aux relations (8), la première des équations

$$(14) \begin{cases} \sum (zY - yZ)\varpi + \sum \rho\omega(zY_0 - yZ_0) = 0, \\ \sum (xZ - zX)\varpi + \sum \rho\omega(xZ_0 - zX_0) = 0, \\ \sum (yX - xY)\varpi + \sum \rho\omega(yX_0 - xY_0) = 0; \end{cases}$$

les deux autres s'obtiennent en opérant de la même manière

sur deux autres couples des équations (4). Or les équations (14) expriment que les sommes des moments des forces
qui sollicitent Ω, prises par rapport aux trois axes, sont
nulles d'elles-mêmes; et les six équations (12) et (14), déduites uniquement des équations (4), accompagnées des relations (8), expriment complétement l'équilibre d'élasticité
de la partie quelconque Ω du milieu solide.

Nous eussions pu, après avoir déduit les équations (4)
de l'équilibre du parallélipipède, et sans considérer le tétraèdre, établir tout d'abord les équations (11). Or les six
équations connues, qui expriment l'équilibre de Ω, étant
(12) et (14), il faut que les équations (11) et (12) soient
identiques; et comme la surface qui limite Ω est quelconque, cette identité ne peut avoir lieu qu'en posant les relations (8), lesquelles se trouveraient ainsi démontrées. Mais
ce genre de démonstration est indirect et peu lucide; en outre, il indique mal toute l'importance des relations (8) :
car ce ne sont pas de simples *équations à la surface*, elles
signalent des propriétés s'étendant à tous les points intérieurs, et tout aussi générales que celles qui sont exprimées
par les équations (4). Voilà ce qui donne une valeur réelle
à la considération de l'équilibre du tétraèdre, imaginée, je
crois, par M. Cauchy.

* Comme il s'agit ici d'un Cours destiné à propager la
connaissance d'une théorie abordée par plusieurs géomètres, il serait juste et convenable de toujours citer les premiers inventeurs des diverses idées dont l'ensemble constitue cette théorie. Mais plusieurs causes rendent une pa-
reille tâche assez difficile, et nous ne la remplirons que
très-incomplétement. D'ailleurs, la plupart de ces idées se
présentent si naturellement, qu'elles appartiennent à tous.
En réalité, nous considérons le sujet de l'élasticité comme
s'il était entièrement neuf; d'autres l'ont traité, ils ont pu
en émettre avant nous les idées fondamentales, mais leurs

recherches sont à peu près inconnues des ingénieurs et des praticiens, qu'il faut surtout convaincre. L'unique but de notre travail est de mettre hors de doute, et l'utilité de la théorie mathématique de l'élasticité, et la nécessité de l'introduire dans les sciences d'application. Quand ce but important sera atteint, fasse qui voudra le partage des inventions, et, quelque peu qu'on nous en attribue, nous ne réclamerons pas.

TROISIÈME LEÇON.

Des projections du déplacement moléculaire.— Expressions de l'écartement,
des dilatations, des forces élastiques. — Extension aux corps cristallisés.

—————

§ 11. — Lorsque la partie du milieu, que nous avons désignée par Ω au § 10, comprend le solide tout entier, les six
équations (12) et (14) expriment l'équilibre du corps, sous
l'action des forces données ϖX, ϖY, ϖZ, agissant aux
différents éléments de sa surface, et des forces $\rho \omega X_0$,
$\rho \omega Y_0$, $\rho \omega Z_0$, qui sollicitent les différentes parties de sa
masse, y compris les forces d'inertie s'il y a mouvement.
On sait que ces six équations renferment toutes les lois de
l'équilibre réel, et toutes celles du mouvement d'un corps
solide, considéré abstractivement comme ayant une rigidité
absolue. Quand la Mécanique rationnelle a démêlé et inter-
prété ces lois, les positions du corps sont bien définies relativement au monde extérieur; mais son état intérieur reste
complétement inconnu. Pour connaître cet état, il faut re-
monter aux équations (4) (§ 8), et (8) (§ 9), qui signalent
l'existence de six fonctions N_i, T_i, dont dépendent les forces
élastiques intérieures. Ces six fonctions doivent vérifier les
trois équations aux différences partielles (4), et, par leurs
valeurs aux différents points de la surface du corps, jointes
aux forces données, rendre identiques les relations (8). Or
ces conditions seraient insuffisantes pour les déterminer, si
les six fonctions N_i, T_i, n'étaient pas exprimables à l'aide
de trois fonctions seulement : car trois équations aux différences partielles ne peuvent faire connaître généralement
que trois fonctions, et trois équations qui lient les valeurs
de ces fonctions, particulières à la surface, ne peuvent qu'é-

tablir des relations entre les arbitraires introduites par l'intégration. Il y a donc lieu de chercher quelles sont les trois fonctions dont dépendent les N_i, T_i, et en quoi consiste cette dépendance. Tel est l'objet de la Leçon actuelle.

Les faits étudiés aux §§ 3 et 4 de notre première Leçon, le principe qui en découle et la définition donnée au § 5, répondent directement aux questions posées, et indiquent la marche à suivre pour les résoudre. D'après ces préliminaires, les forces élastiques et les déplacements moléculaires sont dans une dépendance mutuelle. Mais, aux développements que nous avons déjà donnés sur les forces élastiques, il importe d'en joindre d'autres relatifs aux déplacements, avant de traduire analytiquement la dépendance dont il s'agit. Le milieu solide n'étant soumis à aucune force extérieure, un point matériel M, qui en fait partie, a pour coordonnées primitives (x, y, z); quand des efforts extérieurs ont déformé le corps, ce point matériel occupe une nouvelle position m, ayant pour coordonnées $(x + u, y + v, z + w)$; u, v, w sont les projections sur les axes coordonnés du déplacement Mm. Ces trois projections varient au même instant d'un point matériel à un autre, et pour le même point avec le temps, si le milieu se déforme ou vibre; u, v, w sont donc trois fonctions des quatre variables (x, y, z, t).

On peut regarder ces fonctions comme étant continues, non-seulement quant à la variable t, mais aussi par rapport aux variables (x, y, z). Car, si le milieu est composé de points matériels non contigus, qui se déplacent réellement, les points géométriques situés sur les intervalles qui séparent les molécules peuvent être considérés comme se déplaçant aussi. On conçoit, en effet, que si les déplacements de toutes les molécules étaient observés et mesurés, on pourrait déterminer, par l'interpolation, des fonctions continues u, v, w, qui reproduiraient d'abord toutes les observations, et qui donneraient en outre les projections des déplacements pour les points géométriques non occupés par la matière. Ce sont ces fonctions continues que nous considérons.

Quand le corps n'est que légèrement déformé, u, v, w ont de petites valeurs dans toute l'étendue du milieu. Soit, dans le voisinage de M, un second point M′, dont les coordonnées primitives sont

$$x' = x + h, \quad y' = y + k, \quad z' = z + l,$$

et qui, lors de la déformation, prend la position m', dont les coordonnées sont $x' + u'$, $y' + v'$, $z' + w'$. La distance $\overline{MM'}$ ou ζ (§ 4) a pour projections sur les axes h, k, l; projections que nous supposons très-petites, ainsi que ζ; la direction MM′ fait avec les mêmes axes des angles dont les cosinus sont $\dfrac{h}{\zeta}$, $\dfrac{k}{\zeta}$, $\dfrac{l}{\zeta}$. Les projections u', v', w' du déplacement M′m' sont les valeurs des fonctions u, v, w, quand on y remplace respectivement (x, y, z) par $(x + h, y + k, z + l)$, et le théorème de Taylor donne

$$(1) \quad \begin{cases} u' = u + \dfrac{du}{dx} h + \dfrac{du}{dy} k + \dfrac{du}{dz} l, \\[2mm] v' = v + \dfrac{dv}{dx} h + \dfrac{dv}{dy} k + \dfrac{dv}{dz} l, \\[2mm] w' = w + \dfrac{dw}{dx} h + \dfrac{dw}{dy} k + \dfrac{dw}{dz} l, \end{cases}$$

en supposant les projections h, k, l assez petites pour qu'on puisse négliger les termes qui contiennent leurs produits. C'est ce qui a lieu, par exemple, quand on veut évaluer l'action mutuelle de deux points matériels M et M′, venus en m et m', puisque cette action n'existe que si ζ est inappréciable.

§ 12. — La petite ligne $\overline{\mu m'}$ (*fig.* 1) a pour projections sur les axes $(u' - u, v' - v, w' - w)$; et, puisque l'on

Expression de l'écartement.

peut substituer à $\Delta\zeta$ la projection de $\overline{\mu m'}$ sur $\overline{\mu m}$, ou sur $\overline{MM'}$ (§ 4), on aura

$$(2) \qquad \Delta\zeta = \frac{h}{\zeta}(u' - u) + \frac{k}{\zeta}(v' - v) + \frac{l}{\zeta}(w' - w),$$

ou, substituant à $(u' - u,\ v' - v,\ w' - w)$ leurs valeurs tirées des équations (1), et ordonnant le résultat,

$$(3) \qquad \Delta\zeta = \frac{1}{\zeta}\left[\begin{array}{l} h^2\dfrac{du}{dx} + k^2\dfrac{dv}{dy} + l^2\dfrac{dw}{dz} + kl\left(\dfrac{dv}{dz} + \dfrac{dw}{dy}\right) \\[2mm] + lh\left(\dfrac{dw}{dx} + \dfrac{du}{dz}\right) + hk\left(\dfrac{du}{dy} + \dfrac{dv}{dx}\right) \end{array}\right];$$

enfin, remplaçant h, k, l par leurs valeurs en fonction de ζ et de ses deux angles de direction φ et ψ, lesquelles sont

$$h = \zeta\cos\varphi\cos\psi, \quad k = \zeta\cos\varphi\sin\psi, \quad l = \sin\varphi,$$

on aura définitivement

$$(4)\ \Delta\zeta = \zeta\left\{ \begin{array}{l} \dfrac{du}{dx}\cos^2\varphi\cos^2\psi + \dfrac{dv}{dy}\cos^2\varphi\sin^2\psi + \dfrac{dw}{dz}\sin^2\varphi \\[2mm] + \left(\dfrac{dv}{dz} + \dfrac{dw}{dy}\right)\cos\varphi\sin\varphi\sin\psi \\[2mm] + \left(\dfrac{dw}{dx} + \dfrac{du}{dz}\right)\cos\varphi\sin\varphi\cos\psi \\[2mm] + \left(\dfrac{du}{dy} + \dfrac{dv}{dx}\right)\cos^2\varphi\cos\psi\sin\psi \end{array}\right\}.$$

D'après cette valeur, l'écartement $\Delta\zeta$ étant très-petit par rapport à ζ, les dérivées $\dfrac{d(u,\ v,\ w)}{d(x,\ y,\ z)}$ sont toutes de très-petites fractions.

Le rapport $\dfrac{\Delta\zeta}{\zeta}$ est la dilatation linéaire au point M, dans la direction déterminée par les angles φ et ψ. Cette dilatation se réduit à $\frac{du}{dx}$, si ζ ou MM' est parallèle aux x, ou si

$\varphi = 0$, $\psi = 0$; à $\frac{dv}{dy}$, si ζ est parallèle aux y, ou si $\varphi = 0$,

$\psi = \frac{\pi}{2}$; à $\frac{dw}{dz}$, si ζ est parallèle aux z, ou si $\varphi = \frac{\pi}{2}$. D'après

ces valeurs, la ligne dx, prise lors de l'état primitif, devient

$dx \left(1 + \frac{du}{dx} \right)$ après la déformation; dy devient $dy \left(1 + \frac{dv}{dy} \right)$;

dz devient $dz \left(1 + \frac{dw}{dz} \right)$. L'élément primitif $\omega = dx \, dy \, dz$ devient alors

$$dx \, dy \, dz \left(1 + \frac{du}{dy} \right) \left(1 + \frac{dv}{dy} \right) \left(1 + \frac{dw}{dz} \right),$$

ou simplement

$$\omega \left(1 + \frac{du}{dx} + \frac{dv}{dy} + \frac{dw}{dz} \right),$$

en négligeant les produits des dilatations linéaires; et la dilatation cubique en M, que nous désignerons par θ, est donnée par la formule

$$(5) \qquad \theta = \frac{du}{dx} + \frac{dv}{dy} + \frac{dw}{dz};$$

c'est-à-dire que la dilatation cubique, en un point du milieu, est égale à la somme de trois dilatations linéaires, prises au même point, dans trois directions orthogonales. Si les dérivées $\frac{du}{dx}$, $\frac{dv}{dy}$, $\frac{dw}{dz}$ sont négatives, elles représentent des contractions linéaires; si θ est négatif, il donne la compressibilité cubique.

Le point M restant le même, si l'on déplace M' dans l'hémisphère SA (§ 5), la valeur (4) de $\Delta \zeta$ change avec ζ, φ, ψ; mais les dérivées $\frac{d(u, v, w)}{d(x, y, z)}$ restent essentiellement

constantes et conservent les valeurs qui leur appartiennent
en M. Soit M_1 un point situé à une profondeur f au-dessous
de M, sur la normale à l'élément-plan ϖ (§ 5), laquelle fait,
avec les axes, des angles dont les cosinus sont (m, n, p);
par le point M', menons $M'M'_1$ égal et parallèle à MM_1, et
joignons $M_1 M'_1$; soient (u_1, v_1, w_1) les valeurs de (u, v, w)
en M_1; (u'_1, v'_1, w'_1) en M'_1. On aura évidemment ζ_1 ou
$M_1 M'_1$, égal et parallèle à ζ ou MM'; il s'agit de faire voir
que l'écartement $\Delta\zeta_1$ est aussi égal à $\Delta\zeta$. En effet, les coordonnées primitives de M_1 sont $(x - mf, y - nf, z - pf)$,
celles de M'_1 sont $(x + h - mf, y + k - nf, z + l - pf)$;
on a donc, par les formules (1),

$$u_1 = u - f\left(m\frac{du}{dx} + n\frac{du}{dy} + p\frac{du}{dz}\right),$$

$$u'_1 = u + (h - mf)\frac{du}{dx} + (k - nf)\frac{du}{dy} + (l - pf)\frac{du}{dz};$$

d'où l'on conclut, par soustraction,

$$u'_1 - u_1 = h\frac{du}{dx} + k\frac{du}{dy} + l\frac{du}{dz} = u' - u,$$

et aussi

$$v'_1 - v_1 = v' - v, \quad w'_1 - w_1 = w' - w.$$

Or, $M_1 M'_1$ étant égal et parallèle à MM' fait, avec les axes,
les mêmes angles aux cosinus $\frac{h}{\zeta}$, $\frac{k}{\zeta}$, $\frac{l}{\zeta}$; donc $\Delta\zeta_1$ aura la
même valeur (2) que $\Delta\zeta$. Ainsi, que la distance ζ aux
angles de direction φ et ψ ait ou n'ait pas une de ses extrémités en M, pourvu qu'elle parte de l'intérieur du cylindre
infiniment délié de base ϖ (§ 5), et aboutisse dans l'intérieur de l'hémisphère SA; dans tous les cas, son accroisse-
ment sera donné par la formule (4). C'est-à-dire que
toujours $\Delta\zeta$ se composera de six termes variables avec ζ,

φ, ψ, mais ayant respectivement pour coefficients, essentiellement constants,

$$\frac{du}{dx}, \quad \frac{dv}{dy}, \quad \frac{dw}{dz}, \quad \left(\frac{dv}{dz} + \frac{du}{dy}\right), \quad \left(\frac{dw}{dx} + \frac{du}{dz}\right), \quad \left(\frac{du}{dy} + \frac{dv}{dx}\right);$$

coefficients que nous appellerons les G_i.

§ 13. — Or, quand on voudra évaluer les trois composantes de la force élastique exercée sur ϖ, chaque couple (M_1, M'_1) de deux points matériels de masses μ_1 et μ'_1, entre lesquels s'exerce l'action mutuelle $\mu_1 \mu'_1 F(\zeta).\Delta\zeta$, fournira trois éléments, un pour chaque composante, éléments que l'on obtiendra en multipliant cette action par $\cos\varphi\cos\psi$, par $\cos\varphi\sin\psi$, par $\sin\varphi$. Si l'on fait ensuite la somme des éléments fournis à chaque composante par tous les couples de deux points matériels, l'un compris dans le cylindre de base ϖ, l'autre dans l'hémisphère SA, on pourra mettre les G_i en facteurs communs dans cette somme, et la composante cherchée comprendra définitivement six termes, ayant respectivement les G_i pour coefficients. Telle est la forme générale de toute composante d'une force élastique exercée en M, et particulièrement des N_i, T_i. On peut donc poser

$$(6) \begin{cases} N_i = A_i \frac{du}{dx} + B_i \frac{dv}{dy} + C_i \frac{dw}{dz} + D_i \left(\frac{dv}{dz} + \frac{dw}{dy}\right) \\ \qquad + E_i \left(\frac{dw}{dx} + \frac{du}{dz}\right) + F_i \left(\frac{du}{dy} + \frac{dv}{dx}\right), \\ T_i = \mathcal{A}_i \frac{du}{dx} + \mathcal{B}_i \frac{dv}{dy} + \Gamma_i \frac{dw}{dz} + \Delta_i \left(\frac{dv}{dz} + \frac{dw}{dy}\right) \\ \qquad + \mathcal{E}_i \left(\frac{dw}{dx} + \frac{du}{dz}\right) + \mathcal{F}_i \left(\frac{du}{dy} + \frac{dv}{dx}\right); \end{cases}$$

formules qu'il faut écrire trois fois, en remplaçant l'indice i successivement par 1, 2, 3.

Ces conclusions sont complétement indépendantes du nombre des couples de molécules entre lesquelles s'exercent des actions, ou du nombre des termes multipliés par le même G_i; ces termes peuvent différer généralement, non-seulement par les valeurs de ζ, φ et ψ, mais aussi par celles de $F(\zeta)$, et même de μ_i, μ'_i; ils peuvent se grouper plus nombreux sur certaines directions que sur d'autres. Autrement, le milieu solide peut être homogène ou hétérogène, composé d'une seule espèce de molécules ou de plusieurs espèces, entre lesquelles les actions suivent les mêmes lois avec la distance, ou au contraire des lois différentes; les conclusions qui précèdent sont vraies dans tous les cas. Si le corps n'avait pas l'homogénéité que nous avons définie au § 2, les coefficients A_i, B_i,..., (6), lesquels sont au nombre de trente-six, pourraient varier d'un point M à un autre. Le genre d'homogénéité que nous considérons, est celui où ces trente-six coefficients sont constants, c'est-à-dire conservent les mêmes valeurs en tous les points du milieu; ces valeurs n'étant liées d'ailleurs par aucune relation nécessaire.

Tous les phénomènes dus à l'élasticité des corps solides homogènes doivent donc se déduire des formules générales (4) et (8) de la Leçon précédente, (5) et (6) de la Leçon actuelle; sauf les légères différences qui pourraient résulter de ce que les développements (1) ne sont qu'approchés. Mais, quand les géomètres abordent une question de physique, ils étudient d'abord les termes les plus influents, afin de découvrir les lois les plus générales; ils reviennent ensuite aux termes négligés, pour se rendre compte des perturbations observées dans l'application de ces lois. Telle a été la marche de l'Astronomie théorique; telle doit être celle de la théorie mathématique de l'élasticité. Ainsi, nous bornant à la première étude, nous adoptons les valeurs (6) des N_i, T_i, conséquences nécessaires des développements (1), limités à leurs premiers termes.

§ 14.—Outre l'homogénéité que nous avons définie au § 2, et qui conduit à la constance des coefficients A_i, B_i,..., dans les formules (6), on peut en concevoir une autre plus générale : celle où l'espace occupé par le milieu serait décomposable en polyèdres égaux et semblablement placés, dans lesquels la matière serait distribuée plus ou moins irrégulièrement; cette distribution étant la même pour tous les polyèdres. A ce genre de milieu, que l'on peut appeler *périodiquement homogène*, appartiennent sans doute les corps cristallisés. Alors les coefficients A_i, B_i,..., des formules (6) ne seraient plus constants, mais devraient être des fonctions périodiques. Toutefois, il y a lieu de distinguer, dans les milieux cristallisés, les phénomènes d'élasticité où chaque molécule intégrante se déplace en totalité, auquel cas les A_i, B_i,..., sont constants; et ceux où l'agitation envahit l'intérieur même des molécules intégrantes, ce qui exige la périodicité des coefficients A_i, B_i,.... Les phénomènes de la première classe se rangent parmi ceux que nous étudierons exclusivement.

Extension aux solides cristallisés.

Les formules (6), où les coefficients A_i, B_i,..., sont supposés constants, pouvant être appliquées, dans certains cas, aux corps cristallisés, il importe de détruire un doute qui résulte de la nature même de ces corps. La démonstration des formules (6), fondée sur le principe du § 4, admet que l'action mutuelle de deux molécules est dirigée suivant la ligne qui les joint. Or, lorsqu'un cristal se forme dans un liquide, les molécules qui viennent grossir le noyau, ne se dirigent pas vers les centres mêmes des molécules déjà fixées, mais vers les intervalles qui les séparent; en outre, chemin faisant elles tournent, afin que leurs axes de figure s'arrêtent dans certaines positions, et il paraît

3.

difficile, sinon impossible, d'expliquer ces mouvements divers par des actions mutuelles uniquement dirigées sur les lignes mêmes qui joignent les molécules ; ce qui conduirait à penser que les formules (6) ne sont pas applicables aux corps cristallisés.

Mais l'action mutuelle de deux molécules M, M', déplacées, dépend toujours, et nécessairement, des projections (u, v, w) du déplacement de M, et des projections (u', v', w') du déplacement de M'; or, que cette action soit ou non dirigée suivant MM', on conçoit que ses trois composantes seront toujours des fonctions de u, v, w, de ζ, φ, ψ, et de u', v', w', exprimés par les développements (1) ; en sorte qu'elles peuvent être considérées, par première approximation, comme étant des fonctions linéaires de u, v, w et de $\dfrac{d(u, v, w)}{d(x, y, z)}$. On arrive ainsi à établir que toutes les composantes des forces élastiques exercées en M, et particulièrement les N_i, T_i, seront de la forme

$$(7) \quad \begin{cases} A_{00} + A_0 u + B_0 v + C_0 w + A \dfrac{du}{dx} + B \dfrac{dv}{dy} + C \dfrac{dw}{dz} \\[2mm] + D \dfrac{dv}{dz} + D' \dfrac{dw}{dy} + E \dfrac{dw}{dx} + E' \dfrac{du}{dz} + F \dfrac{du}{dy} + F' \dfrac{dv}{dx}. \end{cases}$$

Or, toutes les forces élastiques sont nulles quand le déplacement est nul partout, ou quand $u = 0$, $v = 0$, $w = 0$; on doit donc avoir $A_{00} = 0$. Si le corps a exécuté un petit mouvement de translation quelconque, u, v, w sont constants, et comme ce déplacement général n'a fait naître aucune force élastique, il faut que $A_0 = 0$, $B_0 = 0$, $C_0 = 0$. Enfin, si le corps a exécuté un petit mouvement de rotation autour de l'axe des x, défini par les valeurs $u = 0$, $v = \omega z$, $w = -\omega y$, ω étant constant, ce qui réduit l'expression (7) à $\omega (D - D')$, comme ce déplacement général n'a fait naître aucune force élastique, il faut que $D' = D$; de même, on doit avoir $E' = E$, $F' = F$, si la rotation s'est opérée autour de l'axe des y, puis autour de l'axe des z. On établit ainsi, d'une autre manière, la forme essentielle des valeurs (6).

Ce nouveau mode de démonstration fait entrevoir la possibilité d'aborder les problèmes relatifs à la Mécanique moléculaire, en laissant indéterminée l'influence réciproque des différentes espèces de matières; c'est-à-dire sans faire intervenir directement des attractions ou des répulsions, qui suivent certaines lois hypothétiques. Si l'on parvient ainsi à mettre les problèmes en équations, la nature de l'influence dont il s'agit, les forces qui la traduisent et leurs lois exactes se déduiront comme des conséquences. On reproduira de la sorte la marche de l'Astronomie théorique, dans laquelle l'attraction universelle, loin d'avoir été prise pour point de départ, ne s'est au contraire présentée que comme une conséquence forcée des lois du mouvement.

§ 15. — Lorsqu'on regarde comme infini le nombre des couples de molécules dont les actions mutuelles composent chaque force élastique, les coefficients A_i, B_i,...,(6) se présentent sous la forme d'intégrales définies triples, dont les éléments diffèrent, de l'une à l'autre, par des facteurs trigonométriques. Les limites des variables φ et ψ dépendent de la position de l'élément-plan ϖ : s'il est perpendiculaire aux x, les intégrations en φ et ψ s'étendent toutes les deux de $-\frac{\pi}{2}$ à $+\frac{\pi}{2}$; s'il est perpendiculaire aux y, ces intégrations s'étendent de $\varphi = -\frac{\pi}{2}$ à $\varphi = +\frac{\pi}{2}$, et de $\psi = 0$ à $\psi = \pi$; enfin, si l'élément est perpendiculaire aux z, de $\varphi = 0$ à $\varphi = \frac{\pi}{2}$, et de $\psi = 0$ à $\psi = 2\pi$. Quant à l'intégration en ζ, elle s'étend de $\zeta = 0$ à ζ égal au rayon de la sphère d'activité de l'action moléculaire, puisque, au delà, le facteur

Méthode par l'intégration autour d'un point.

$F(\zeta)$ est nul ou insensible. Il arrive toujours que cette
dernière intégration ne peut être qu'indiquée. Dans le cas
général, celui où $F(\zeta)$ doit être considéré comme variant
avec la direction de ζ, la loi de cette variation étant inconnue, on ne peut non plus effectuer les intégrations en
φ et ψ, et toutes les intégrales triples qui remplacent les
coefficients A_i, B_i,..., restent inconnues, mais distinctes.
Si l'on suppose $F(\zeta)$ indépendant de φ et ψ, pour considérer le cas où l'élasticité du milieu est la même dans toutes
les directions (§ 2), alors on peut effectuer les intégrations
en φ et ψ, et il ne reste plus d'inconnu, dans les coefficients A_i, B_i,..., qu'un même facteur indiquant l'intégration en ζ.

Telle est la méthode suivie par Navier et d'autres géomètres, pour obtenir les équations générales de l'élasticité
dans les milieux solides. Mais cette méthode suppose évidemment la continuité de la matière, hypothèse inadmissible. Poisson croit lever cette difficulté, en remplaçant
l'intégrale en ζ par une somme d'un nombre de termes
finis et indéterminés ; mais cette sommation n'étant qu'indiquée, il ne fait, en réalité, que substituer le signe Σ au
signe $\int$, et cela pour une seule des intégrations, car il ef-
fectue les deux autres. La méthode que nous avons suivie
dans la Leçon actuelle, et dont on trouve l'origine dans les
travaux de M. Cauchy, nous paraît à l'abri de toute objection ; loin de supposer la continuité de la matière, elle
laisse dans une sorte d'indétermination le nombre des
couples moléculaires dont les actions composent la force
élastique ; ce nombre peut être grand ou faible, il peut
différer d'un milieu solide à un autre, et les résultats obtenus n'en seront pas moins vrais.

QUATRIÈME LEÇON.

Réduction relative aux corps solides homogènes d'élasticité constante. — Cas d'une traction. — Cas d'une torsion. — Expressions réduites des forces élastiques.

§ 16.—La Leçon actuelle a pour objet principal de chercher comment se simplifient les valeurs des N_i, T_i, quand il s'agit de corps solides homogènes, et d'élasticité constante dans toutes les directions. Le second mode de démonstration, employé au § 14, conduisant aux mêmes formules que le premier qui s'appuie sur le principe des actions mutuelles (§ 4), nous regardons le principe dont il s'agit comme suffisamment vérifié par cette coïncidence, et nous l'adoptons sans restriction. Ce principe est surtout utile pour déterminer directement, dans des cas particuliers et sans recourir aux formules générales, la loi de la force élastique exercée sur des plans de même direction dans toute l'étendue du milieu. Voici deux exemples de cette détermination, lesquels servent de lemmes pour arriver à la simplification que nous avons en vue.

Considérons un corps solide, homogène et d'élasticité constante, dans lequel la loi du déplacement moléculaire soit exprimée par les valeurs

$$(a) \qquad u = 0, \quad v = 0, \quad w = cz,$$

c étant constant. Toutes les molécules se sont déplacées, parallèlement à l'axe vertical des z, de quantités proportionnelles à leurs distances au plan horizontal des xy. C'est le cas d'une traction parallèle aux z. La loi du déplacement étant bien définie, cherchons la force élastique exercée sur un élément-plan ϖ, perpendiculaire aux x, et qui sépare le milieu en deux parties : B du côté de l'origine et du cylindre infiniment délié qui a ϖ pour base; A du côté opposé. Soient μ (*fig.* 3) une molécule du cylindre, m une molécule de A; par $\overline{m\mu}$, et la normale $\overline{\mu N}$ à ϖ, faisons passer un plan; dans ce plan, et de l'autre côté de $\overline{\mu N}$, menons $\overline{\mu.m'}$ faisant l'angle $N\mu m' = N\mu m$; enfin prenons $\overline{\mu.m'} = \overline{\mu.m}$. D'après le genre d'homogénéité que l'on suppose, s'il existe un point matériel en m, il en existera un en m'.

Imprimons au corps une translation descendante, qui ramène μ à sa position primitive, ce qui ne modifie en rien les forces élastiques; le déplacement ascendant de m surpassant autant celui de μ, que ce dernier surpasse celui de m', la translation imprimée laissera m déplacé de $\overline{mn}$, et m' de $\overline{m'n'}$ égal à $\overline{nn}$, mais de sens contraire. Les distances $\overline{\mu.m}$, $\overline{\mu.m'}$ (ζ) sont égales; les projections ($\Delta\zeta$) de $\overline{mn}$ et de $\overline{m'n'}$ sur ces lignes perspectives sont pareillement égales; donc les déplacements, relatifs à μ, des deux points matériels m et m', auxquels on suppose la même masse, produiront sur μ deux attractions égales, dirigées, l'une sur $\overline{\mu.m}$, l'autre sur $\overline{\mu.m'}$, dont la résultante sera elle-même dirigée sur la normale ou bissectrice $\overline{\mu N}$. Il en sera de même pour tous les couples que l'on devra considérer. Donc la résultante totale, ou la force élastique cherchée, sera normale à l'élément-plan ϖ. Ainsi, lorsque la loi du déplacement sera donnée par les valeurs (a), et qu'il s'agira d'un solide homogène et d'élasticité constante, des trois composantes N_1, T_3, T_2 (§ 8) de la force élastique exercée sur un élément-plan perpendiculaire aux x, la première existera seule, les deux autres T_3, T_2, seront nécessairement nulles.

§ 17. — Considérons le même milieu, dans lequel la loi du déplacement moléculaire est actuellement exprimée par les valeurs

$$(b) \qquad u = -\omega y z, \quad v = \omega x z, \quad w = 0,$$

ω étant constant. Chaque molécule s'est déplacée parallèlement au plan horizontal des xy, et a décrit, autour de l'axe vertical des z, un petit arc de cercle proportionnel : 1° à sa distance à l'axe des z ; 2° à sa hauteur au-dessus du plan des xy. C'est le cas d'une torsion autour de l'axe des z. La nouvelle loi du déplacement étant bien définie, cherchons la force élastique exercée sur un élément-plan ϖ, perpendiculaire aux x, en un point du plan méridien des zx. Soient : μ ($fig.$ 4) une molécule du cylindre ; m et m' deux points symétriques par rapport à la normale $\overline{B\mu A}$, et pris dans le plan méridien ; m est la projection de deux points matériels M, M_1, symétriquement placés, le premier en avant, le second en arrière du méridien ; m' est la projection de deux autres points M', M'_1, symétriques de M, M_1, par rapport à l'horizon de μ. Car, d'après le genre d'homogénéité que l'on suppose, s'il existe des points matériels en M, M_1, il en doit exister en M', M'_1.

Si l'on imprime à tout le corps une rotation autour de l'axe des z, qui ramène μ à sa position primitive, ce qui n'altère pas les forces élastiques, les déplacements, relatifs à μ, de M, M_1, M', M'_1, seront des arcs de cercle égaux ; mais ceux de M, M_1 iront de l'arrière vers l'avant du méridien ; ceux de M', M'_1, de l'avant vers l'arrière ; d'où résulte que M et M'_1 se sont éloignés de μ, tandis que M_1 et M' s'en sont rapprochés. Les distances μM, μM_1, $\mu M'$, $\mu M'_1$ sont égales ; les projections des déplacements sur ces lignes le sont aussi ; donc les quatre actions exercées sur μ ont des intensités égales ; mais deux sont attractives, suivant μM et

$\mu M'_1$, qui se composent sur la bissectrice ou normale μA; deux sont répulsives, suivant $M_1 \mu$ et $M' \mu$, qui se composent sur la bissectrice ou normale μB; les deux résultantes, contraires et ayant des intensités égales, se détruisent. Il en sera de même pour tous les groupes que l'on doit considérer. Donc la résultante totale, ou la force élastique cherchée, est nulle. Ainsi, lorsque la loi du déplacement sera donnée par les valeurs (*b*), et qu'il s'agira d'un solide homogène et d'élasticité constante, les trois composantes N_1, T_3, T_2 de la force élastique exercée en un point du méridien xz, sur un plan perpendiculaire aux x, seront nulles toutes trois.

Il importe de remarquer que, dans les mêmes circonstances, la force élastique exercée, au même point, sur un plan horizontal ou perpendiculaire aux z, est parallèle aux y, conséquemment tangentielle; c'est-à-dire que des trois composantes T_2, T_1, N_3 (§ 8) de cette force élastique, T_1 seule existe, les deux autres sont nulles. En effet, μ (*fig.* 5) appartenant au cylindre de base ϖ, et m étant, comme ci-dessus, la projection des deux points symétriques M, M_1, des deux actions, égales en intensité, et dirigées suivant μM et $M_1 \mu$, la première est attractive, la seconde répulsive; leur résultante est donc horizontale et perpendiculaire au méridien. Il en est de même pour tous les groupes que l'on doit considérer. Donc la résultante totale, ou la force élastique cherchée, est perpendiculaire au plan méridien; c'est-à-dire que non-seulement $T_2 = 0$, comme cela résulte de l'alinéa précédent, mais aussi $N_3 = 0$, au point désigné.

Les lois simples que nous venons de trouver appartiennent aux phénomènes de la traction et de la torsion, quand le milieu solide présente, par rapport à la ligne de traction et par rapport à deux plans, desquels l'un est perpendiculaire à cette ligne et l'autre lui est parallèle, les

dispositions moléculaires symétriques que nous avons supposées. Mais, si le solide qui satisfait à ces conditions particulières de symétrie est tiré dans une direction différente,
ou tordu autour d'un autre axe, peut-il arriver que les
mêmes lois simples se reproduisent ? La réponse affirma-
tive à cette question est une des conséquences les plus
remarquables de la théorie mathématique de l'élasticité
des solides, et en même temps la définition la plus claire
et la plus naturelle des corps solides homogènes et d'é-
lasticité constante. Pour obtenir cette importante réponse,
il faut essentiellement avoir recours à la transformation
des coordonnées. Si les formules que nous allons établir
sont longues à écrire, plutôt qu'à démontrer, il faut considérer qu'elles contiennent la réponse attendue, qu'elles
servent de lemmes à la simplification cherchée, et qu'elles
nous seront très-utiles dans la suite du Cours. On pensera
que tous ces avantages compensent l'aridité de quelques
pages de calculs.

§ 18. — Soient, en conservant la même origine, *Formules de transformation.*
(x', y', z') de nouvelles coordonnées rectangulaires du
point M ; désignons, comme l'indique le tableau,

	x'	y'	z'	
x	m_1	m_2	m_3	u
y	n_1	n_2	n_3	v
z	p_1	p_2	p_3	w
	u'	v'	w'	

(1)

par (m_i, n_i, p_i) les cosinus des angles que les nouveaux axes font avec les anciens, par (u', v', w') les nouvelles projections du déplacement de M. On sait que les neuf cosinus (m_i, n_i, p_i) sont liés entre eux par les six relations

$$(2) \quad \begin{cases} m_1^2 + n_1^2 + p_1^2 = 1, \\ m_2^2 + n_2^2 + p_2^2 = 1, \\ m_3^2 + n_3^2 + p_3^2 = 1, \\ m_2 m_3 + n_2 n_3 + p_2 p_3 = 0, \\ m_3 m_1 + n_3 n_1 + p_3 p_1 = 0, \\ m_1 m_2 + n_1 n_2 + p_1 p_2 = 0, \end{cases}$$

ou

$$(3) \quad \begin{cases} m_1^2 + m_2^2 + m_3^2 = 1, \\ n_1^2 + n_2^2 + n_3^2 = 1, \\ p_1^2 + p_2^2 + p_3^2 = 1, \\ n_1 p_1 + n_2 p_2 + n_3 p_3 = 0, \\ p_1 m_1 + p_2 m_2 + p_3 m_3 = 0, \\ m_1 n_1 + m_2 n_2 + m_3 n_3 = 0. \end{cases}$$

Le tableau (1) conduit facilement, par la méthode des projections, aux formules

$$(4) \quad \begin{cases} x = m_1 x' + m_2 y' + m_3 z', \\ y = n_1 x' + n_2 y' + n_3 z', \\ z = p_1 x' + p_2 y' + p_3 z', \end{cases}$$

$$(5) \quad \begin{cases} u' = m_1 u + n_1 v + p_1 w, \\ v' = m_2 u + n_2 v + p_2 w, \\ w' = m_3 u + n_3 v + p_3 w, \end{cases}$$

qui donnent (x, y, z) en (x', y', z') et (u', v', w') en (u, v, w). On obtient les nouvelles dérivées $\dfrac{d\,(u', v', w')}{d\,(x', y', z')}$ en fonction des anciennes, en différentiant (u', v', w') comme des fonctions (5) de (u, v, w), qui sont fonctions de (x, y, z), qui sont fonctions (4) de (x', y', z'); ce qui donne d'abord les formules symboliques

$$(6)\begin{cases} \dfrac{du'}{dx'} = (m_1\,du + n_1\,dv + p_1\,dw)\left(\dfrac{m_1}{dx} + \dfrac{n_1}{dy} + \dfrac{p_1}{dz}\right), \\[2mm] \dfrac{dv'}{dy'} = (m_2\,du + n_2\,dv + p_2\,dw)\left(\dfrac{m_2}{dx} + \dfrac{n_2}{dy} + \dfrac{p_2}{dz}\right), \\[2mm] \dfrac{dw'}{dz'} = (m_3\,du + n_3\,dv + p_3\,dw)\left(\dfrac{m_3}{dx} + \dfrac{n_3}{dy} + \dfrac{p_3}{dz}\right), \\[2mm] \dfrac{dv'}{dz'} + \dfrac{dw'}{dy'} = (m_2\,du + n_2\,dv + p_2\,dw)\left(\dfrac{m_3}{dx} + \dfrac{n_3}{dy} + \dfrac{p_3}{dz}\right) \\[2mm] \qquad\quad + (m_3\,du + n_3\,dv + p_3\,dw)\left(\dfrac{m_2}{dx} + \dfrac{n_2}{dy} + \dfrac{p_2}{dz}\right), \\[2mm] \dfrac{dw'}{dx'} + \dfrac{du'}{dz'} = (m_3\,du + n_3\,dv + p_3\,dw)\left(\dfrac{m_1}{dx} + \dfrac{n_1}{dy} + \dfrac{p_1}{dz}\right) \\[2mm] \qquad\quad + (m_1\,du + n_1\,dv + p_1\,dw)\left(\dfrac{m_3}{dx} + \dfrac{n_3}{dy} + \dfrac{p_3}{dz}\right), \\[2mm] \dfrac{du'}{dy'} + \dfrac{dv'}{dx'} = (m_1\,du + n_1\,dv + p_1\,dw)\left(\dfrac{m_2}{dx} + \dfrac{n_2}{dy} + \dfrac{p_2}{dz}\right) \\[2mm] \qquad\quad + (m_2\,du + n_2\,dv + p_2\,dw)\left(\dfrac{m_1}{dx} + \dfrac{n_1}{dy} + \dfrac{p_1}{dz}\right). \end{cases}$$

Développant, puis ordonnant les seconds membres, on a

définitivement

$$
\frac{du'}{dx'} = m_1^2 \frac{du}{dx} + n_1^2 \frac{dv}{dy} + p_1^2 \frac{dw}{dz} + n_1 p_1 \left(\frac{dv}{dz} + \frac{dw}{dy} \right)
$$
$$
+ p_1 m_1 \left(\frac{dw}{dx} + \frac{du}{dz} \right) + m_1 n_1 \left(\frac{du}{dy} + \frac{dv}{dx} \right),
$$

$$
\frac{dv'}{dy'} = m_2^2 \frac{du}{dx} + n_2^2 \frac{dv}{dy} + p_2^2 \frac{dw}{dz} + n_2 p_2 \left(\frac{dv}{dz} + \frac{dw}{dy} \right)
$$
$$
+ p_2 m_2 \left(\frac{dw}{dx} + \frac{du}{dz} \right) + m_2 n_2 \left(\frac{du}{dy} + \frac{dv}{dx} \right),
$$

$$
\frac{dw'}{dz'} = m_3^2 \frac{du}{dx} + n_3^2 \frac{dv}{dy} + p_3^2 \frac{dw}{dz} + n_3 p_3 \left(\frac{dv}{dz} + \frac{dw}{dy} \right)
$$
$$
+ p_3 m_3 \left(\frac{dw}{dx} + \frac{du}{dz} \right) + m_3 n_3 \left(\frac{du}{dy} + \frac{dv}{dx} \right),
$$

$$
\frac{dv'}{dz'} + \frac{dw'}{dy'} = 2 m_2 m_3 \frac{du}{dx} + (n_2 p_3 + n_3 p_2) \left(\frac{dv}{dz} + \frac{dw}{dy} \right)
$$

(7)
$$
+ 2 n_2 n_3 \frac{dv}{dy} + (p_2 m_3 + p_3 m_2) \left(\frac{dw}{dx} + \frac{du}{dz} \right)
$$
$$
+ 2 p_2 p_3 \frac{dw}{dz} + (m_2 n_3 + m_3 n_2) \left(\frac{du}{dy} + \frac{dv}{dx} \right),
$$

$$
\frac{dw'}{dx'} + \frac{du'}{dz'} = 2 m_3 m_1 \frac{du}{dx} + (n_3 p_1 + n_1 p_3) \left(\frac{dv}{dz} + \frac{dw}{dy} \right)
$$
$$
+ 2 n_3 n_1 \frac{dv}{dy} + (p_3 m_1 + p_1 m_3) \left(\frac{dw}{dx} + \frac{du}{dz} \right)
$$
$$
+ 2 p_3 p_1 \frac{dw}{dz} + (m_3 n_1 + m_1 n_3) \left(\frac{du}{dy} + \frac{dv}{dx} \right),
$$

$$
\frac{du'}{dy'} + \frac{dv'}{dz'} = 2 m_1 m_2 \frac{du}{dx} + (n_1 p_2 + n_2 p_1) \left(\frac{dv}{dz} + \frac{dw}{dy} \right)
$$
$$
+ 2 n_1 n_2 \frac{dv}{dy} + (p_1 m_2 + p_2 m_1) \left(\frac{dw}{dx} + \frac{du}{dz} \right)
$$
$$
+ 2 p_1 p_2 \frac{dw}{dz} + (m_1 n_2 + m_2 n_1) \left(\frac{du}{dy} + \frac{dv}{dx} \right).
$$

Rappelons que les N_i, T_i du tableau (8) donnent les composantes des forces élastiques exercées en M sur les plans perpendiculaires aux anciens axes. Les N'_i, T'_i du tableau (9) donneront, de la même manière,

	x	y	z
x	N_1	T_3	T_2
(8) y	T_3	N_2	T_1
z	T_2	T_1	N_3

	x'	y'	z'
x'	N'_1	T'_3	T'_2
(9) y'	T'_3	N'_2	T'_1
z'	T'_2	T'_1	N'_3

les composantes, suivant les nouveaux axes, des trois forces élastiques exercées, au même point M, sur les plans perpendiculaires aux x', y', z'. Désignons par X'_i, Y'_i, Z'_i les composantes de ces trois dernières forces élastiques, suivant les anciens axes; la méthode des projections à l'aide du tableau (9) et les formules générales (8) du § 9, seconde Leçon, conduisent facilement aux trois groupes de relations :

$$\begin{cases} X'_1 = m_1 N'_1 + m_2 T'_3 + m_3 T'_2 = m_1 N_1 + n_1 T_3 + p_1 T_2, \\ Y'_1 = n_1 N'_1 + n_2 T'_3 + n_3 T'_2 = m_1 T_3 + n_1 N_2 + p_1 T_1, \\ Z'_1 = p_1 N'_1 + p_2 T'_3 + p_3 T'_2 = m_1 T_2 + n_1 T_1 + p_1 N_3, \end{cases}$$

$$(10)\begin{cases} X'_2 = m_1 T'_3 + m_2 N'_2 + m_3 T'_1 = m_2 N_1 + n_2 T_3 + p_2 T_2, \\ Y'_2 = n_1 T'_3 + n_2 N'_2 + n_3 T'_1 = m_2 T_3 + n_2 N_2 + p_2 T_1, \\ Z'_2 = p_1 T'_3 + p_2 N'_2 + p_3 T'_1 = m_2 T_2 + n_2 T_1 + p_2 N_3, \end{cases}$$

$$\begin{cases} X'_3 = m_1 T'_2 + m_2 T'_1 + m_3 N'_3 = m_3 N_1 + n_3 T_3 + p_3 T_2, \\ Y'_3 = n_1 T'_2 + n_2 T'_1 + n_3 N'_3 = m_3 T_3 + n_3 N_2 + p_3 T_1, \\ Z'_3 = p_1 T'_2 + p_2 T'_1 + p_3 N'_3 = m_3 T_3 + n_3 T_1 + p_3 N_3, \end{cases}$$

d'où il est facile de conclure les valeurs des N'_i, T'_i, en fonction des N_i, T_i, par l'addition des trois équations de chaque groupe, respectivement multipliées par (m_i, n_i, p_i), où l'indice i est successivement 1, 2, 3; ayant égard aux relations (2), on trouve

$$(11) \begin{cases} N'_1 = m_1^2 N_1 + n_1^2 N_2 + p_1^2 N_3 + 2n_1 p_1 T_1 \\ \qquad + 2p_1 m_1 T_2 + 2m_1 n_1 T_3, \\ N'_2 = m_2^2 N_1 + n_2^2 N_2 + p_2^2 N_3 + 2n_2 p_2 T_1 \\ \qquad + 2p_2 m_2 T_2 + 2m_2 n_2 T_3, \\ N'_3 = m_3^2 N_1 + n_3^2 N_2 + p_3^2 N_3 + 2n_3 p_3 T_1 \\ \qquad + 2p_3 m_3 T_2 + 2m_3 n_3 T_3; \\ T_1 = m_2 m_3 N_1 + n_2 n_3 N_2 + p_2 p_3 N_3 + (n_2 p_3 + n_3 p_2) T_1 \\ \qquad + (p_2 m_3 + p_3 m_2) T_2 + (m_2 n_3 + m_3 n_2) T_3, \\ T_2 = m_3 m_1 N_1 + n_3 n_1 N_2 + p_3 p_1 N_3 + (n_3 p_1 + n_1 p_3) T_1 \\ \qquad + (p_3 m_1 + p_1 m_3) T_2 + (m_3 n_1 + m_1 n_3) T_3, \\ T_3 = m_1 m_2 N_1 + n_1 n_2 N_2 + p_1 p_2 N_3 + (n_1 p_2 + n_2 p_1) T_1 \\ \qquad + (p_1 m_2 + p_2 m_1) T_2 + (m_1 n_2 + m_2 n_1) T_3, \end{cases}$$

ce qui complète le faisceau des formules qui nous étaient nécessaires.

Les trois premières équations (7) donnent, par leur addition, et en ayant égard aux relations (3),

$$(12) \qquad \frac{du'}{dx'} + \frac{dv'}{dy'} + \frac{dw'}{dz'} = \frac{du}{dx} + \frac{dv}{dy} + \frac{dw}{dz},$$

c'est-à-dire que la dilatation cubique θ (§ 12) peut s'exprimer par la somme des trois dilatations linéaires prises parallèlement aux nouveaux axes; ce qui résultait d'ailleurs de l'indifférence des premiers axes. Les trois premières équations (11) donnent, de la même manière,

$$(13) \qquad N'_1 + N'_2 + N'_3 = N_1 + N_2 + N_3,$$

théorème dont l'énoncé est facile. L'élimination des neuf

cosinus (m_i, n_i, p_i), entre les douze équations (3) et (11),
doit conduire à trois relations symétriques entre les N'_i, T'_i,
et les N_i, T_i; l'équation (13) est une de ces relations : pour
obtenir les deux autres, il faudrait entreprendre un calcul
assez compliqué; mais ces relations découlent naturellement,
et d'une manière très-simple, de la discussion qui fera l'objet de la Leçon suivante.

§ 19. — Procédons maintenant à la simplification des N_i, T_i,
§ 13, formules (6), dans le cas d'un corps solide homogène,
et d'élasticité constante. S'il s'agit de N_1, composante normale
de la force élastique exercée sur l'élément-plan ϖ perpendiculaire à l'axe des x, la projection u, normale à ϖ, joue
un rôle distinct, les projections tangentielles v, w, jouent
des rôles identiques; d'où il suit que $\dfrac{du}{dx}$ aura un coefficient A,
distinct de B, coefficient de $\dfrac{dv}{dy}$ et de $\dfrac{dw}{dz}$; que le binôme
$\left(\dfrac{dv}{dz} + \dfrac{dw}{dy}\right)$ aura un coefficient D, distinct de E, coefficient
commun des binômes $\left(\dfrac{dw}{dx} + \dfrac{du}{dz}\right)$ et $\left(\dfrac{du}{dy} + \dfrac{dv}{dx}\right)$. Comme
des changements dans la dénomination des axes transforme-
raient N_1 en N_2, en N_3, sans que les coefficients puissent
changer, dans le genre d'homogénéité supposé, on aura nécessairement pour N_2, pour N_3, les mêmes coefficients A,
B, D, E; en observant que, pour N_2 c'est v qui est la projection normale, pour N_3 c'est w. S'il s'agit de T_1, lequel
est à la fois composante des deux forces élastiques exercées
sur les plans perpendiculaires aux y et aux z, il arrive encore que v et w jouent le même rôle, u un rôle distinct, et
les mêmes motifs limitent à quatre ($\mathcal{A}$, $\mathcal{B}$, Δ, $\mathcal{C}$) les coefficients des T_i. Ce qui donne en tout huit coefficients, distri-
bués comme l'indique le tableau :

Réduction des N_i, T_i, dans le cas de l'élas-ticité constante

$$(14)\begin{array}{c|c|c|c|c|c|c}
 & \dfrac{du}{dx} & \dfrac{dv}{dy} & \dfrac{dw}{dz} & \left(\dfrac{dv}{dz}+\dfrac{dw}{dy}\right) & \left(\dfrac{dw}{dx}+\dfrac{du}{dz}\right) & \left(\dfrac{du}{dy}+\dfrac{dv}{dx}\right) \\ \hline
N_1 & A & B & B & D & E & E \\
N_2 & B & A & B & E & D & E \\
N_3 & B & B & A & E & E & D \\
T_1 & \mathcal{A} & \mathcal{B} & \mathcal{B} & \Delta & \mathcal{C} & \mathcal{C} \\
T_2 & \mathcal{B} & \mathcal{A} & \mathcal{B} & \mathcal{C} & \Delta & \mathcal{C} \\
T_3 & \mathcal{B} & \mathcal{B} & \mathcal{A} & \mathcal{C} & \mathcal{C} & \Delta
\end{array}$$

Mais, si la loi du déplacement est exprimée par les valeurs (a), § 16, on doit avoir

$$T_3 = o, \quad T_2 = o;$$

le tableau (14) donne alors

$$T_3 = \mathcal{A}\,c, \quad T_2 = \mathcal{B}\,c;$$

il faut donc que $\mathcal{A} = o$, $\mathcal{B} = o$. Si la loi du déplacement est exprimée par les valeurs (b), § 17, pour $y = o$, on doit avoir

$$N_1 = o, \quad T_3 = o, \quad T_2 = o, \quad N_3 = o;$$

le tableau (14) donne alors

$$N_1 = D\,\omega\,x, \quad T_3 = T_2 = \mathcal{C}\,\omega\,x, \quad N_3 = E\,\omega\,x;$$

il faut donc que

$$D = o, \quad E = o, \quad \mathcal{C} = o.$$

Ainsi les N_i, T_i, dans le cas actuel, ne contiennent que trois coefficients; posant $B = \lambda$, $A = \lambda + 2\mu$, et remplaçant $\left(\dfrac{du}{dx} + \dfrac{dv}{dy} + \dfrac{dw}{dz}\right)$ par θ, leurs valeurs sont

$$(15)\begin{cases}
N_1 = \lambda\theta + 2\mu\,\dfrac{du}{dx}, \quad N_2 = \lambda\theta + 2\mu\,\dfrac{dv}{dy}, \quad N_3 = \lambda\theta + 2\mu\,\dfrac{dw}{dz}, \\[2mm]
T_1 = \Delta\left(\dfrac{dv}{dz} + \dfrac{dw}{dy}\right), \quad T_2 = \Delta\left(\dfrac{dw}{dx} + \dfrac{du}{dz}\right), \quad T_3 = \Delta\left(\dfrac{du}{dy} + \dfrac{dv}{dx}\right).
\end{cases}$$

Avec l'homogénéité et la constance d'élasticité supposées, si l'on change d'axes coordonnés, on doit retrouver les mêmes formes et les mêmes coefficients pour les N'_i, T'_i; par exemple, on doit avoir

$$(16) \qquad N_1 = \lambda\theta + 2\mu\frac{du'}{dx'}.$$

Or, en calculant N'_i par la première équation (11), à l'aide des N_i, T_i (15), on trouve

$$N'_1 = \lambda\theta + 2\mu\left(m_1^2\frac{du}{dx} + n_1^2\frac{dv}{dy} + p_1^2\frac{dw}{dz}\right)$$
$$+ 2\Delta\left[n_1p_1\left(\frac{dv}{dz} + \frac{dw}{dy}\right) + p_1m_1\left(\frac{dw}{dx} + \frac{du}{dz}\right) + m_1n_1\left(\frac{du}{dy} + \frac{dv}{dx}\right)\right],$$

et le coefficient de 2μ est égal à $\frac{du'}{dx'}$ diminué du coefficient de 2Δ, d'après la première équation (7); donc, pour que cette valeur se réduise à (16), il faut que $\Delta = \mu$. Le calcul des autres N'_i, T'_i conduit au même résultat.

§ 20. — Par cette méthode de réduction, on obtient définitivement, pour les N_i, T_i, dans le cas des corps solides homogènes et d'élasticité constante, les valeurs

§ 20. — Formules particulières des N_i, T_i.

$$(17)\begin{cases} N_1 = \lambda\theta + 2\mu\frac{du}{dx}, \quad N_2 = \lambda\theta + 2\mu\frac{dv}{dy}, \quad N_3 = \lambda\theta + 2\mu\frac{dw}{dz}, \\ T_1 = \mu\left(\frac{dv}{dz} + \frac{dw}{dy}\right), \quad T_2 = \mu\left(\frac{dw}{dx} + \frac{du}{dz}\right), \quad T_3 = \mu\left(\frac{du}{dy} + \frac{dv}{dx}\right), \end{cases}$$

contenant deux coefficients, λ, μ. Quand on emploie la méthode indiquée à la fin de la troisième Leçon, on trouve $\lambda = \mu$, et il ne reste plus qu'un seul coefficient. Nous ne saurions admettre cette relation, qui s'appuie nécessairement sur l'hypothèse de la continuité de la matière dans les milieux solides. Les résultats des expériences de M. Wertheim

4.

font bien voir que le rapport de λ à μ n'est pas l'unité, mais ne semblent pas assigner à ce rapport une autre valeur fixe et bien certaine. Nous conserverons donc les deux coèfficients λ et μ, en laissant leur rapport indéterminé.

La réponse à la question du § 17 est actuellement facile. Les lois trouvées pour les phénomènes de la traction et de la torsion quand le corps présente, par rapport aux anciens axes coordonnés, les dispositions moléculaires symétriques, définies aux §§ 16 et 17, exigent que les N_i, T_i aient la forme (15); or, si $\Delta = \mu$, les N_i, T_i auront la forme (17), et les N'_i, T'_i, relatifs à d'autres axes quelconques, auront encore et nécessairement cette même forme (17) avec les mêmes coefficients; ces N'_i, T'_i reproduiront donc, pour la traction et la torsion, identiquement les mêmes lois que les N_i, T_i. C'est-à-dire, par exemple, qu'il sera indifférent de tirer le corps parallèlement aux z ou parallèlement aux z'; de le tordre autour de l'axe des z ou autour de l'axe des z'. Cette indifférence est certainement la définition la plus claire et la plus naturelle de la constance de l'élasticité. Pour qu'elle ait lieu, il faut et il suffit que $\Delta = \mu$ dans les formules (15), ou que les N_i, T_i aient la forme (17).

CINQUIÈME LEÇON.

De l'ellipsoïde d'élasticité. — Forces élastiques principales. — Plans sollicités par les forces élastiques. — Cas particuliers.

§ 21. — Les valeurs des N_i, T_i, étant maintenant connues en fonction des dérivées $\dfrac{d(u,v,w)}{d(x,y,z)}$, il faudra substituer ces valeurs dans les six formules principales de notre seconde Leçon; on aura ainsi les équations générales de l'élasticité : les trois équations aux différences partielles (4), § 8, devenues du second ordre par rapport aux fonctions (u,v,w), exprimeront les lois qui régissent ces fonctions dans toute l'étendue du milieu solide; les équations (8), § 9, devenues aux différences partielles du premier ordre, fourniront les conditions auxquelles sont assujetties les fonctions (u,v,w) à la surface du corps. Mais avant d'effectuer cette substitution, il importe de revenir sur les équations (8) du § 9. Ces équations, que nous avons déduites de l'équilibre d'un élément tétraédrique, remplissent un double rôle : elles fournissent les équations à la surface, comme on vient de le voir, mais en outre elles indiquent de quelle manière varient les forces élastiques, en un même point du milieu. C'est cette dernière propriété, déjà résumée au § 9, que nous allons considérer seule, pour la développer et la présenter sous une forme commode dans les applications.

Il paraîtra que ces développements eussent été mieux placés après la seconde Leçon, qu'il eût été convenable de rapprocher, de réunir ainsi toutes les propriétés relatives aux forces intérieures, dont l'énoncé passe complétement

L'ellipsoïde d'élasticité.

sous silence les déplacements moléculaires. Or, c'est ce silence même qui nous a fait rejeter ici les développements
dont il s'agit. Il est sans doute très-remarquable que l'on
puisse donner une théorie presque complète des forces qui
existent dans l'intérieur des milieux, tant liquides que solides, sans parler de la déformation de ces milieux, en supposant même l'invariabilité des distances moléculaires.
Mais comme, en définitive, cette déformation existe, qu'elle
peut seule expliquer l'existence des forces intérieures, et
leurs variations, l'abstraction de l'invariabilité des distances
est inadmissible, absurde et féconde en erreurs. Poisson a
donc fait une chose utile en introduisant la considération
du changement de la densité du liquide, dans la théorie
mathématique de la capillarité. Et nous croyons utile aussi
d'étudier simultanément, et en quelque sorte de front, les
propriétés des forces élastiques et celles des déplacements
moléculaires, afin que leur dépendance nécessaire soit
constamment en vue.

Imaginons, par le point M, trois axes rectangulaires, parallèles aux (x, y, z). Désignons par (x_1, y_1, z_1) les coordonnées, par rapport à ces axes, de l'extrémité d'une ligne
partant de M, et qui représente, en grandeur et en direction, la force élastique exercée sur l'élément-plan ϖ, dont
la normale fait avec les (x, y, z) des angles ayant pour
cosinus (m, n, p). Les formules (8), § 9, donnent évidemment

$$
(\text{I}) \quad
\begin{cases}
m\, N_1 + n' T_3 + p\, T_2 = x_1, \\
m\, T_3 + n\, N_2 + p\, T_1 = y_1, \\
m\, T_2 + n\, T_1 + p\, T_3 = z_1.
\end{cases}
$$

Désignons encore par (x'_1, y'_1, z'_1) les coordonnées de la
même extrémité, rapportée à trois axes obliques, suivant
les trois forces élastiques qui s'exercent sur les éléments-
plans perpendiculaires aux (x, y, z), forces que nous re-
présenterons par (F_1, F_2, F_3), et dont les composantes sont

respectivement (N_1, T_3, T_2), (T_3, N_2, T_1), (T_2, T_1, N_3). Les nouveaux axes obliques font avec les premiers, qui sont rectangulaires, des angles dont les cosinus ont les valeurs assignées par le tableau

$$
\begin{array}{cccc}
 & x_1 & y_1 & z_1 \\
(2) &
\begin{array}{|c|c|c|}
\hline
\dfrac{N_1}{F_1} & \dfrac{T_3}{F_1} & \dfrac{T_2}{F_1} \\
\hline
\dfrac{T_3}{F_2} & \dfrac{N_2}{F_2} & \dfrac{T_1}{F_2} \\
\hline
\dfrac{T_2}{F_3} & \dfrac{T_1}{F_3} & \dfrac{N_3}{F_3} \\
\hline
\end{array}
& \begin{array}{c} x'_1 \\[12pt] y'_1 \\[12pt] z'_1 \end{array}
\end{array}
$$

ce qui conduit immédiatement aux formules de transformation

$$(3) \quad \begin{cases} \dfrac{N_1}{F_1} x'_1 + \dfrac{T_3}{F_2} y'_1 + \dfrac{T_2}{F_3} z'_1 = x_1, \\[10pt] \dfrac{T_3}{F_1} x'_1 + \dfrac{N_2}{F_2} y'_1 + \dfrac{T_1}{F_3} z'_1 = y_1, \\[10pt] \dfrac{T_2}{F_1} x'_1 + \dfrac{T_1}{F_2} y'_1 + \dfrac{N_3}{F_3} z'_1 = z_1. \end{cases}$$

La comparaison des deux groupes (1) et (3) fait voir que

$$(4) \qquad m = \frac{x'_1}{F_1}, \quad n = \frac{y'_1}{F_2}, \quad p = \frac{z'_1}{F_3}.$$

Car, si l'on résolvait les équations (1) par rapport à (m, n, p), et les équations (3) par rapport à $\left(\dfrac{x'_1}{F_1}, \dfrac{y'_1}{F_2}, \dfrac{z'_1}{F_3} \right)$, on obtiendrait évidemment les mêmes valeurs, puisque les deux groupes du premier degré ont les mêmes coefficients. Or on a nécessairement $m^2 + n^2 + p^2 = 1$; les relations (4) donnent donc

$$(5) \qquad \left(\frac{x'_1}{F_1}\right)^2 + \left(\frac{y'_1}{F_2}\right)^2 + \left(\frac{z'_1}{F_3}\right)^2 = 1;$$

c'est-à-dire que le lieu géométrique des extrémités des lignes qui représentent, en grandeur et en direction, les forces élastiques s'exerçant sur tous les éléments-plans, menés par un même point du milieu, est un ellipsoïde; et les forces élastiques qui correspondent à trois éléments-plans rectangulaires donnent trois diamètres conjugués de cette surface, que nous appellerons *ellipsoïde d'élasticité.*

Forces élastiques principales. § 22. Parmi les systèmes de diamètres conjugués, tous propres à déterminer l'ellipsoïde d'élasticité, il en existe un, et un seul, où les diamètres sont rectangulaires, celui des axes de cette surface du second ordre. Supposons que les plans coordonnés primitifs aient été fortuitement disposés, de telle sorte que l'ellipsoïde (5) se trouve rapporté à ses axes; les (x'_1, y'_1, z'_1) seront rectangulaires, ainsi que les (x_1, y_1, z_1), et les cosinus du tableau (2) devront vérifier, entre autres et simultanément, les deux groupes de relations

$$(6) \quad \begin{cases} \left(\dfrac{N_1}{F_1}\right)^2 + \left(\dfrac{T_3}{F_2}\right)^2 + \left(\dfrac{T_2}{F_3}\right)^2 = 1, \\[2mm] \left(\dfrac{T_3}{F_1}\right)^2 + \left(\dfrac{N_2}{F_2}\right)^2 + \left(\dfrac{T_1}{F_3}\right)^2 = 1, \\[2mm] \left(\dfrac{T_2}{F_1}\right)^2 + \left(\dfrac{T_1}{F_2}\right)^2 + \left(\dfrac{N_3}{F_3}\right)^2 = 1, \end{cases}$$

$$(7) \quad \begin{cases} \left(\dfrac{N_1}{F_1}\right)^2 + \left(\dfrac{T_3}{F_1}\right)^2 + \left(\dfrac{T_2}{F_1}\right)^2 = 1, \\[2mm] \left(\dfrac{T_3}{F_2}\right)^2 + \left(\dfrac{N_2}{F_2}\right)^2 + \left(\dfrac{T_1}{F_2}\right)^2 = 1, \\[2mm] \left(\dfrac{T_2}{F_3}\right)^2 + \left(\dfrac{T_1}{F_3}\right)^2 + \left(\dfrac{N_3}{F_3}\right)^2 = 1, \end{cases}$$

qui donnent, par l'élimination des N_i,

$$(8) \quad \begin{cases} \left(\dfrac{1}{F_2^2} - \dfrac{1}{F_1^2}\right) T_3^2 + \left(\dfrac{1}{F_3^2} - \dfrac{1}{F_1^2}\right) T_2^2 = 0, \\[2mm] \left(\dfrac{1}{F_3^2} - \dfrac{1}{F_2^2}\right) T_1^2 + \left(\dfrac{1}{F_1^2} - \dfrac{1}{F_2^2}\right) T_3^2 = 0, \\[2mm] \left(\dfrac{1}{F_1^2} - \dfrac{1}{F_3^2}\right) T_2^2 + \left(\dfrac{1}{F_2^2} - \dfrac{1}{F_3^2}\right) T_1^2 = 0. \end{cases}$$

Les F_1, F_2, F_3 sont actuellement les axes de l'ellipsoïde ; nous les supposerons inégaux, et ainsi rangés par ordre décroissant de grandeur ; dans ce cas général, le seul que nous considérerons laissant de côté la discussion des cas particuliers, la première des équations (8) exige que $T_3 = 0$, $T_2 = 0$, et les deux autres, que $T_1 = 0$. Alors les relations (7) donnent

$$N_1 = F_1, \quad N_2 = F_2, \quad N_3 = F_3,$$

et les équations (3) se réduisent à

$$(9) \qquad x_1' = x_1, \quad y_1' = y_1, \quad z_1' = z_1 ;$$

c'est-à-dire que les axes de l'ellipsoïde se confondent avec les normales aux éléments-plans sur lesquels s'exercent les forces élastiques représentées par ces axes mêmes. Ainsi, en tout point du milieu solide, il existe trois éléments-plans, rectangulaires entre eux, qui sont sollicités par des forces élastiques normales. Ces plans sont les sections principales de l'ellipsoïde d'élasticité. Les trois forces élastiques normales, que nous appellerons *forces élastiques principales*, sont représentées, en grandeur et en direction, par les axes de cet ellipsoïde. Il s'agit maintenant de déterminer, en chaque point du milieu, les grandeurs des forces élastiques principales, et les positions des éléments-plans qu'elles sollicitent.

Soit A la grandeur inconnue d'une force élastique normale, s'exerçant en M; soient (m, n, p) les cosinus des angles que sa direction, pareillement inconnue, fait avec les (x, y, z). Les formules (8), § 9, donneront, en y remplaçant X par $m\,A$, Y par $n\,A$, Z par $p\,A$:

$$(10) \quad \begin{cases} m(N_1 - A) + nT_3 + pT_2 = 0, \\ mT_3 + n(N_2 - A) + pT_1 = 0, \\ mT_2 + nT_1 + p(N_3 - A) = 0; \end{cases}$$

on doit avoir, d'ailleurs, $m^2 + n^2 + p^2 = 1$; ce qui complète les quatre équations nécessaires pour déterminer les inconnues (A, m, n, p). L'élimination des rapports $\dfrac{m}{p}$, $\dfrac{n}{p}$, entre les équations (10), conduit à l'équation finale

$$(11) \begin{cases} (N_1 - A)(N_2 - A)(N_3 - A) + 2T_1T_2T_3 - (N_1 - A)T_1^2 \\ \qquad - (N_2 - A)T_2^2 - (N_3 - A)T_3^2 = 0, \end{cases}$$

ou, en développant et changeant les signes,

$$(12) \begin{cases} A^3 - (N_1 + N_2 + N_3)A^2 \\ + (N_2N_3 + N_3N_1 + N_1N_2 - T_1^2 - T_2^2 - T_3^2)A \\ - (N_1N_2N_3 + 2T_1T_2T_3 - N_1T_1^2 - N_2T_2^2 - N_3T_3^2) = 0. \end{cases}$$

Cette équation du troisième degré donnera non-seulement les axes de l'ellipsoïde d'élasticité, mais en même temps les grandeurs et les signes des trois forces élastiques principales : le signe $+$ indiquant une traction, le signe $-$ une pression.

Les trois racines de l'équation (12) étant représentées par (A, B, C), on aura, par des formules connues,

$$(13) \begin{cases} A + B + C = N_1 + N_2 + N_3, \\ BC + CA + AB = N_2N_3 + N_3N_1 + N_1N_2 - T_1^2 - T_2^2 - T_3^2, \\ ABC = N_1N_2N_3 + 2T_1T_2T_3 - N_1T_1^2 - N_2T_2^2 - N_3T_3^2. \end{cases}$$

Comme les axes de l'ellipsoïde d'élasticité doivent rester les mêmes, quand on emploie les N'_i, T'_i, au lieu de N_i, T_i, on doit avoir identiquement :

$$(14) \begin{cases} N'_1 + N'_2 + N'_3 = N_1 + N_2 + N_3, \\ N'_2 N'_3 + N'_3 N'_1 + N'_1 N'_2 - T'^2_1 - T'^2_2 - T'^2_3 \\ \quad = N_2 N_3 + N_3 N_1 + N_1 N_2 - T^2_1 - T^2_2 - T^2_3, \\ N'_1 N'_2 N'_3 + 2 T'_1 T'_2 T'_3 - N'_1 T'^2_1 - N'_2 T'^2_2 - N'_3 T'^2_3 \\ \quad = N_1 N_2 N_3 + 2 T_1 T_2 T_3 - N_1 T^2_1 - N_2 T^2_2 - N_3 T^2_3 ; \end{cases}$$

et ce sont là les trois relations symétriques que l'on obtient effectivement quand on élimine les neuf cosinus (m_i, n_i, p_i) entre les douze équations (3) et (11) du § 18. On doit regarder cette coïncidence comme une vérification.

Soit maintenant A une des racines de l'équation (12); A sera, en grandeur et en signe, l'une des forces élastiques principales au point M. Pour trouver la direction, ou, ce qui revient au même, la position du plan qu'elle sollicite, il faut avoir recours aux équations (10), qui donnent facilement

$$T_2 T_3 m + T_3 T_1 n + T_1 T_2 p \begin{cases} = m\,(AT_1 + T_2 T_3 - N_1 T_1) \\ = n\,(AT_2 + T_3 T_1 - N_2 T_2) \\ = p\,(AT_3 + T_1 T_2 - N_3 T_3); \end{cases}$$

d'où l'on conclut l'équation suivante :

$$(15) \begin{cases} \dfrac{x' - x}{AT_1 + T_2 T_3 - N_1 T_1} + \dfrac{y' - y}{AT_2 + T_3 T_1 - N_2 T_2} \\ \qquad + \dfrac{z' - z}{AT_3 + T_1 T_2 - N_3 T_3} = 0 \end{cases}$$

pour représenter le plan cherché; (x', y', z') étant ici les coordonnées d'un point quelconque du plan, (x, y, z) les coordonnées appartenant au point M, et dont A et les N_i, T_i sont des fonctions.

§ 23. Les grandeurs, les signes et les directions des forces élastiques principales au point M, étant supposées connues, transportons l'origine en ce point, et prenons pour axes coordonnés les axes mêmes de l'ellipsoïde d'élasticité.

Plans sollicités par les forces élastiques.

L'équation de cet ellipsoïde sera

$$(16) \qquad \frac{x^2}{A^2} + \frac{y^2}{B^2} + \frac{z^2}{C^2} = 1.$$

Les forces élastiques exercées sur les plans coordonnés étant actuellement normales, on aura

$$N_1 = A, \quad N_2 = B, \quad N_3 = C, \quad T_1 = T_2 = T_3 = 0,$$

et les équations (1) donneront

$$(17) \qquad m = \frac{x_1}{A}, \quad n = \frac{y_1}{B}, \quad p = \frac{z_1}{C},$$

pour les cosinus (m, n, p) des angles que fait, avec les axes nouveaux, la normale à l'élément-plan ϖ, sur lequel s'exerce la force élastique représentée, en grandeur et en direction, par le demi-diamètre D_1 dont l'extrémité a pour coordonnées (x_1, y_1, z_1). D'après ces valeurs (17), le plan ϖ aura pour équation

$$(18) \qquad \frac{x_1 x}{A} + \frac{y_1 y}{B} + \frac{z_1 z}{C} = 0 ;$$

c'est-à-dire qu'il sera parallèle au plan tangent à la surface, dont l'équation est

$$(19) \qquad \frac{x^2}{A} + \frac{y^2}{B} + \frac{z^2}{C} = \pm K^2,$$

au point où le diamètre D_1 vient la rencontrer, K^2 étant une quantité positive quelconque.

Lorsque les trois racines de l'équation (12) sont de même signe, c'est-à-dire quand elles représentent ou trois tractions, ou trois pressions, la surface (19) est un ellipsoïde, concentrique à celui d'élasticité (16), ayant les axes dirigés de la même manière, mais de grandeurs proportionnelles aux racines carrées des forces élastiques principales; alors tout demi-diamètre D_1 représente une force élastique de même espèce que les forces élastiques principales, c'est-à-dire ou une traction, ou une pression oblique. Lorsque les racines de l'équation (12) ont des signes différents, c'est-à-dire quand elles représentent ou deux tractions et une pression, ou deux pressions et une traction, la surface (19) est l'ensemble de deux hyperboloïdes, l'un à une nappe, l'autre à deux nappes, ayant un même cône asymptotique, dont l'équation est

$$(20) \qquad \frac{x^2}{A} + \frac{y^2}{B} + \frac{z^2}{C} = 0;$$

alors, si le demi-diamètre D_1 rencontre l'hyperboloïde à une nappe, il représente une force élastique de l'espèce qui est double parmi les forces élastiques principales; s'il rencontre l'hyperboloïde à deux nappes, il représente une force élastique de l'espèce unique. Le passage de l'une à l'autre des deux espèces se fait sur le cône (20); tout demi-diamètre D_1, couché sur cette surface conique, représente une force élastique tangentielle, laquelle s'exerce sur le plan tangent au cône, suivant l'arête D_1. On peut appeler le cône (20), *cône des forces élastiques tangentielles*, ou plus simplement *cône de glissement*.

§ 24. Lorsque le dernier terme de l'équation (12) est nul, il existe en M un élément-plan sur lequel ne s'exerce aucune force élastique, et l'égalité des composantes normales réciproques, § 9, indique de suite que ce plan contiendra toutes les forces élastiques. Si on le prend pour celui des x, y, par rapport à l'origine M, en dirigeant les axes des (x, y) suivant les deux forces élastiques principales A, B, qui restent lorsque C = o; si, de plus, on désigne par γ l'inclinaison de l'élément-plan ϖ, sur lequel s'exerce la force élastique représentée par la droite D_1 partant de M, et dont l'extrémité a pour coordonnées

Cas où l'une des forces élastiques principales est nulle.

$(x_1, y_1, z_1 = 0)$; les cosinus (m, n, p) seront

$$m = \frac{x_1}{A}, \quad n = \frac{y_1}{B}, \quad p = \cos\gamma;$$

on aura, par la relation nécessaire $m^2 + n^2 + p^2 = 1$,

(21) $$\frac{x_1^2}{A^2} + \frac{y_1^2}{B^2} = \sin^2\gamma,$$

et le plan ϖ aura pour équation

$$\frac{x_1 x}{A} + \frac{y_1 y}{B} + z\cos\gamma = 0.$$

D'après ces relations, les forces élastiques exercées sur tous les plans de même inclinaison γ sont les demi-diamètres d'une ellipse, ayant ses axes proportionnels à $\sin\gamma$, et respectivement à A, B. Le plan ϖ, d'inclinaison γ, sur lequel s'exerce la force élastique représentée par un demi-diamètre D_1 de cette ellipse, a sa trace parallèle à la tangente à la courbe dont l'équation est

(22) $$\frac{x^2}{A} + \frac{y^2}{B} = \pm K^2,$$

au point où ce demi-diamètre la rencontre. L'équation (22) représente une ellipse, si A et B sont de même signe; deux hyperboles conjuguées, si A et B sont de signes contraires. Dans ce second cas, si D_1 a pour équation $y = \pm x\sqrt{-\dfrac{B}{A}}$, il représente une force élastique tangentielle, s'exerçant sur le plan, d'inclinaison γ, dont cette droite D_1 est la trace. Aux diverses inclinaisons correspondent autant d'ellipses semblables (21); pour la plus grande, $\gamma = \dfrac{\pi}{2}$, et ϖ est perpendiculaire au plan des forces élastiques. Toutes ces conséquences se déduiraient, d'ailleurs, de la considération des plaques elliptiques et hyperboliques, auxquelles se réduisent les surfaces (16) et (19), quand C = o, en interprétant convenablement l'indétermination apparente des plans tangents, aux bords infiniment courbes de ces plaques.

§ 25. Le cas où C = o, B = o, et où A existe seul, n'offre aucune difficulté; le théorème du § 9, sur l'égalité des composantes normales réciproques, suffit pour le résoudre complétement. D'après ce théorème, dans le cas dont il s'agit, toutes les forces élastiques sont nécessairement dirigées sur la même droite L que A, seule force élastique principale qui subsiste; donc la force élastique qui s'exerce sur un élément-plan ϖ, dont la normale est l, s'obtient en projetant A sur l, et en reportant la projection obtenue sur L. Quand deux des racines de l'équation (12) sont égales, les surfaces (16) et (19) sont de révolution; il arrive alors que tous les demi-diamètres appartenant à l'équateur de l'ellipsoïde (16) représentent des forces élastiques normales. Si les trois racines de l'équation (12) sont égales, les surfaces (16) et (19) sont des sphères; toutes les forces élastiques sont normales et ont la même valeur.

Telles sont les lois qui régissent les forces élastiques, en un même point, d'un milieu solide. Elles sont d'une très-grande généralité, car les équations (8), § 9, qui les renferment toutes ne supposent ni homogénéité ni approximation d'aucune espèce. Elles sont à l'abri de tout doute sur la nature des actions moléculaires, dont on peut se dispenser de parler, en adoptant, pour la force élastique, la seconde définition du § 5. Leur démonstration est facile, tellement que nous avons pu craindre le reproche de développer ici une analyse par trop élémentaire. Leur énoncé a la forme géométrique, la plus goûtée des ingénieurs. Enfin, elles sont d'une utilité incontestable, et les praticiens trouveraient à chaque instant l'occasion de les utiliser, s'ils les

Cas où deux des forces élastiques principales sont nulles.

connaissaient. N'y a-t-il pas lieu de s'étonner qu'une théorie si simple, si naturelle et si féconde en applications, n'entre régulièrement dans aucun cours classique?

La Mécanique rationnelle emploie de même, pour étudier les moments d'inertie, la considération de l'ellipsoïde; mais, on en conviendra, cette surface ne s'y présente pas aussi naturellement que notre ellipsoïde d'élasticité. En outre, ici les deux genres d'hyperboloïdes, et le cône, et l'ellipse, et les hyperboles conjuguées interviennent également. En un mot, les surfaces et les courbes du second ordre, pourvues de centre, viennent remplir, dans la théorie de l'élasticité, un rôle aussi important que les sections coniques en Mécanique céleste; elles lui appartiennent aux mêmes titres, elles en traduisent les lois avec autant de clarté, et même plus rigoureusement, car les lois des forces élastiques autour d'un point ne subissent aucune perturbation. Si, dans l'avenir, la Mécanique rationnelle, courant plus rapidement sur les problèmes, aujourd'hui complétement résolus, du monde planétaire, se transforme pour s'occuper avec plus d'étendue de physique terrestre, la théorie que nous avons exposée dans cette leçon formera l'un de ses premiers chapitres, et des plus importants, comme la la suite du Cours le démontrera.

SIXIÈME LEÇON.

Équations de l'élasticité pour les solides homogènes d'élasticité constante. — Cas de l'équilibre d'élasticité. — Des forces émanant de centres extérieurs. — Coefficient d'élasticité.

§ 26. — Dans les applications qui vont suivre, nous ne considérerons d'abord que les corps solides homogènes et d'élasticité constante. Les N_i, T_i ont alors les valeurs

$$(1) \quad \begin{cases} N_1 = \lambda\theta + 2\mu\dfrac{du}{dx}, & T_1 = \mu\left(\dfrac{dv}{dz} + \dfrac{dw}{dy}\right), \\[2mm] N_2 = \lambda\theta + 2\mu\dfrac{dv}{dy}, & T_2 = \mu\left(\dfrac{dw}{dx} + \dfrac{du}{dz}\right), \\[2mm] N_3 = \lambda\theta + 2\mu\dfrac{dw}{dz}, & T_3 = \mu\left(\dfrac{du}{dy} + \dfrac{dv}{dx}\right), \end{cases}$$

dans lesquelles λ et μ sont des constantes, et θ ou la dilatation est

$$(2) \quad \theta = \frac{du}{dx} + \frac{dv}{dy} + \frac{dw}{dz}.$$

Ces six fonctions N_i, T_i doivent vérifier les trois équations aux différences partielles du premier ordre, déduites de l'équilibre d'un élément parallélipipédique, et qui sont

$$(3) \quad \begin{cases} \dfrac{dN_1}{dx} + \dfrac{dT_3}{dy} + \dfrac{dT_2}{dz} + \rho X_0 = 0, \\[2mm] \dfrac{dT_3}{dx} + \dfrac{dN_2}{dy} + \dfrac{dT_1}{dz} + \rho Y_0 = 0, \\[2mm] \dfrac{dT_2}{dx} + \dfrac{dT_1}{dy} + \dfrac{dN_3}{dz} + \rho Z_0 = 0; \end{cases}$$

5

ρ étant la densité du milieu; X_0, Y_0, Z_0 étant les forces qui sollicitent la masse et qui comprennent les forces d'inertie, si le corps se déforme ou vibre. Ces forces d'inertie, $-\dfrac{d^2 x}{dt^2}$, $-\dfrac{d^2 y}{dt^2}$, $-\dfrac{d^2 z}{dt^2}$, si l'on observe que les coordonnées du point M, déplacé et venu en m, sont $(x + u, y + v, z + w)$, se réduisent à $-\dfrac{d^2 u}{dt^2}$, $-\dfrac{d^2 v}{dt^2}$, $-\dfrac{d^2 w}{dt^2}$; dégageons-les, et représentons encore par X_0, Y_0, Z_0 les composantes des forces extérieures qui peuvent agir sur la masse, les équations (3) deviennent

$$(4) \quad \begin{cases} \dfrac{d N_1}{dx} + \dfrac{d T_3}{dy} + \dfrac{d T_2}{dz} + \rho X_0 = \rho \dfrac{d^2 u}{dt^2}, \\[2mm] \dfrac{d T_3}{dx} + \dfrac{d N_2}{dy} + \dfrac{d T_1}{dz} + \rho Y_0 = \rho \dfrac{d^2 v}{dt^2}, \\[2mm] \dfrac{d T_2}{dx} + \dfrac{d T_1}{dy} + \dfrac{d N_3}{dz} + \rho Z_0 = \rho \dfrac{d^2 w}{dt^2}; \end{cases}$$

et, par la substitution des valeurs (1), en ayant égard à l'expression (2) de θ, on a

$$(5) \quad \begin{cases} (\lambda + \mu) \dfrac{d\theta}{dx} + \mu \left(\dfrac{d^2 u}{dx^2} + \dfrac{d^2 u}{dy^2} + \dfrac{d^2 u}{dz^2} \right) + \rho X_0 = \rho \dfrac{d^2 u}{dt^2}, \\[2mm] (\lambda + \mu) \dfrac{d\theta}{dy} + \mu \left(\dfrac{d^2 v}{dx^2} + \dfrac{d^2 v}{dy^2} + \dfrac{d^2 v}{dz^2} \right) + \rho Y_0 = \rho \dfrac{d^2 v}{dt^2}, \\[2mm] (\lambda + \mu) \dfrac{d\theta}{dz} + \mu \left(\dfrac{d^2 w}{dx^2} + \dfrac{d^2 w}{dy^2} + \dfrac{d^2 w}{dz^2} \right) + \rho Z_0 = \rho \dfrac{d^2 w}{dt^2}. \end{cases}$$

Ces nouvelles équations, aux différences partielles du second ordre, entre les fonctions (u, v, w), expriment les lois du déplacement moléculaire; recourant encore à la valeur (2) de θ, elles peuvent se mettre sous la forme

$$\left\{\begin{array}{l}
(\lambda + 2\mu)\dfrac{d\theta}{dx} + \mu\left[\dfrac{d\left(\dfrac{du}{dy} - \dfrac{dv}{dx}\right)}{dy} - \dfrac{d\left(\dfrac{dw}{dx} - \dfrac{du}{dz}\right)}{dz}\right] + \rho X_0 = \rho\dfrac{d^2 u}{dt^2}, \\[4mm]
(\lambda + 2\mu)\dfrac{d\theta}{dy} + \mu\left[\dfrac{d\left(\dfrac{dv}{dz} - \dfrac{dw}{dy}\right)}{dz} - \dfrac{d\left(\dfrac{du}{dy} - \dfrac{dv}{dx}\right)}{dx}\right] + \rho Y_0 = \rho\dfrac{d^2 v}{dt^2}, \\[4mm]
(\lambda + 2\mu)\dfrac{d\theta}{dz} + \mu\left[\dfrac{d\left(\dfrac{dw}{dx} - \dfrac{du}{dz}\right)}{dx} - \dfrac{d\left(\dfrac{dv}{dz} - \dfrac{dw}{dy}\right)}{dy}\right] + \rho Z_0 = \rho\dfrac{d^2 w}{dt^2}.
\end{array}\right.$$

Le plus souvent, les X_0, Y_0, Z_0 se réduisent aux composantes de la pesanteur; nous supposerons, plus généralement, qu'elles proviennent d'attractions ou de répulsions émanant de centres extérieurs fixes, et qui suivent la loi de la raison inverse du carré des distances; alors X_0, Y_0, Z_0 seront respectivement les dérivées en (x, y, z) d'une même fonction F_0, vérifiant l'équation

$$(7) \qquad \frac{d^2 F_0}{dx^2} + \frac{d^2 F_0}{dy^2} + \frac{d^2 F_0}{dz^2} = 0;$$

on aura donc, dans ce cas général,

$$X_0 = \frac{dF_0}{dx}, \quad Y_0 = \frac{dF_0}{dy}, \quad Z_0 = \frac{dF_0}{dz},$$

et, d'après l'équation (7),

$$\frac{dX_0}{dx} + \frac{dY_0}{dy} + \frac{dZ_0}{dz} = 0.$$

En vertu de cette dernière relation, si l'on ajoute les trois équations (6), après les avoir respectivement différentiées par rapport à (x, y, z), les forces extérieures disparaîtront du résultat; les parenthèses au coefficient μ s'annuleront aussi; le second membre ne sera autre chose que

5.

$\rho \dfrac{d^2\theta}{dt^2}$, d'après la valeur (2). On aura donc

$$(8) \qquad (\lambda + 2\mu)\left(\frac{d^2\theta}{dx^2} + \frac{d^2\theta}{dy^2} + \frac{d^2\theta}{dz^2}\right) = \rho \frac{d^2\theta}{dt^2},$$

équation remarquable, qui régit la fonction θ, ou la dilatation cubique, dans le milieu solide légèrement déformé.

Cas
de l'équilibre
d'élasticité. § 27. — Quand il s'agit de l'équilibre d'élasticité, les fonctions (u, v, w), et par suite θ, sont indépendantes de t; les équations (5) deviennent

$$(9) \quad \begin{cases} (\lambda+\mu)\dfrac{d\theta}{dx} + \mu\left(\dfrac{d^2u}{dx^2} + \dfrac{d^2u}{dy^2} + \dfrac{d^2u}{dz^2}\right) + \rho X_0 = 0, \\[2mm] (\lambda+\mu)\dfrac{d\theta}{dy} + \mu\left(\dfrac{d^2v}{dx^2} + \dfrac{d^2v}{dy^2} + \dfrac{d^2v}{dz^2}\right) + \rho Y_0 = 0, \\[2mm] (\lambda+\mu)\dfrac{d\theta}{dz} + \mu\left(\dfrac{d^2w}{dx^2} + \dfrac{d^2w}{dy^2} + \dfrac{d^2w}{dz^2}\right) + \rho Z_0 = 0, \end{cases}$$

et l'équation (8) se réduit à

$$(10) \qquad \frac{d^2\theta}{dx^2} + \frac{d^2\theta}{dy^2} + \frac{d^2\theta}{dz^2} = 0;$$

c'est-à-dire que la dilatation θ, dans l'intérieur d'un corps solide homogène en équilibre d'élasticité, suit la loi de la température, dans le même corps solide en équilibre de chaleur, et la même loi régit le potentiel $(-F_0)$, dans l'attraction des sphéroïdes. Ce double rapprochement, entre des théories physico-mathématiques en apparence si différentes, est un fait analytique très-remarquable, et qui pourra servir de point de départ quand il s'agira de ramener à l'unité toutes les théories partielles.

Pour énoncer généralement les propriétés des fonctions qui se présentent dans la théorie actuelle, et pour simplifier en même temps l'écriture des équations que ces fonctions doivent vérifier, il nous sera commode et utile d'employer une expression et une notation que j'ai introduites. On sait, et l'on peut d'ailleurs vérifier aisément, que F étant une fonction des trois coordonnées (x, y, z) d'un point dans l'espace, les deux expressions différentielles

$$\sqrt{\left(\frac{dF}{dx}\right)^2 + \left(\frac{dF}{dy}\right)^2 + \left(\frac{dF}{dz}\right)^2}, \quad \frac{d^2F}{dx^2} + \frac{d^2F}{dy^2} + \frac{d^2F}{dz^2},$$

conservent les mêmes formes et les mêmes valeurs numériques en chaque point, pour tous les systèmes d'axes coordonnés rectangulaires. J'appelle ces expressions *paramètres différentiels du premier et du second ordre* de la fonction F, et je les désigne par $\Delta^1 F$, $\Delta^2 F$. Nous dirons donc : la dilatation dans un corps solide en équilibre d'élasticité, la température dans le même corps en équilibre de chaleur, et le potentiel de l'attraction des sphéroïdes, sont des fonctions dont le paramètre différentiel du second ordre est nul ; et nous écrirons les équations (9), (7), (10) de la manière suivante :

$$(11) \quad \begin{cases} (\lambda + 2\mu)\dfrac{d\theta}{dx} + \mu\Delta^2 u + \rho\dfrac{dF_0}{dx} = 0, \\[2mm] (\lambda + 2\mu)\dfrac{d\theta}{dy} + \mu\Delta^2 v + \rho\dfrac{dF_0}{dy} = 0, \\[2mm] (\lambda + 2\mu)\dfrac{d\theta}{dz} + \mu\Delta^2 w + \rho\dfrac{dF_0}{dz} = 0, \\[2mm] \Delta^2 F_0 = 0, \quad \Delta^2\theta = 0. \end{cases}$$

Ainsi, prendre le Δ^2 d'une fonction ou d'une équation, c'est faire la somme des trois résultats obtenus, en différentiant successivement cette fonction ou cette équation deux fois par rapport à x, deux fois par rapport à y, deux fois par rapport à z. Or, si l'on prend les Δ^2 des trois premières équations (11), et qu'on ait égard aux deux dernières, on aura

$$\Delta^2 . \Delta^2 u = 0, \quad \Delta^2 . \Delta^2 v = 0, \quad \Delta^2 . \Delta^2 w = 0;$$

et, comme les N_i, T_i sont des fonctions linéaires et à coefficients constants des $\dfrac{d(u, v, w)}{d(x, y, z)}$, il s'ensuit que les N_i, T_i, ainsi que les (u, v, w), vérifient l'équation

(12) $$\Delta^2 . \Delta^2 \varphi = 0,$$

c'est-à-dire par la notation ordinaire

$$\frac{d^2 \left(\dfrac{d^2 \varphi}{dx^2} + \dfrac{d^2 \varphi}{dy^2} + \dfrac{d^2 \varphi}{dz^2} \right)}{dx^2} + \frac{d^2 \left(\dfrac{d^2 \varphi}{dx^2} + \dfrac{d^2 \varphi}{dy^2} + \dfrac{d^2 \varphi}{dz^2} \right)}{dy^2}$$
$$+ \frac{d^2 \left(\dfrac{d^2 \varphi}{dx^2} + \dfrac{d^2 \varphi}{dy^2} + \dfrac{d^2 \varphi}{dz^2} \right)}{dz^2} = 0,$$

ou bien, en développant,

$$\frac{d^4 \varphi}{dx^4} + \frac{d^4 \varphi}{dy^4} + \frac{d^4 \varphi}{dz^4} + 2 \frac{d^4 \varphi}{dy^2 dz^2} + 2 \frac{d^4 \varphi}{dz^2 dx^2} + 2 \frac{d^4 \varphi}{dx^2 dy^2} = 0.$$

Tel est le caractère général des fonctions qui expriment, soit les projections du déplacement moléculaire, soit les composantes des forces élastiques, dans l'intérieur d'un corps solide homogène et d'élasticité constante, lorsqu'il est en équilibre d'élasticité; c'est-à-dire que le paramètre différentiel du second ordre du paramètre différentiel du second ordre de ces fonctions est nul.

On sait que l'équation $\Delta^2 F = 0$ est vérifiée par l'intégrale triple

(13) $$F = \iiint \frac{f(\alpha, \beta, \gamma)}{R} \, d\alpha \, d\beta \, d\gamma,$$

dans laquelle le dénominateur R est

$$(14) \qquad R = \sqrt{(x - \alpha)^2 + (y - \beta)^2 + (z - \gamma)^2}.$$

Or, on s'assure aisément que l'équation (12) est vérifiée par cette autre intégrale triple

$$(15) \qquad \varphi = \iiint f(\alpha, \beta, \gamma) R \, d\alpha \, d\beta \, d\gamma;$$

en effet, cette valeur de φ donne

$$\frac{d\varphi}{dx} = \iiint f(\alpha, \beta, \gamma) \frac{x - \alpha}{R} \, d\alpha \, d\beta \, d\gamma,$$

$$\frac{d^2\varphi}{dx^2} = \iiint f(\alpha, \beta, \gamma) \left[\frac{1}{R} - \frac{(x - \alpha)^2}{R^3} \right] d\alpha \, d\beta \, d\gamma,$$

$$\Delta^2 \varphi = 2F, \qquad \Delta^2 \Delta^2 \varphi = 0.$$

La fonction F (13), dans laquelle les signes d'intégration peuvent être remplacés par celui d'une somme de termes, a reçu généralement le nom de *potentiel*; si l'on convenait de l'appeler *potentiel inverse*, on pourrait donner à la fonction φ (15) le nom de *potentiel direct*. Ou, mieux encore, en s'appuyant sur une analogie remarquable avec les intégrales elliptiques, on pourrait appeler F *potentiel de la première espèce*, φ *potentiel de la seconde espèce*. Nous dirions alors : la température ou la dilatation dans un corps solide homogène en équilibre de chaleur ou d'élasticité est une fonction de même nature que le potentiel de première espèce; les projections du déplacement molécu-laire, et les composantes des forces élastiques sont des fonctions de même nature que le potentiel de seconde espèce. Ces rapprochements et ces analogies sont loin d'être futiles : ils établissent un lien entre les divers sujets dont s'occupent les géomètres, entre le passé et l'avenir de leurs recherches; et ce lien, d'abord imperceptible et douteux, peut grossir un jour de manière à faire voir que tant de travaux si différents convergent vers un but commun.

§ 28. — Les équations aux différences particlles (5) ou (9) sont linéaires et à coefficients constants, mais elles ont des termes donnés. Les fonctions (u, v, w) se composeront donc de deux espèces de termes : les uns formant les intégrales générales des équations (5) ou (9), dépourvues des X_0, Y_0, Z_0 ; les autres destinés à faire disparaître ces quantités, ou à vérifier les équations (5) ou (9) complètes. Désignons par (u_0, v_0, w_0) les termes de la seconde espèce. Si les X_0, Y_0, Z_0 ont la forme

$$X_0 = \frac{d F_0}{dx}, \quad Y_0 = \frac{d F_0}{dy}, \quad Z_0 = \frac{d F_0}{dz},$$

F_0, vérifiant l'équation (7), sera un potentiel pris négativement, et conséquemment de la forme

$$F_0 = - \int\int\int \frac{f(\alpha, \beta, \gamma)}{R} d\alpha \, d\beta \, d\gamma,$$

R étant l'expresion (14). Posons alors

$$\varphi_0 = \frac{1}{2} \int\int\int f(\alpha, \beta, \gamma) . R \, d\alpha \, d\beta \, d\gamma,$$

et prenons

$$u_0 = K \frac{d\varphi_0}{dx}, \quad v_0 = K \frac{d\varphi_0}{dy}, \quad w_0 = K \frac{d\varphi_0}{dz},$$

K étant un coefficient indéterminé ; on en déduira

$$\theta_0 = K \Delta^2 \varphi_0, \quad \Delta^2 \varphi_0 = - F_0 \ (\S \ 27),$$

et φ_0 étant indépendant de t, les équations (5) ou (9) seront vérifiées si l'on prend $K = \frac{\rho}{\lambda + 2\mu}$, et conséquemment

$$u_0 = \frac{\rho}{\lambda + 2\mu} \frac{d\varphi_0}{dx}, \quad v_0 = \frac{\rho}{\lambda + 2\mu} \frac{d\varphi_0}{dy}, \quad w_0 = \frac{\rho}{\lambda + 2\mu} \frac{d\varphi_0}{dz}$$

Si les X_0, Y_0, Z_0 sont des constantes (a, b, c), on trouve facilement qu'il faut prendre

$$u_0 = -\frac{\rho}{\lambda + 2\mu} \cdot \frac{a}{2} \cdot x^2,$$

$$v_0 = -\frac{\rho}{\lambda + 2\mu} \cdot \frac{b}{2} \cdot y^2,$$

$$w_0 = -\frac{\rho}{\lambda + 2\mu} \cdot \frac{c}{2} \cdot z^2.$$

Sachant faire diparaître les termes en X_0, Y_0, Z_0, on peut les supprimer dans les équations (5) ou (9), ou, comme l'on dit, *en faire abstraction*, et s'occuper uniquement de la recherche des intégrales de ces équations ainsi réduites. Mais la suppression des termes dont il s'agit peut s'appuyer sur un autre motif : les fonctions (u, v, w) étant définies par des équations linéaires, le groupe (u_0, v_0, w_0), ainsi que les autres groupes de termes qui composent les intégrales, représentent autant d'états particuliers du milieu solide, lesquels se superposent sans que leurs lois soient altérées ; or, dans les corps solides que nous aurons à considérer, la déformation qui résulte de l'action de la pesanteur, ou de toute autre force extérieure, sur ces corps seuls, c'est-à-dire celle que mesurent les (u_0, v_0, w_0), est le plus souvent tout à fait insensible ; les corps rigides peuvent donc être considérés comme si ces forces extérieures n'existaient pas, quand il s'agit d'étudier l'effet d'actions d'une autre nature, exercées sur leurs surfaces, et non pas sur leurs masses. C'est ainsi qu'il faut entendre qu'on fait abstraction des X_0, Y_0, Z_0.

§ 29. — Les coefficients constants, λ et μ, introduits par les valeurs (1), sont des quantités de même espèce que les N_i, T_i, puisque les $\dfrac{d(u, v, w)}{d(x, y, z)}$ sont des rapports ; ils s'exprimeront donc par les mêmes unités que les forces élastiques, c'est-

Détermination des coefficients. (λ, μ). Coefficient d'élasticité.

à-dire par un certain nombre de kilogrammes pressant l'u-
nité de surface. Les valeurs numériques de ces coefficients,
pour un corps solide homogène et d'élasticité constante, de
nature donnée, pourraient se déduire d'expériences faites
sur ce corps, dans les deux cas d'équilibre d'élasticité les
plus simples.

Lorsque le solide est soumis à une pression uniforme
($-$ P) sur toute sa surface, il doit se contracter en restant
semblable à lui-même; de là, et en supposant que l'origine
des coordonnées reste fixe, il suit que les projections du déplacement seront représentées par les valeurs

$$u = ax, \quad v = ay, \quad w = az,$$

où a est un coefficient constant à déterminer, et qui vérifient évidemment les équations (9) quand on fait abstraction de la pesanteur. Par ces valeurs, les T_i (1) sont nuls,
les N_i se réduisent tous les trois à $N = (3\lambda + 2\mu)\, a$, et
cette composante normale, partout la même, n'est autre
que $-$ P; on a donc $a = -\dfrac{P}{3\lambda + 2\mu}$; c'est la contraction

linéaire. L'expression (2) de θ devient $\theta = 3a = -\dfrac{3\,P}{3\lambda + 2\mu}$;
c'est-à dire que

$$(a) \qquad \frac{3}{3\lambda + 2\mu} = \alpha$$

est la compressibilité cubique de l'unité de volume, sous une
pression égale à l'unité. Si des expériences ont fait connaître α, on aura une première relation (a) entre λ et μ.

Supposons le corps prismatique et ses arêtes verticales ou
parallèles aux z; s'il est soumis à une traction F, par chaque unité de surface de ses deux bases horizontales, il y
aura étirement parallèlement aux arêtes, contraction uniforme parallèlement aux bases, et les projections du dépla-

cement seront représentées par les valeurs

$$u = -ax, \quad v = -ay, \quad w = cz,$$

où a et c sont des constantes à déterminer, et qui vérifient les équations (9) quand on fait abstraction du poids du corps. Par ces valeurs, les T_i (1) sont nuls, et l'on a

$$N_1 = N_2 = (c - 2a)\lambda - 2a\mu, \quad N_3 = (c - 2a)\lambda + 2c\mu;$$

or N_1, N_2, partout les mêmes, sont nuls à la surface latérale du prisme, et N_3, partout le même, est nécessairement égal à F; on a donc les relations

$$\lambda c - 2(\lambda + \mu)a = 0, \quad (\lambda + 2\mu)c - 2\lambda a = F,$$

d'où l'on conclut

$$c = \frac{1 + \dfrac{\lambda}{\mu}}{3\lambda + 2\mu} F, \quad a = \frac{1}{2}\frac{\lambda}{\mu}\frac{F}{3\lambda + 2\mu}, \quad \theta = c - 2a = \frac{F}{3\lambda + 2\mu}.$$

Ainsi, il y a dilatation, et le coefficient de cette dilatation cubique est $\dfrac{1}{3\lambda + 2\mu}$, ou le tiers de α du cas précédent. L'allongement de l'unité de longueur du prisme, par une traction égale à l'unité, c'est-à-dire $\dfrac{w}{zF}$, ou $\dfrac{c}{F}$, est

$$(b) \qquad \frac{1 + \dfrac{\lambda}{\mu}}{3\lambda + 2\mu} = \beta.$$

Si des expériences ont fait connaître β, on aura une seconde relation (b) entre λ et μ.

Les deux équations (a) et (b) donnent

$$\mu = \frac{3}{9\beta - \alpha}, \quad \lambda = \frac{1}{\alpha} - \frac{2}{9\beta - \alpha}.$$

Si l'on admettait la relation $\lambda = \mu$, à laquelle on est conduit par la méthode défectueuse indiquée au § 15, les équations (a) et (b) donneraient $\alpha = \frac{3}{5}\mu$, $\beta = \frac{2}{3}\alpha$. Certaines expériences de M. Wertheim le conduisent à $\lambda = 2\mu$, ce qui donne $\alpha = \beta = \frac{3}{8\mu}$. Mais il peut se faire que le rapport $\frac{\lambda}{\mu}$ ne soit ni égal à l'unité, ni égal à 2, et qu'il varie d'un corps à un autre. C'est un point qui ne peut être éclairci que par de nombreuses expériences. On est convenu d'appeler *coefficient d'élasticité* d'un corps l'allongement de l'unité de longueur d'un prisme, formé avec ce corps, sous l'influence d'une traction égale à l'unité; c'est le coefficient β (b); nous le désignerons dorénavant par E. Ainsi

$$E = \frac{1 + \dfrac{\lambda}{\mu}}{3\lambda + 2\mu}$$

est la valeur, en λ et μ, du *coefficient d'élasticité*.

Comparaison des méthodes.

§ 30. — Ici se termine ce que nous avions à dire pour démontrer les équations générales de l'élasticité, et particulièrement celles qui appartiennent aux solides homogènes et d'élasticité constante. On trouvera peut-être longue et minutieuse la marche que nous avons adoptée, en la comparant à celle qu'ont suivie Navier, Poisson et d'autres savants; mais il ne s'agissait pas seulement d'établir rapidement ces équations, il fallait bannir tous les doutes que l'ancienne méthode et ses résultats immédiats ont laissés dans l'esprit des géomètres et des physiciens. Nous croyons avoir atteint ce but. Notre marche réduit à néant toutes ces discussions sur la forme de la fonction $F(\zeta)$, § 4, sur les grandeurs relatives de deux intégrales définies, dont les éléments se composent de cette fonction inconnue, multipliée par des puissances différentes de ζ; discussions qui

prouvent uniquement que la question avait été mal abordée, puisque l'on voulait prendre pour principe le point
même que la théorie doit éclaircir par ses déductions et ses
conséquences nécessaires. Car, pour nous, cette fonction
$F(\zeta)$ est complétement inconnue; nous n'avons besoin de
présupposer aucune de ces lois, sinon que cette fonction
est insensible dès que ζ, au contraire, est sensible, puisque
les faits prouvent que toute adhésion cesse entre deux parties d'un même solide séparées par une distance appréciable.

Chez nous, plus d'intégrations autour d'un point, lesquelles supposent évidemment la continuité de la matière,
hypothèse absurde et complétement inadmissible, même
par abstraction; mais, au lieu de cette continuité imagi-
naire, existe la continuité réelle des déplacements géométriques, § 11. Pour nous, le nombre des couples moléculaires, dont les actions composent la force élastique, est
ou petit ou grand, et reste inconnu ou non déterminé. Par
l'ancienne manière de voir, les solides homogènes d'élasticité constante étaient très-difficiles à concevoir, et, par
suite, à admettre; on était obligé de recourir à une certaine moyenne d'intervalles moléculaires assez vaguement
définie, et qui laissait planer, sur la théorie, le soupçon
d'un certain genre d'approximation qu'il serait impossible
d'évaluer. Ces difficultés et ce soupçon sont écartés par
le fait analytique que nous avons signalé, §§ 17 et 20, savoir, qu'il peut exister, dans un solide, un mode de distribution des molécules, symétrique par rapport à des plans
déterminés, et tel que le corps se déforme de la même manière lorsqu'il est tiré ou tordu, quelle que soit la direction de la ligne de traction ou de l'axe de torsion. Enfin,
la méthode de l'intégration autour d'un point conduit à
l'égalité de deux coefficients (λ, μ), et, par suite, à des formules usuelles, dont l'expérience a constaté l'inexactitude;

par notre théorie, ces deux coefficients sont distincts, et leur rapport reste inconnu ou non déterminé. En un mot, s'appuyant sur des hypothèses, l'ancienne théorie avait établi des formules douteuses qui devaient expliquer tous les faits, et auxquelles la nature devait en quelque sorte obéir; tout au contraire, s'appuyant sur les faits, la nouvelle théorie ne suppose rien de ce qui nous est encore inconnu, elle démontre des formules qui sont à l'abri de tout doute, et qui peuvent réellement servir, de concert avec l'expérience et l'observation, à nous dévoiler les secrets de la nature physique.

SEPTIÈME LEÇON.

Du travail des forces élastiques. — Théorème de M. Clapeyron. — Travail
d'une traction. — Travail d'une compression. — Puissance d'un ressort.
— Application aux constructions.

§ 31. — Lorsqu'une force tire ou presse un corps solide, Travail
des forces
élastiques.
dont au moins trois points sont fixes, le produit de cette
force par la projection, sur sa direction, du déplacement
total qu'elle a fait subir à son point d'application, représente le double du travail effectué, depuis l'instant où le
déplacement et la force étaient nuls, jusqu'à celui où le déplacement et la force ont atteint leurs valeurs finales. Soit,
par exemple, un fil métallique, fixé verticalement par son
extrémité supérieure, ayant une longueur l, une section σ,
et qui se trouve allongé de α, sous une traction f s'exerçant
à son autre extrémité; E étant le coefficient d'élasticité, on
a, par sa définition,

$$\frac{\alpha}{l} = \mathrm{E} \frac{f}{\sigma}, \quad \text{ou} \quad f = \frac{\sigma}{\mathrm{E}\, l} \alpha;$$

de là on déduit

$$f d\alpha = \frac{\sigma}{\mathrm{E}\, l} \alpha\, d\alpha, \quad \int_0^a f d\alpha = \frac{\sigma}{\mathrm{E}\, l} \cdot \frac{a^2}{2} = \frac{1}{2} a \cdot \frac{\sigma a}{\mathrm{E}\, l};$$

et si l'on désigne par F la traction finale, lorsque l'allongement est définitivement a, il vient

$$a\, \mathrm{F} = 2 \int_0^a f d\alpha.$$

Ce qui démontre ou vérifie le lemme énoncé, car $\int_0^a f \, d\alpha$ est évidemment le travail effectué.

Telle est l'expression connue, et seule enseignée, du travail des efforts exercés sur la surface d'un corps solide, et qui produisent sa déformation. M. Clapeyron a trouvé une autre expression du même travail, dans laquelle interviennent toutes les forces élastiques développées dans l'intérieur du corps solide. L'égalité de ces deux expressions constitue un théorème, ou plutôt un principe, analogue à celui des forces vives, et qui paraît avoir une importance égale pour les applications. Dans notre théorie, ce nouveau principe se démontre de la manière suivante.

Théorème
de
M. Clapeyron.

§ 32. — Il s'agit d'un corps solide homogène et d'élasticité constante, parvenu à un état d'équilibre d'élasticité; on fait abstraction de son poids, ou des X_0, Y_0, Z_0, § 28. Les équations déduites de l'équilibre de l'élément $dx \, dy \, dz$ se réduisent alors à

$$(1) \quad \begin{cases} \dfrac{d\,N_1}{dx} + \dfrac{d\,T_3}{dy} + \dfrac{d\,T_2}{dz} = 0, \\[2mm] \dfrac{d\,T_3}{dx} + \dfrac{d\,N_2}{dy} + \dfrac{d\,T_1}{dz} = 0, \\[2mm] \dfrac{d\,T_2}{dx} + \dfrac{d\,T_1}{dy} + \dfrac{d\,N_3}{dz} = 0, \end{cases}$$

les N_i, T_i ayant les valeurs du § 26. Ajoutons ces trois équations après les avoir respectivement multipliées par (u, v, w); multiplions le résultat par $dx \, dy \, dz$, pour l'intégrer dans toute l'étendue du corps; intégrons par partie, et séparément, les différents termes de l'intégrale triple; chaque terme, par exemple

$$\iiint \frac{d\,N}{dx} \, u \, dx \, dy \, dz,$$

peut être remplacé par

$$\int\int dy\, dz\, (\mathrm{N}'_1\, u' - \mathrm{N}''_1\, u'') - \int\int\int \mathrm{N}_1 \frac{du}{dx}\, dx\, dy\, dz\,;$$

et de même pour tous les autres termes ; si l'on interprète, comme au § 10, les intégrales doubles détachées par cette opération, on arrive facilement à l'équation

$$(2)\quad \left\{ \begin{aligned} &\sum (\mathrm{X}u + \mathrm{Y}v + \mathrm{Z}w)\,\varpi \\ &= \int\int\int dx\, dy\, dz \left\{ \begin{aligned} &\mathrm{N}_1 \frac{du}{dx} + \mathrm{T}_1\left(\frac{dv}{dz}+\frac{dw}{dy}\right) \\ &+\mathrm{N}_2 \frac{dv}{dy} + \mathrm{T}_2\left(\frac{dw}{dx}+\frac{du}{dz}\right) \\ &+\mathrm{N}_3 \frac{dw}{dz} + \mathrm{T}_3\left(\frac{du}{dy}+\frac{dv}{dx}\right) \end{aligned} \right\}. \end{aligned} \right.$$

Le premier membre est la somme des produits des composantes des forces agissant sur la surface du solide, par les projections des déplacements subis par leurs points d'application ; c'est la première expression connue, § 31, du double du travail de la déformation ; le second membre en est donc une autre expression.

Lorsque le corps est homogène et d'élasticité constante, les $\dfrac{d(u,v,w)}{d(x,y,z)}$ sont liés aux N_i, T_i, par les équations (1) du § 26, lesquelles donnent

$$(3)\quad \left\{ \begin{aligned} &\theta = \frac{\mathrm{N}_1+\mathrm{N}_2+\mathrm{N}_3}{3\lambda+2\mu}, \\[4pt] &\frac{du}{dx}=\frac{\mathrm{N}_1-\lambda\theta}{2\mu},\quad \frac{dv}{dy}=\frac{\mathrm{N}_2-\lambda\theta}{2\mu},\quad \frac{dw}{dz}=\frac{\mathrm{N}_3-\lambda\theta}{2\mu}, \\[4pt] &\left(\frac{dv}{dz}+\frac{dw}{dy}\right)=\frac{\mathrm{T}_1}{\mu},\quad \left(\frac{dw}{dx}+\frac{du}{dz}\right)=\frac{\mathrm{T}_2}{\mu},\quad \left(\frac{du}{dy}+\frac{dv}{dx}\right)=\frac{\mathrm{T}_3}{\mu}. \end{aligned} \right.$$

Substituant ces valeurs dans la parenthèse soumise à l'inté-

6

gration, au second membre de l'équation (2), cette parenthèse devient

$$\left(\frac{N_1^2 + N_2^2 + N_3^2}{2\mu} - \frac{\lambda}{2\mu} \frac{(N_1 + N_2 + N_3)^2}{3\lambda + 2\mu} + \frac{T_1^2 + T_2^2 + T_3^2}{\mu} \right),$$

et peut se mettre sous la forme

$$(4) \quad \left\{ \begin{array}{c} \dfrac{1 + \dfrac{\lambda}{\mu}}{3\lambda + 2\mu}(N_1 + N_2 + N_3)^2 \\[2mm] - \dfrac{1}{\mu}(N_2 N_3 + N_3 N_1 + N_1 N_2 - T_1^2 - T_2^2 - T_3^2) \end{array} \right\}.$$

Posons, pour simplifier,

$$(5) \quad \left\{ \begin{array}{c} N_1 + N_2 + N_3 = F, \\ N_2 N_3 + N_3 N_1 + N_1 N_2 - T_1^2 - T_2^2 - T_3^2 = G, \end{array} \right.$$

et rappelons la valeur du coefficient d'élasticité E, § 29;
la parenthèse (4) devient $\left(E F^2 - \dfrac{G}{\mu} \right)$, et l'équation (2)
prend la forme

$$(6) \quad \sum (X u + Y v + Z w) \varpi = \int\int\int \left(E F^2 - \frac{G}{\mu} \right) dx\, dy\, dz.$$

C'est cette équation qui constitue le théorème de M. Clapeyron. Il faut remarquer que F et G (5) sont précisément
les coefficients de l'équation (12), § 22, dont les racines
sont les trois forces élastiques principales; que conséquem-
ment F, G, et, par suite, la parenthèse $\left(E F^2 - \dfrac{G}{\mu} \right)$ conservent les mêmes valeurs numériques quand on change d'axes
coordonnés. C'est-à-dire que cette parenthèse a une valeur
déterminée et fixe, en chaque point du milieu; multipliée
par l'élément de volume ω, quel qu'il soit, elle représente
le double du travail intérieur de cet élément lui-même; et

la moitié du second membre de l'équation (5) est la somme des travaux de tous les éléments, ou le travail du volume total du corps. C'est ainsi que toutes les forces élastiques développées concourent à former la seconde expression du travail de la déformation.

§ 33. — On peut introduire dans l'expression

Travail d'une traction.

$$\frac{\omega}{2}\left(EF^2 - \frac{G}{\mu}\right),$$

du travail de l'élément ω, les forces élastiques principales A, B, C, en remarquant que F est leur somme et G la somme de leurs produits deux à deux; ce qui donne

$$(7) \qquad \frac{\omega}{2}\left(E(A+B+C)^2 - \frac{BC+CA+AB}{\mu}\right).$$

S'il n'existe qu'une seule force élastique principale A, les deux autres étant nulles, le travail de l'élément ω est simplement $\dfrac{EA^2\omega}{2}$. S'il en est ainsi dans toute l'étendue du corps solide, de volume V, et si la force élastique principale unique est la même partout, le travail total du corps élastique sera

$$(8) \qquad \frac{EA^2V}{2}.$$

Cette circonstance se présente souvent dans les applications. Par exemple, dans le cas d'un fil métallique de longueur l, de section σ, qui s'est allongé de a, sous l'influence d'une traction finale F, § 31, la première expression du travail de la traction étant $\dfrac{Fa}{2}$, on obtiendra la seconde en substituant, dans la formule (8), σl à V, $\dfrac{F}{\sigma}$ à A, ce qui donne $\dfrac{l}{2\sigma}EF^2$; et ces deux expressions sont effectivement

6.

égales, puisque $\frac{a}{l} = \mathrm{E}\,\frac{\mathrm{F}}{\sigma}$, d'après la définition du coefficient d'élasticité.

Si l'on n'avait pas fait abstraction des forces X_0, Y_0, Z_0 dans les équations (1), l'opération qui nous a conduit à l'équation (2) aurait introduit, dans le premier membre, la somme $\Sigma\,(X_0 u + Y_0 v + Z_0 w)\,\rho\omega$, où $\rho\omega$ est l'élément de la masse. Dans le cas du fil pesant, tiré verticalement, que nous venons de considérer, cette somme se réduit à $\frac{pa}{2}$, où p est le poids du fil, ainsi qu'on le trouve aisément, en faisant usage des formules du § 28. On devrait donc ajouter le terme $\frac{pa}{4}$ à la première expression $\frac{Fa}{2}$ du travail de la traction; mais ce terme disparaît, à cause de la petitesse de p comparé à F.

Travail d'une compression.

§ 34. — S'il s'agit d'un corps solide homogène d'élasticité constante, et de forme quelconque, qu'une pression —P, exercée sur toute sa surface, a uniformément comprimé, § 29, les trois forces élastiques principales sont égales entre elles et à —P dans toute l'étendue du corps. Le travail de la compression du corps entier, dont le volume est V, sera $\frac{3}{2}\left(3\,\mathrm{E} - \frac{1}{\mu}\right)\mathrm{V}\,\mathrm{P}^2$, ou substituant à E sa valeur, plus simplement,

$$\frac{1}{2}\,\frac{3}{3\lambda + 2\mu}\,\mathrm{V}\,\mathrm{P}^2;$$

or, la compressibilité cubique est alors, et partout, $\frac{3\,\mathrm{P}}{3\lambda + 2\mu}$; le volume total V, devenu V′, a donc diminué de

$$\mathrm{V} - \mathrm{V}' = \frac{3\,\mathrm{P}\,\mathrm{V}}{3\lambda + 2\mu},$$

et l'expression du travail de la compression est définitivement

$$\frac{(V - V')P}{2}.$$

Cette expression est nulle quand $V' = V$. Mais il importe de remarquer que, en général, le travail d'un corps élastique ne dépend pas uniquement des variations de volume; il peut même arriver que le travail soit très-considérable, sans que le volume ait changé. Ce caractère fondamental, qui sépare complétement les solides des fluides, se déduit très-nettement du théorème de M. Clapeyron : en effet, si $\theta = 0$, il s'ensuit (3)

$$N_1 + N_2 + N_3 = 0, \quad \text{ou} \quad F = 0;$$
$$N_2 N_3 + N_3 N_1 + N_1 N_2 = -\tfrac{1}{2}(N_1^2 + N_2^2 + N_3^2);$$

d'où

$$G = -\left(\frac{N_1^2 + N_2^2 + N_3^2 + 2T_1^2 + 2T_2^2 + 2T_3^2}{2}\right),$$

et l'on obtient définitivement

$$\frac{\omega}{4\mu}(N_1^2 + N_2^2 + N_3^2 + 2T_1^2 + 2T_2^2 + 2T_3^2)$$

pour le travail de l'élément de volume ω, invariable dans le cas actuel; et ce travail ne pourrait être nul que si les N_i, T_i étaient tous égaux à zéro, c'est-à-dire s'il n'y avait aucune force élastique développée.

§. 35. — Supposons que le corps solide soit employé comme ressort pour amortir le choc d'une masse M, animée d'une vitesse U. La vitesse U ne s'annulera qu'en développant, sur le ressort, un certain travail dont le double est égal, comme on sait, au produit MU^2; or, ce double travail est précisément égal au premier membre de l'équation (6). On peut donc dire que la force vive amortie MU^2 aura développé, dans l'intérieur du corps élastique agis-

Puissance d'un ressort

sant comme ressort, un travail dont le double est représenté par le second membre de la même équation (6). La
nature du ressort, sa forme, sa position relativement au
choc, indiqueront généralement ceux des points intérieurs
qui seront les plus actifs, c'est-à-dire ceux où les forces élastiques prendront le plus d'intensité. Or, cette intensité ne
doit dépasser nulle part une certaine limite, mesurée par
l'expérience, et au delà de laquelle il y aurait à craindre
des altérations permanentes. Si donc on donne cette valeur-
limite à la plus grande des trois forces élastiques principales appartenant au point le plus actif, le second membre
de la formule (6), calculé numériquement, mesurera le
plus grand effet que l'on puisse attendre du ressort proposé, la plus grande force vive qu'il puisse amortir sans
se détériorer, enfin, ce que l'on peut appeler *sa puissance.*

Le second membre de l'équation (6) étant ainsi l'expression analytique de la puissance d'un ressort, on pourra y
faire varier les quantités dont on peut disposer, savoir les
dimensions et les directions relatives des différentes parties, de telle sorte que cette puissance soit la plus grande
possible sous le même volume ou pour le même poids.
C'est ce problème général, dont la solution intéresse un
grand nombre d'industries, que M. Clapeyron avait en
vue, lorsqu'il a trouvé son théorème. Nous lui laisserons le
soin de publier les résultats qu'il a obtenus sur la théorie
des ressorts, et nous indiquerons une autre application du
même principe.

Application aux constructions.

§ 36. — Lors de l'établissement de toute construction, de
quelque genre qu'elle soit, ce principe fournira une relation dont on pourra faire usage, pour trouver les proportions les plus convenables des différentes parties de cette
construction. Généralement on dispose les différentes pièces, en charpente ou en fer, de telle sorte qu'elles éprou-

vent des efforts dirigés dans le sens de leur longueur ; c'est-
à-dire qu'il n'y ait, en chaque point intérieur, qu'une
force élastique principale, la même dans toute l'étendue
d'une même pièce. Si l'une de ces pièces, de longueur l, de
section σ, d'une substance dont E est le coefficient d'élasticité, est tirée ou pressée par une force F agissant longitudinalement, $\dfrac{F}{\sigma}$ sera la force élastique principale unique, et

le double travail de la pièce sera $E\left(\dfrac{F}{\sigma}\right)^{2}. l\,\sigma$, § 33 , ou

$\dfrac{E}{\sigma}\,F^{2}l$; l', σ', E', F' représentant les mêmes choses pour une

seconde pièce, l'', σ'', E'', F'', pour une troisième, etc., le

double travail intérieur et total sera $\left(\dfrac{E}{\sigma}\,F^{2}l+\dfrac{E'}{\sigma'}\,F'^{2}l'+\ldots\right)$.

Par exemple, si la construction dont il s'agit est destinée
à supporter un poids Π, a étant la flexion, ou la quantité
dont ce poids s'abaissera par suite du resserrement ou de
l'extension des diverses pièces, on aura

$$(9)\qquad \Pi a = \frac{E}{\sigma}\,F^{2}l+\frac{E'}{\sigma'}\,F'^{2}l'+\frac{E''}{\sigma''}\,F''^{2}l''+\ldots$$

Généralement, les efforts $F^{(i)}$ se déduiront de Π par les
règles ordinaires de la Statique, en ayant égard à la disposition relative des pièces assemblées ; chacun d'eux $F^{(i)}$ sera
égal à Π multiplié par un facteur trigonométrique $\varphi^{(i)}$; la
relation (9) deviendra alors, en divisant par Π,

$$(10)\qquad a = \left(\frac{E}{\sigma}\,\varphi^{2}l+\frac{E'}{\sigma'}\,\varphi'^{2}l'+\frac{E''}{\sigma''}\,\varphi''^{2}l''+\ldots\right)\Pi.$$

En outre, la distribution et la disposition des pièces éta-
blira des rapports entre leurs longueurs $l^{(i)}$; chacune d'elles
$l^{(i)}$ sera égale à une certaine longueur L multipliée par un
facteur trigonométrique $\psi^{(i)}$; la relation (10) prendra la

forme

$$(11) \qquad a = \left(\frac{E}{\sigma} \varphi^2 \psi + \frac{E'}{\sigma'} \varphi'^2 \psi' + \frac{E''}{\sigma''} \varphi''^2 \psi'' + \right) L\Pi.$$

Sous toutes ces formes, on voit que la flexion a restera la même si on change la nature d'une des pièces, en lui conservant la même longueur $l^{(i)}$, pourvu que la nouvelle section $s^{(i)}$ soit à l'ancienne $\sigma^{(i)}$, comme le nouveau coefficient d'élasticité $\mathcal{E}$ est à l'ancien $E^{(i)}$; la relation (11) deviendra

$$(12) \qquad a = \left(\frac{\varphi^2 \psi}{s} + \frac{\varphi'^2 \psi'}{s'} + \frac{\varphi''^2 \psi''}{s''} + \dots \right) \mathcal{E} L\Pi,$$

$\mathcal{E}$ étant le coefficient d'élasticité d'un seul genre de corps qui remplacerait toutes les pièces; $s, s', s'', \dots$, étant les diverses sections qu'il devrait avoir.

Il conviendra de donner aux sections $s^{(i)}$ des grandeurs proportionnelles aux efforts longitudinaux $\varphi_i \Pi$, supportés par les pièces correspondantes, afin que ces pièces ne travaillent pas plus les unes que les autres, ou que la force élastique principale ait la même valeur absolue dans toute la construction. Posant donc

$$(13) \qquad \frac{\varphi \Pi}{s} = \frac{\varphi' \Pi}{s'} = \frac{\varphi'' \Pi}{s''} = \dots = \mathcal{A},$$

il viendra définitivement

$$(14) \qquad a = (\varphi \psi + \varphi' \psi' + \varphi'' \psi'' + \dots) \mathcal{E} L \mathcal{A}.$$

Si l'on connaît la limite que la force élastique principale unique ne doit pas dépasser, et que $\mathcal{A}$ soit cette limite, le poids Π ne devra pas surpasser $\dfrac{\mathcal{A} s}{\varphi}$, et la dernière valeur de a sera la limite de la flexion. Or, si plusieurs des angles qui entrent dans la parenthèse trigonométrique $(\varphi \psi + \varphi' \psi' + \varphi'' \psi'' + \dots)$ sont indéterminés, on pourra en disposer de telle sorte que cette parenthèse, et par suite la flexion a, soit un minimum. Cela fait, la construction proposée satisfera évidemment aux conditions du moindre volume et du maximum de stabilité, relativement au but qu'elle doit remplir, celui de supporter le poids Π.

§ 37. — Prenons pour exemple le cas simple d'un assemblage triangulaire ABC, composé de deux pièces de charpente également inclinées, $\overline{AB}$, $\overline{AC}$, et d'une pièce horizontale $\overline{BC}$ qui relie les deux premières; ces trois pièces sont de même nature, E est leur coefficient d'élasticité. Un effort vertical Π s'exerce au sommet A, qu'il fait fléchir verticalement de a; chaque pièce inclinée, $\overline{AB}$ ou $\overline{AC}$, est pressée longitudinalement par une force F, telle que $\Pi = 2\,\mathrm{F}\cos\alpha$, α étant le demi-angle en A; d'où $\mathrm{F} = \dfrac{\Pi}{2\cos\alpha}$; la pièce horizontale $\overline{BC}$ est tirée longitudinalement par une force $\mathscr{F} = \mathrm{F}\sin\alpha = \dfrac{\Pi\sin\alpha}{2\cos\alpha}$; les trois pièces ont d'abord la même section σ; $\overline{BC} = \mathrm{L}$; la longueur l de chaque pièce inclinée est telle, que $2l\sin\alpha = \mathrm{L}$, d'où $l = \dfrac{\mathrm{L}}{2\sin\alpha}$; l'appareil est disposé verticalement sur des supports rigides en B et C; que le plan horizontal passant par B et C s'abaisse ou ne s'abaisse pas, c'est à ce plan supposé fixe que nous rapportons le mouvement relatif a. On aura, d'après la formule (9),

$$\Pi a = \frac{\mathrm{E}}{\sigma}\left[\frac{\mathrm{L}}{\sin\alpha}\left(\frac{\Pi}{2\cos\alpha}\right)^2 + \mathrm{L}\left(\frac{\Pi\sin\alpha}{2\cos\alpha}\right)^2\right];$$

d'où l'on conclut

$$a = \frac{\mathrm{EL}\,\Pi}{4\,\sigma}\left(\frac{1 + \sin^3\alpha}{\sin\alpha\cos^2\alpha}\right).$$

Si l'on demande pour quel angle α la flexion a sera un

Cas d'un assemblage triangulaire.

minimum, on remarquera que

$$\frac{1 + \sin^3 \alpha}{\sin \alpha \cos^2 \alpha} = \frac{1 + \sin \alpha}{\sin \alpha \cos^2 \alpha} - 1 = \frac{1}{\sin \alpha (1 - \sin \alpha)} - 1,$$

et l'on voit de suite que le minimum cherché correspond à $\sin \alpha = \frac{1}{2}$, c'est-à-dire au cas où le triangle ABC est équilatéral; la parenthèse trigonométrique de a est alors égale à 3, et l'on a $a = \frac{3}{4} \frac{\text{EL}\,\Pi}{\sigma}$.

Mais, pour que les différentes pièces travaillent également, il faut leur donner des sections proportionnelles à leurs efforts longitudinaux; alors, σ étant la section des pièces inclinées, $\sigma \sin \alpha$ sera celle de la pièce horizontale, ce qui donnera, en appliquant encore la formule (9),

$$a = \frac{\text{F}\,\text{L}\,\Pi}{4\,\sigma} \left(\frac{1 + \sin^2 \alpha}{\sin \alpha \cos^2 \alpha} \right);$$

rapportons cette valeur à la limite $\mathcal{A}$ de la force élastique principale unique, il faudra poser $\dfrac{\text{F}}{\sigma} = \dfrac{\Pi}{2\,\sigma \cos \alpha} = \mathcal{A}$, d'où $\dfrac{\Pi}{\sigma} = 2\,\mathcal{A} \cos \alpha$; ce qui donnera, pour la limite de a,

$$a = \frac{\text{EL}\,\mathcal{A}}{2} \left(\frac{1 + \sin^2 \alpha}{\sin \alpha \cos \alpha} \right).$$

Si l'on veut maintenant disposer de l'angle α de telle sorte que a soit un minimum, on trouve, en égalant $\dfrac{da}{d\alpha}$ à zéro, $\tang \alpha = \dfrac{1}{\sqrt{2}}$; c'est-à-dire que la hauteur h du triangle ABC doit être la moitié de la diagonale du carré dont le côté est L; alors la limite de Π, ou de $2\,\mathcal{A}\,\sigma \cos \alpha$, est $2\sqrt{\dfrac{2}{3}} \cdot \sigma\,\mathcal{A}$; celle de a devient $2\,\text{E}\,\mathcal{A}\,h$.

§ 38. — Il est facile de traiter de la même manière des assemblages plus complexes, formés de pièces de bois, de fer ou de fonte, destinés à s'opposer à des efforts d'autre nature. Dans tous ces cas divers, on déduit du théorème de M. Clapeyron, que l'on peut appeler *principe du travail des forces élastiques*, les dispositions les plus avantageuses de la construction qu'on étudie. Jamais, je crois, on ne s'était approché aussi près de la solution générale du fameux problème des *solides d'égale résistance*, qui préoccupait tant Girard, et dont la nature a donné des exemples si remarquables. Nous aurons l'occasion d'appliquer le principe du travail des forces élastiques à divers cas d'équilibre d'élasticité. On verra que ce principe conduit directement à la relation la plus importante, parmi toutes celles qui résolvent la question, et que l'on eût pu d'ailleurs démontrer d'une autre manière; c'est, comme l'on sait, une propriété remarquable du principe des forces vives en Mécanique rationnelle. En outre, les deux principes sont également précieux, en ce qu'ils donnent les moyens d'évaluer des travaux résistants, qui resteraient inconnus sans leur emploi. En réalité, l'un vaut l'autre, ou peut-être le nouveau n'est-il qu'une extension, qu'une transformation de l'ancien.

La marche que M. Clapeyron a suivie pour établir son théorème, justifie cette idée d'une manière frappante : adoptant la méthode de Navier, il reproduit l'équation générale et unique de l'équilibre intérieur des corps solides élastiques, déduite de l'application du principe des vitesses virtuelles; puis il substitue, dans cette équation générale, les déplacements réels (u, v, w), aux déplacements virtuels (δu, δv, δw); et l'équation particulière qui résulte de cette substitution, étant convenablement transformée, le conduit à l'équation (6). La répugnance que nous devons avoir maintenant, pour toute méthode qui évalue les forces élastiques à l'aide d'intégrations autour d'un point, nous a fait rejeter ce mode de démonstration; si celui que nous avons adopté est réellement plus simple, cette simplicité repose en partie sur les préliminaires dont nous pouvions disposer, et ne peut d'ailleurs entrer en parallèle avec le mérite de l'invention; le seul avantage qui lui appartienne, c'est de mettre à l'abri de tout doute un principe utile, qui ne pouvait se déduire que de la théorie mathématique de l'élasticité, dont il résume les propriétés les plus importantes.

* L'objet de la Leçon actuelle fait naître une réflexion; admettons que le théorème de M. Clapeyron ne soit pas un principe nouveau, qu'il soit une extension, une transformation du principe des forces vives, ou, pour parler un langage aujourd'hui de mode, du principe du travail. Cette extension est toujours une conquête de plus, pour le même principe du travail, déjà si riche de conséquences. Apporte-t-elle un nouveau motif pour réduire l'enseignement à ce seul principe, pour bannir ou négliger l'usage approfondi de l'analyse dans les cours de Mécanique rationnelle? Mais ce serait abandonner l'instrument créateur, pour lui substituer une chose créée, complétement incapable de s'étendre par elle-même. C'est ce qu'ont pensé Navier, Coriolis et M. Clapeyron: géomètres avant d'être ingénieurs, ils ont eu recours à l'analyse mathématique, aux anciennes méthodes de la Mécanique rationnelle, pour résoudre les problèmes dont ils lisaient, et l'énoncé et l'utilité, dans leurs connaissances pratiques. Aussi ont-ils réussi; s'ils n'avaient voulu se servir que du principe du travail, ce principe attendrait encore ses plus belles propriétés.

HUITIÈME LEÇON.

Équilibre et dilatation d'un fil élastique. — Cordes vibrantes. — Lois des vibrations transversales et longitudinales des cordes.—Sons simultanés.

———

§ 39. — Après avoir établi les équations et étudié les pro- Lignes et sur-
priétés générales de l'élasticité considérée dans les corps faces élastiques.
solides homogènes, il convient de les appliquer d'abord aux
deux cas extrêmes d'un fil ou d'une corde mince, d'une surface élastique ou d'une membrane, en équilibre ou en vibration. Ces deux questions ont été traitées, à l'aide de principes particuliers, longtemps avant la création de la théorie
mathématique de l'élasticité. Il importe de faire voir aujourd'hui que la mise en équation de ces anciens problèmes
rentre dans la théorie générale. C'est ce qu'a pensé Poisson
et ce que nous essayerons après lui, d'une manière plus
rapide et peut-être plus simple.

Les anciens géomètres ont pu croire qu'avant d'étudier
les corps élastiques à trois dimensions finies, il convenait
d'essayer d'abord les fils minces et les membranes peu
épaisses; c'est-à-dire les lignes et les surfaces avant les solides. Mais cette marche, qui paraissait naturelle et logique,
a complétement manqué son but, car la vraie théorie de
l'élasticité n'a rien emprunté à ces premiers essais; elle est
née tout à fait en dehors de ce champ d'exploration. Ces
études préliminaires ont été néanmoins très-utiles, mais
sous un autre rapport : façonnant en quelque sorte les mathématiques au maniement des phénomènes naturels, elles
ont abordé et résolu les problèmes généraux d'analyse que
l'on retrouve dans toutes les questions de Physique mathématique.

En réalité, les lignes, les surfaces élastiques sont des abstractions, et leur étude, intéressante d'ailleurs, ne peut conduire qu'à des découvertes purement analytiques. Dans la nature, le diamètre d'un fil, l'épaisseur d'une membrane ont toujours des dimensions appréciables, quoique très-petites, et les forces élastiques peuvent y éprouver de très-grandes variations; si l'on suppose qu'elles y conservent la même intensité, on veut considérer un cas particulier, et il faut avoir recours à la théorie générale pour savoir si ce cas est possible et à quelles conditions; absolument comme s'il s'agissait d'un corps d'une autre forme, dont aucune dimension ne serait très-petite. En un mot, les deux cas extrêmes dont il s'agit sont deux exemples à traiter, et ce ne sont pas les plus simples.

§ 40. — Dans un milieu solide homogène et d'élasticité constante, tel que nous l'avons défini et étudié, imaginons un filet à axe courbe, dont la section ϖ, normale à cet axe, soit partout très-petite. Supposons qu'il soit possible que des forces agissant sur les sections extrêmes de ce filet et sur les différentes parties de sa masse, puissent maintenir son équilibre d'élasticité sans exiger qu'aucune force élastique agisse sur sa surface latérale, et de telle sorte que les forces élastiques exercées sur une même section ϖ, aient la même direction et la même intensité sur toute l'étendue de cette section. Cet équilibre ne sera pas troublé si l'on vient à enlever le reste du milieu, et il ne restera que le filet ou un fil, tel qu'on le considère en Mécanique rationnelle. Prenons pour variable indépendante l'arc s de l'axe courbe, compté à partir d'une des extrémités du fil jusqu'au point M, que nous considérons; $\frac{dx}{ds}$, $\frac{dy}{ds}$, $\frac{dz}{ds}$ seront les cosinus des angles que fait, avec les axes rectilignes des (x, y, z), la tangente à l'axe courbe en M, ou la normale à la section ϖ

Équilibre d'un fil élastique.

faite au même point; les composantes de la force élastique exercée sur cette section auront pour valeurs, d'après les formules (8) du § 9, .

(1)
$$\begin{cases} X = N_1 \dfrac{dx}{ds} + T_3 \dfrac{dy}{ds} + T_2 \dfrac{dz}{ds}, \\[2mm] Y = T_3 \dfrac{dx}{ds} + N_2 \dfrac{dy}{ds} + T_1 \dfrac{dz}{ds}, \\[2mm] Z = T_2 \dfrac{dx}{ds} + T_1 \dfrac{dy}{ds} + N_3 \dfrac{dz}{ds}. \end{cases}$$

Dans les circonstances supposées, considérons un élément ϖds, compris entre deux sections normales ϖ et ϖ', infiniment voisines. Sous l'action des forces élastiques $(-X\varpi, -Y\varpi, -Z\varpi)$ sur ϖ, des autres composantes
$$\left[\left(X\varpi + \frac{dX\varpi}{ds} ds \right), \left(Y\varpi + \frac{dY\varpi}{ds} ds \right), \left(Z\varpi + \frac{dZ\varpi}{ds} ds \right) \right]$$
sur ϖ', et des forces extérieures $(\rho X_0 \varpi ds, \rho Y_0 \varpi ds, \rho Z_0 \varpi ds)$ sur la masse $\rho \varpi ds$, cet élément doit être en équilibre; et cet équilibre s'exprimera par les équations

$$(2)\ \frac{dX\varpi}{ds} + \rho X_0 \varpi = 0, \quad \frac{dY\varpi}{ds} + \rho Y_0 \varpi = 0, \quad \frac{dZ\varpi}{ds} + \rho Z_0 \varpi = 0,$$

où ρ est la densité du fil en M, si les forces élastiques sont nulles sur la surface latérale de ϖds, qui fait partie de celle du fil. Voyons s'il est possible que cette dernière condition soit satisfaite.

Soient (m, n, p) les cosinus des angles que fait, avec les axes rectilignes, une normale quelconque en un point M' du périmètre de ϖ, laquelle normale peut être considérée comme étant perpendiculaire à la tangente à l'axe courbe; on aura d'abord, entre ces cosinus, les deux relations

(3)
$$m^2 + n^2 + p^2 = 1,$$

(4)
$$m \frac{dx}{ds} + n \frac{dy}{ds} + p \frac{dz}{ds} = 0.$$

On admet que les N_i, T_i conservent les mêmes valeurs sur toute l'étendue de la section ϖ, et conséquemment sur tout son périmètre; la force élastique exercée latéralement en M' aura donc ses composantes exprimées par les seconds membres des équations (8), § 9, déjà citées; et, puisque cette force élastique doit être nulle, il faudra que l'on ait

$$(5) \quad \begin{cases} N_1\, m + T_3\, n + T_2\, p = 0, \\ T_3\, m + N_2\, n + T_1\, p = 0, \\ T_2\, m + T_1\, n + N_3\, p = 0; \end{cases}$$

et cela pour toutes les positions de M'; c'est-à-dire quels que soient les cosinus $(m,\, n,\, p)$, vérifiant d'ailleurs les équations (3) et (4). De là résulte la nécessité que chacune des trois équations (5) soit identique avec l'équation (4); car si le groupe (5) fournissait une équation distincte de (4), cette équation, jointe aux relations (3) et (4), suffirait pour déterminer m, n, p; c'est-à-dire qu'en deux éléments, au plus, de la surface latérale, la force élastique serait nulle, tandis qu'il en doit être de même pour tous les éléments.

On verra facilement que l'identification des trois équations (5), avec l'équation unique (4), exige que l'on ait

$$\frac{N_1}{\left(\dfrac{dx}{ds}\right)^2} = \frac{N_2}{\left(\dfrac{dy}{ds}\right)^2} = \frac{N_3}{\left(\dfrac{dz}{ds}\right)^2} = \frac{T_1}{\dfrac{dy}{ds} \cdot \dfrac{dz}{ds}} = \frac{T_2}{\dfrac{dz}{ds} \cdot \dfrac{dx}{ds}} = \frac{T_3}{\dfrac{dx}{ds} \cdot \dfrac{dy}{ds}};$$

ou bien, T étant une certaine fonction, valeur commune des rapports précédents; on doit avoir

$$(6) \quad \begin{cases} N_1 = T\left(\dfrac{dx}{ds}\right)^2, \quad N_2 = T\left(\dfrac{dy}{ds}\right)^2, \quad N_3 = T\left(\dfrac{dz}{ds}\right)^2; \\ T_1 = T\dfrac{dy}{ds} \cdot \dfrac{dz}{ds}, \quad T_2 = T\dfrac{dz}{ds} \cdot \dfrac{dx}{ds}, \quad T_3 = T\dfrac{dx}{ds} \cdot \dfrac{dy}{ds}; \end{cases}$$

et ces valeurs des N_i, T_i peuvent seules rendre nulles les forces élastiques sur toute la surface latérale du fil, quelle que soit d'ailleurs la fonction T. Si l'on substitue ces mêmes valeurs (6) dans les équations (1), on trouve, en rappelant que $\left(\dfrac{dx}{ds}\right)^2 + \left(\dfrac{dy}{ds}\right)^2 + \left(\dfrac{dz}{ds}\right)^2 = 1$, simplement

$$(7) \qquad X = T\frac{dx}{ds}, \quad Y = T\frac{dy}{ds}, \quad Z = T\frac{dz}{ds},$$

ce qui indique à la fois, et que la fonction T est la grandeur de la force élastique exercée sur la section ϖ; et que cette force doit agir normalement, ou doit être parallèle à la tangente à l'axe courbe du fil. Ainsi définie, la fonction ou la force élastique T est ce qu'on appelle la *tension* du fil au point M.

Mais il faut encore que les équations (2) soient satisfaites, sinon le fil ne serait pas en équilibre. Par la substitution des valeurs nécessaires (7), ces équations (2) deviennent

$$(8) \quad \begin{cases} \dfrac{d.\varpi T\dfrac{dx}{ds}}{ds} + \rho\varpi X_0 = 0, \quad \dfrac{d.\varpi T\dfrac{dy}{ds}}{ds} + \rho\varpi Y_0 = 0, \\[4mm] \dfrac{d.\varpi T\dfrac{dz}{ds}}{ds} + \rho\varpi Z_0 = 0, \end{cases}$$

ou, en développant,

$$\frac{dx}{ds}\cdot\frac{d\varpi T}{ds} + \varpi T\frac{d\dfrac{dx}{ds}}{ds} + \rho\varpi X_0 = 0,$$

$$\frac{dy}{ds}\cdot\frac{d\varpi T}{ds} + \varpi T\frac{d\dfrac{dy}{ds}}{ds} + \rho\varpi Y_0 = 0,$$

$$\frac{dz}{ds}\cdot\frac{d\varpi T}{ds} + \varpi T\frac{d\dfrac{dz}{ds}}{ds} + \rho\varpi Z_0 = 0.$$

Si l'on ajoute ces trois équations, respectivement multi-pliées par (dx, dy, dz), en observant que

$$(9) \quad \begin{cases} \left(\dfrac{dx}{ds}\right)^2 + \left(\dfrac{dy}{ds}\right)^2 + \left(\dfrac{dz}{ds}\right)^2 = 1, \\[2ex] \dfrac{dx}{ds}\dfrac{d\dfrac{dx}{ds}}{ds} + \dfrac{dy}{ds}\dfrac{d\dfrac{dy}{ds}}{ds} + \dfrac{dz}{ds}\dfrac{d\dfrac{dz}{ds}}{ds} = 0, \end{cases}$$

on obtient pour résultat

$$(10) \qquad d.\varpi T + \rho\varpi (X_0\, dx + Y_0\, dy + Z_0\, dz) = 0.$$

Les équations (8) peuvent servir à résoudre deux pro-blèmes inverses : si la forme du fil est connue, ainsi que nous l'avons supposé, ces équations donneront, par l'éli-mination de T à l'aide de l'équation (10), deux conditions que devront vérifier les forces extérieures (X_0, Y_0, Z_0), pour que le filet puisse être en équilibre d'élasticité ; ces conditions étant remplies, l'intégration de la différen-tielle (10), entre des limites données, déterminera la ten-sion T en chaque point du fil. Si, au contraire, on connaît les forces extérieures (X_0, Y_0, Z_0), en fonction de (x, y, z), les équations (8) doivent déterminer la forme du fil qu'elles pourraient maintenir en équilibre d'élasticité, et ensuite les lois qui régissent la tension. Ces deux questions sont traitées d'une manière très-simple et très-élégante dans le Cours de Mécanique rationnelle, et doivent y rester.

§ 41. — Mais ce qui appartient à la théorie de l'élasti-cité, ce qu'elle seule peut mesurer, c'est la dilatation linéaire qui accompagne la tension, ou que cette tension détermine sur chaque élément du fil. Désignons par ∂ la dilatation linéaire dont il s'agit, en sorte que l'élément de l'axe courbe en M, qui était primitivement ds, soit devenu $(1 + \partial) ds$; on déterminera cette inconnue de la manière la plus simple, en faisant usage du théorème de M. Clapeyron. Appliquée

Dilatation du fil.

au seul élément ϖds du fil, l'équation qui constitue ce théorème se réduit à

$$(11) \qquad T\varpi . \delta . ds = \left(EF^2 - \frac{G}{\mu} \right) \varpi ds,$$

car le terme en X_0, Y_0, Z_0 qu'il faudrait ajouter au premier membre, § 33, disparaît, comme étant un infiniment petit d'ordre supérieur à celui des termes conservés. Or, par les valeurs (6), les fonctions F et G (5), § 32, sont ici $F = T$, $G = o$; l'équation (11) donne alors, en réduisant,

$$(12) \qquad \delta = ET ;$$

c'est-à-dire que la dilatation cherchée en M est égale à la tension au même point, multipliée par le coefficient d'élasticité.

On voit, de plus, que le travail de l'élément élastique ϖds a pour expression, soit $\frac{1}{2} T \delta . \varpi ds$, soit $\frac{1}{2} ET^2 . \varpi ds$. On remarquera, enfin, que l'équation (12), § 22, dont les racines sont les trois forces élastiques principales en M, se réduit, dans le cas actuel, à $A^3 - T . A^2 = o$; car F et G sont les coefficients du deuxième et du troisième terme, et, par les valeurs (6), non-seulement $F = T$, $G = o$, mais le dernier terme de la même équation est nul aussi. Donc, en chaque point du fil, des trois forces élastiques principales, deux sont nulles, la troisième est la tension T, et se dirige suivant la tangente au fil; propriété qui indique clairement comment toutes les conditions imposées peuvent constituer un cas particulier, réellement compris dans la théorie générale de l'élasticité.

§ 42. — Un fil homogène, de section ϖ constante, est tendu sur l'axe des x, par un poids P qui a augmenté sa longueur l de α; on l'écarte un peu de la position en ligne droite qu'il occupe entre ses extrémités fixes, puis on l'aban-

Corde
vibrante.

donne ; le fil ou la corde entre en vibration : il s'agit de trouver les lois de ce mouvement vibratoire. A une époque t, un point du fil, qui avait primitivement pour coordonnées $(x, y = o, z = o)$, aura pour nouvelles coordonnées $(x + u_0 + U, \; y = o + \nu, \; z = o + w)$; u_0 simplement fonction de x étant le déplacement dû à la traction opérée par le poids P; U, ν, w, fonctions de x et de t, étant les projections du déplacement dû au mouvement vibratoire. Ici la somme $(u_0 + U)$ compose et remplace la projection u; la dilatation linéaire ∂ (12) est $\dfrac{du}{dx}$ ou $\left(\dfrac{du_0}{dx} + \dfrac{dU}{dx} \right)$, et l'on a

$$(13) \qquad\qquad \text{ET} = \frac{du_0}{dx} + \frac{dU}{dx}.$$

Or $\dfrac{du_0}{dx}$ est la dilatation produite par le poids P seul, et sans mouvement subséquent, elle est constante dans toute l'étendue du fil, et égale à $\dfrac{\alpha}{l}$; on a donc

$$(14) \qquad \text{ET} = \frac{\alpha}{l} + \frac{dU}{dx}, \qquad \frac{dT}{dx} = \frac{1}{E} \frac{d^2U}{dx^2}.$$

A l'époque t considérée, le fil forme une courbe, différant très-peu de l'axe des x; la différentielle $ds = \sqrt{dx^2 + dy^2 + dz^2}$ de l'arc de cette courbe, puisque y et z se réduisent à ν et w, devient $ds = \sqrt{dx^2 + d\nu^2 + dw^2}$; or les $d\nu$, dw sont négligeables devant les dx, dans le genre d'approximation que nous adoptons, on pourra donc prendre

$$ds = dx, \quad \frac{dx}{ds} = 1; \quad dy = d\nu, \quad dz = dw.$$

On admet que le poids P qui tend la corde est assez grand :

1° pour que $\dfrac{\alpha}{l}$ soit toujours incomparablement plus grand que $\dfrac{d\mathrm{U}}{dx}$, d'où

$$(15) \qquad \mathrm{T} = \frac{1}{\mathrm{E}}\,\frac{\alpha}{l} = \frac{\mathrm{P}}{\varpi}, \qquad \frac{1}{\mathrm{E}} = \frac{l}{\alpha}\,\frac{\mathrm{P}}{\varpi};$$

et 2° pour qu'on puisse négliger le poids des différentes parties de la corde.

D'après ces relations et ces conditions diverses, les X_0, Y_0, Z_0, des équations (8), se réduiront aux forces d'inertie $-\dfrac{d^2\mathrm{U}}{dt^2}, -\dfrac{d^2v}{dt^2}, -\dfrac{d^2w}{dt^2}$, et, puisque ϖ est constant, que ds est égal à dx, ces équations deviennent, dans le cas actuel,

$$\frac{l}{\alpha}\,\frac{\mathrm{P}}{\varpi}\,\frac{d^2\mathrm{U}}{dx^2} = \rho\,\frac{d^2\mathrm{U}}{dt^2}, \quad \frac{\mathrm{P}}{\varpi}\,\frac{d^2v}{dx^2} = \rho\,\frac{d^2v}{dt^2}, \quad \frac{\mathrm{P}}{\varpi}\,\frac{d^2w}{dx^2} = \rho\,\frac{d^2w}{dt^2}.$$

Appelant p le poids total de la corde, dont la longueur est l, la section ϖ, la densité ρ, d'où $p = g\rho\varpi l$, et $\rho\varpi = \dfrac{p}{gl}$, on peut écrire ainsi ces équations,

$$\frac{d^2\mathrm{U}}{dt^2} = \frac{g\,\mathrm{P}}{\alpha\,p}\,l^2 \cdot \frac{d^2\mathrm{U}}{dx^2}, \quad \frac{d^2v}{dt^2} = \frac{g\,\mathrm{P}}{p}\,l\,\frac{d^2v}{dx^2}, \quad \frac{d^2w}{dt^2} = \frac{g\,\mathrm{P}}{p}\,l\,\frac{d^2w}{dt^2},$$

et si l'on pose, pour simplifier,

$$(16) \qquad \begin{cases} \dfrac{g\,\mathrm{P}}{\alpha\,p}\,l^2 = a^2, & a = l\sqrt{\dfrac{g\,\mathrm{P}}{\alpha\,p}}, \\[2ex] \dfrac{g\,\mathrm{P}}{p}\,l = b^2, & b = l\sqrt{\dfrac{g\,\mathrm{P}}{lp}}, \end{cases}$$

on obtient définitivement

$$(17) \qquad \frac{d^2\mathrm{U}}{dt^2} = a^2\,\frac{d^2\mathrm{U}}{dx^2}, \quad \frac{d^2v}{dt^2} = b^2\,\frac{d^2v}{dx^2}, \quad \frac{d^2w}{dt^2} = b^2\,\frac{d^2w}{dx^2},$$

équations bien connues du problème des cordes vibrantes; la première renferme la loi des vibrations longitudinales, l'une des deux autres celle des vibrations transversales.

§ 43. — La connaissance de ces lois résulte de l'intégration des équations aux différences partielles (17) que l'on donne, avec tous les détails nécessaires, dans les Cours de Calcul infinitésimal et d'Algèbre supérieure. On sait que cette intégration peut se faire de deux manières : par des fonctions arbitraires, et par des séries trigonométriques à coefficients indéterminés. Les conditions données, qui résultent de la fixité des extrémités de la corde et de l'état initial du mouvement, font connaître soit la forme et la nature des fonctions arbitraires, soit les valeurs nécessaires des coefficients indéterminés. Dans la méthode d'intégration par série trigonométrique, chaque terme de U, ν ou w, vérifie seul l'équation aux différences partielles (17) correspondante, et satisfait à la condition de fixité des extrémités ; son coefficient est déduit, avec tous les autres, de l'état initial ; or, l'état initial pourrait être tel que ce terme existât seul ; il représente donc un des mouvements vibratoires possibles. Le mouvement général de la corde résulte de la coexistence ou de la superposition de tous les mouvements simples représentés par les différents termes de la série ; et l'état initial, qui détermine les coefficients, assigne à ces mouvements partiels leurs amplitudes relatives.

Considérons les vibrations transversales. Supposons que chaque point de la corde ait été écarté et vibre ensuite, parallèlement à l'axe des z, ou que $U = o$, $\nu = o$; il ne restera des équations (17) que la troisième,

$$(18) \qquad \frac{d^2 w}{dt^2} = b^2 \frac{d^2 w}{dx^2}.$$

Chaque terme de la série w sera de la forme

$$(19) \qquad w_i = A_i \sin i\pi \frac{x}{l} \cos i\pi \frac{bt}{l},$$

A_i étant son coefficient et i un nombre entier quelconque.

Ce terme (19) vérifie l'équation aux différences partielles (18), donne $w_i = 0$, quel que soit t, pour $x = 0$, $x = l$, coordonnées des extrémités fixes. Il représente un état vibratoire particulier dont voici la loi : Si $\mathfrak{E}_i$ représente la durée d'une vibration complète; si $\mathfrak{N}_i$ est le nombre des vibrations exécutées pendant la seconde $1''$, prise pour unité de temps, ou la *hauteur du son* correspondant; on aura nécessairement

$$i\pi \frac{b\,\mathfrak{E}_i}{l} = 2\pi, \qquad \mathfrak{N}_i = \frac{1}{\mathfrak{E}_i} = \frac{ib}{2l} = \frac{i}{2}\sqrt{\frac{g\,\mathrm{P}}{lp}}.$$

Si l'on prend pour unité ou pour son fondamental celui pour lequel $i = 1$, et qui a pour mesure

$$(20) \qquad n = \frac{1}{2}\sqrt{\frac{g\,\mathrm{P}}{lp}},$$

tous les sons simples de la corde vibrante, et qui sont représentés par les différents termes de la série

$$(21) \qquad w = \sum \mathrm{A}_i \sin i\pi \frac{x}{l} \cos i\pi \frac{bt}{l},$$

formeront la suite naturelle $1, 2, 3, 4, 5, \ldots$, dont *la base* est le son n (20). Si la corde figure un cylindre de rayon r, on a $p = \rho g . \pi r^2 l$, et

$$n = \frac{1}{2\,rl}\sqrt{\frac{\mathrm{P}}{\pi\rho}}.$$

C'est sous cette forme qu'on évalue le son fondamental d'une corde dans le Cours de Physique; les lois de ses variations, quand la longueur l, le rayon r, la tension P, la densité ρ viennent à changer, s'expriment alors par autant de proportions dont l'expérience vérifie l'exactitude. On vérifie aussi la position des *nœuds* et des *ventres* de vibration, lorsque la corde produit un des sons $\mathfrak{N}_i$; si i est plus grand que l'unité, et qu'on imagine la longueur l partagée en i parties égales, les points de division seront immobiles comme les extrémités, car w_i (19) est nul, quel que soit t, pour les valeurs de x appartenant à ces points qu'on appelle *nœuds;* les milieux des parties aliquotes, où l'amplitude de la vibration est la plus grande, sont les *ventres.*

Sons simultanés. **§ 44.** — La série (21) donnant $\frac{dw}{dt} = 0$ quand $t = 0$, se rapporte au cas où les points de la corde, d'abord écartés, ont été abandonnés sans vitesse. Les coefficients A_i se déterminent par la condition que

$$(22) \qquad \sum A_i \sin i\pi \frac{x}{l} = F(x),$$

$F(x)$ exprimant la loi donnée des écarts primitifs, c'est-à-dire des valeurs de w lors de l'état initial, ou pour $t = 0$; or, comme on le sait, le premier membre de l'équation (22) donnera les mêmes valeurs que $F(x)$, de $x = 0$ à $x = l$, si l'on prend

$$(23) \qquad A_i = \frac{2}{l} \int_0^l F(\beta) \sin i\pi \frac{\beta}{l} \, d\beta.$$

Supposons, par exemple, que la corde, pincée en son milieu, ait eu pour forme initiale un triangle isocèle de hauteur h, ayant la longueur l pour base; alors, pour obtenir l'intégrale définie (23), il suffit d'intégrer de $\beta = 0$ à $\beta = \frac{l}{2}$, en prenant $F(\beta) = \frac{2h}{l}\beta$, et de doubler le résultat; on trouve ainsi

$$A_{2j} = 0, \qquad A_{2j+1} = \frac{8h \cos j\pi}{(2j+1)^2 \pi^2},$$

et la série (21) devient

$$w = \frac{8h}{\pi^2} \left\{ \frac{\sin \pi \frac{x}{l} \cos \pi \frac{bt}{l}}{1^2} - \frac{\sin 3\pi \frac{x}{l} \cos 3\pi \frac{bt}{l}}{3^2} + \frac{\sin 5\pi \frac{x}{l} \cos 5\pi \frac{bt}{l}}{5^2} - \ldots \right\},$$

c'est-à-dire que, dans le cas actuel, la corde produira à la fois, ou simultanément, le son n (20) pris pour unité, et les sons 3, 5,...., ou l'octave de la quinte, la double octave de la tierce...; l'amplitude du premier son étant 1, celle du second sera $\frac{1}{9}$, celle du troisième $\frac{1}{25}$...; ce qui explique pourquoi l'oreille ne distinguera bien nettement que le premier son.

Pour que la corde ne produisît qu'un seul son $\mathfrak{K}_i$, sans mélange d'aucun autre, il faudrait que la série w (21) ne contînt que le seul terme en i, ou que, de tous les coefficients, A_i existât seul, les autres étant nuls. Or, il suffirait, pour cela, que la forme initiale de la corde fût la courbe sinusoïdale dont l'équation est

(24) $$z = h \sin i\pi \frac{x}{l} = F(x).$$

En effet, on sait, et l'on vérifie d'ailleurs facilement, que l'intégrale

$$\int_0^l \sin i\pi \frac{\beta}{l} \sin i'\pi \frac{\beta}{l} d\beta$$

est zéro quand l'entier i' diffère de i, et $\frac{l}{2}$ quand $i' = i$; donc, avec la valeur (24) de $F(x)$, la formule (23) donnera $A_{i'} = 0$, $A_i = h$, et w (21) deviendra

$$w = h \sin i\pi \frac{x}{l} \sin i\pi \frac{bt}{l};$$

ce qui justifie les interprétations du § 43.

Vibrations longitudinales.

§ 45. — Quand la corde, à la suite d'un frottement paral-lèle à la longueur, exécute des vibrations longitudinales, on a $v = 0$, $w = 0$, et la première des équations (17) existe seule. L'étude de la série U se fait absolument de la même manière que celle de la série w, avec cette seule différence, qu'au lieu de b, il faudra prendre a (16). Ainsi, les sons résultant des vibrations longitudinales formeront une suite naturelle 1, 2, 3, 4, 5,..., dont la base, ou le son fonda-mental, pris pour unité, aura pour mesure

$$n' = \frac{1}{2} \sqrt{\frac{g\,\mathrm{P}}{\alpha\,p}}.$$

On remarquera que le rapport des sons n' et n est

$$\frac{n'}{n} = \sqrt{\frac{l}{\alpha}} = \sqrt{\frac{1}{\mathrm{E}} \cdot \frac{\varpi}{\mathrm{P}}}.$$

L'exactitude de ce rapport a été vérifiée par l'expérience.

NEUVIÈME LEÇON.

Équilibre des surfaces élastiques. — Cas d'une membrane plane. — Équation qui régit les petits mouvements d'une membrane plane et tendue. — Intégration de cette équation.

§ 46. — Après l'exemple du fil en équilibre ou de la corde vibrante, vient celui de la surface ou de la membrane élastique. Ce nouvel exemple est à la fois plus simple et plus compliqué : plus simple, en ce qu'il correspond à un cas moins exceptionnel, moins ombilical en quelque sorte, de la théorie générale de l'élasticité; plus compliqué, en ce qu'il exige l'emploi de fonctions d'un plus grand nombre de variables. Sous le premier point de vue, on voit que la théorie de l'élasticité s'applique, généralement aux corps solides dont aucune dimension n'est très-petite, exceptionnellement aux membranes peu épaisses, plus exceptionnellement encore aux fils très-minces. Ordre tout à fait inverse de celui qui se déduirait logiquement des abstractions de la Géométrie. L'ignorance de cette anomalie apparente, et qu'il était difficile de prévoir, est venue s'ajouter à l'abus des méthodes et des lois de la Mécanique céleste, pour retarder les véritables progrès de la théorie de l'élasticité.

Dans un milieu homogène et d'élasticité constante, tel que nous l'avons défini, imaginons une sorte de feuille courbe, comprise entre deux surfaces extrêmement voisines, ou dont l'épaisseur ε soit partout très-petite. Supposons qu'il soit possible que des forces agissant sur le contour de cette feuille et sur les différentes parties de sa masse, puissent maintenir son équilibre, sans exiger qu'aucune force élastique s'exerce sur ses deux faces, et de telle sorte que les forces élastiques intérieures aient la même direction et la même intensité sur toute l'étendue de la ligne qui mesure l'épaisseur ε; cet équilibre ne sera pas troublé si l'on enlève le reste du milieu, et il ne restera que la feuille ou la *membrane élastique* telle que les géomètres la considèrent. Supposons la membrane telle, et tellement disposée par rapport au plan horizontal des xy, que toute verticale parallèle aux z rencontre ses deux faces en deux points toujours très-voisins. Soit

(1) $$z = f(x, y)$$

l'équation de la surface qui occupe une position moyenne entre les deux faces, et soit M un point de cette surface. Le plan tangent à la surface, en M, aura pour équation

(2) $dz = p\,dx + q\,dy$,   où $p = \dfrac{dz}{dx}$, $q = \dfrac{dz}{dy}$;

si l'on désigne par (α, β, γ) les angles que la normale au même point fait avec les axes des (x, y, z), on aura, comme l'on sait,

(3) $$\left\{ \begin{array}{l} \cos \gamma = \dfrac{1}{h}, \quad h = \sqrt{1 + p^2 + q^2}, \\[2mm] \cos \alpha = -p \cos \gamma, \quad \cos \beta = -q \cos \gamma. \end{array} \right.$$

On peut admettre que cette normale à la surface moyenne coupe aussi normalement les deux faces de la membrane, et que l'épaisseur ε se mesure sur elle.

Par hypothèse, sur toute l'étendue de ε, et conséquemment aussi à ses extrémités, les N_i, T_i doivent avoir les mêmes valeurs qu'au point M; donc, si les forces élastiques sont nulles sur les faces, il faudra, d'après les formules (8), § 9, que l'on ait

$$N_1 \cos \alpha + T_3 \cos \beta + T_2 \cos \gamma = 0,$$
$$T_3 \cos \alpha + N_2 \cos \beta + T_1 \cos \gamma = 0,$$
$$T_2 \cos \alpha + T_1 \cos \beta + N_3 \cos \gamma = 0,$$

où, par les valeurs (3),

$$(4) \quad \begin{cases} T_2 = p N_1 + q T_3, \\ T_1 = p T_3 + q N_2, \\ N_3 = p T_1 + q T_2 = p^2 N_1 + 2 p q T_3 + q^2 N_2, \end{cases}$$

équations qui établissent trois relations nécessaires entre les six fonctions N_i, T_i. Si l'on élimine p et q entre ces trois relations, on obtient pour équation finale

$$N_1 N_2 N_3 + 2 T_1 T_2 T_3 = N_1 T_1^2 + N_2 T_2^2 + N_3 T_3^2,$$

et le dernier terme de l'équation (12), § 22, est nul. Ainsi, en tout point de la membrane, une des trois forces élastiques principales est nulle, et toutes les autres forces élastiques sont dirigées dans le plan tangent, § 24. Cet énoncé fait voir comment les conditions imposées constituent un cas particulier, réellement compris dans la théorie générale de l'élasticité.

Trois autres équations régissent les N_i, T_i; ce sont celles qui établissent l'équilibre d'un élément de volume. Prenons pour cet élément le prisme oblique, découpé dans la membrane par les quatre plans verticaux, dont les traces forment le rectangle $dx\,dy$; ses quatre arêtes verticales ont pour grandeur commune $\dfrac{\varepsilon}{\cos\gamma}$ ou $h\varepsilon$; ses deux faces inclinées appartiennent aux deux surfaces de la membrane, et ne sont soumises à aucune force élastique; ses quatre faces verticales (A, A', B, B') sont des parallélogrammes, ayant εh pour base et dy ou dx pour hauteur; l'aire de celles (A, A') qui sont perpendiculaires aux x est $\varepsilon h\,dy$; l'aire de celles (B, B') qui sont perpendiculaires aux y est $\varepsilon h\,dx$; le volume du prisme est $\varepsilon h\,dx\,dy$. Évaluons, pour l'égaler à zéro, la somme des composantes, suivant l'axe des x, des forces qui sollicitent cet élément : à cette somme, la face A fournira le terme $-\varepsilon h N_1\,dy$, A' le terme

$\left(\varepsilon h N_1 + \dfrac{d \varepsilon h N_1}{dx} dx \right) dy$, la face B le terme $- \varepsilon h T_3 dx$,

B' le terme $\left(\varepsilon h T_3 + \dfrac{d \varepsilon h T_3}{dy} dy \right) dx$; les faces inclinées ne donneront rien; enfin la masse $\rho \varepsilon h\, dx\, dy$ donnera le terme $\rho \varepsilon h X_0\, dx\, dy$; et l'on obtiendra, en supprimant le facteur commun $dx\, dy$, la première des équations

$$(5) \quad \begin{cases} \dfrac{d \varepsilon h N_1}{dx} + \dfrac{d \varepsilon h T_3}{dy} + \rho \varepsilon h X_0 = 0, \\[2mm] \dfrac{d \varepsilon h T_3}{dx} + \dfrac{d \varepsilon h N_2}{dy} + \rho \varepsilon h Y_0 = 0, \\[2mm] \dfrac{d \varepsilon h T_2}{dx} + \dfrac{d \varepsilon h T_1}{dy} + \rho \varepsilon h Z_0 = 0; \end{cases}$$

les deux autres s'obtenant par la sommation des composantes, suivant l'axe des y, puis suivant l'axe des (z). Si l'on substitue les valeurs de T_2, T_1 (4) dans la troisième des équations (5), les deux premières la réduisent à

$$(6) \quad N_1 \frac{d^2 z}{dx^2} + 2 T_3 \frac{d^2 z}{dx\, dy} + N_2 \frac{d^2 z}{dy^2} + \rho (Z_0 - p X_0 - q Y_0) = 0.$$

(*) Poisson suit une marche beaucoup plus longue et plus compliquée pour parvenir aux équations (5) : son élément de volume est un prisme droit, dont les arêtes sont perpendiculaires aux faces de la membrane; il lui faut calculer péniblement les aires et les forces élastiques des faces de cet élément, lesquelles faces sont toutes inclinées sur les plans coordonnés; l'équilibre du prisme choisi s'exprime alors par trois longues équations que plusieurs substitutions finissent par réduire aux équations (5), si simplement déduites de l'équilibre du prisme oblique. J'ai inutilement cherché un motif qui pût justifier le choix du prisme droit, et je ne vois là qu'un exemple de plus des longueurs qu'occasionne l'oubli du principe suivant:

Lorsqu'on parvient à un résultat simple par des calculs compliqués, il doit exister une manière beaucoup plus directe d'arriver au même résultat; toute simplification qui s'opère, tout facteur qui disparaît dans le cours du calcul primitif, est l'indice certain d'une méthode à chercher, où cette simplification serait toute faite, où ce facteur n'apparaîtrait pas.

La variable z étant partout éliminée, à l'aide des valeurs $z = f(x, y)$, on doit regarder ici les N_i, T_i comme des fonctions des deux seules variables (x, y). Les six équations (4) et (5) doivent déterminer ces fonctions; deux seulement sont aux différences partielles du premier ordre, linéaires, mais à coefficients variables en général. Les dérivées de z étant données en (x, y), si l'on parvient à effectuer l'intégration de ces deux équations aux différences partielles, et à déterminer les arbitraires par les conditions imposées au contour de la membrane, les N_i, T_i seront connues. Puis il faudra recourir aux formules (1), § 26, pour connaître les fonctions (u, v, w) ou les lois de la déformation. Nous ne considérerons que le cas d'une membrane plane; alors l'équation (6) se réduit à $Z_0 = p X_0 + q Y_0$; d'où il suit qu'une membrane plane ne saurait être en équilibre d'élasticité si la force qui sollicite sa masse n'est pas parallèle à son plan.

§ 47. — Prenons pour plan des xy le plan moyen de la membrane dont nous supposerons l'épaisseur ε constante ou uniforme. L'équation (1) étant actuellement $z = 0$, on a $p = 0$, $q = 0$, $h = 1$; les équations (4) et (6) deviennent $T_2 = 0$, $T_1 = 0$, $N_3 = 0$, $Z_0 = 0$, et les deux premières équations (5) se réduisent à

$$(7) \qquad \frac{dN_1}{dx} + \frac{dT_3}{dy} = 0, \qquad \frac{dT_3}{dx} + \frac{dN_2}{dy} = 0,$$

quand on fait abstraction des X_0, Y_0. Recourons aux for-

Équilibre d'une membrane plane.

mules (1), § 26; de l'équation $N_3 = 0$, on peut tirer la dérivée $\dfrac{dw}{dz}$ en $\left(\dfrac{du}{dx}, \dfrac{dv}{dy} \right)$, et la substituer dans N_1, N_2, ce qui donne

$$(8) \begin{cases} N_1 = \dfrac{2\,\mu \left[2\,(\lambda + \mu)\dfrac{du}{dx} + \lambda \dfrac{dv}{dy} \right]}{\lambda + 2\,\mu}, \\[4mm] N_2 = \dfrac{2\,\mu \left[2\,(\lambda + \mu)\dfrac{dv}{dy} + \lambda \dfrac{du}{dx} \right]}{\lambda + 2\,\mu}, \quad T_3 = \mu \left(\dfrac{dv}{dy} + \dfrac{du}{dx} \right). \end{cases}$$

Ces valeurs transforment ainsi les équations (7),

$$(9) \begin{cases} 4\,(\lambda + \mu)\dfrac{d^2 u}{dx^2} + (3\lambda + 2\mu)\dfrac{d^2 v}{dx\,dy} + (\lambda + 2\mu)\dfrac{d^2 u}{dy^2} = 0, \\[4mm] 4\,(\lambda + \mu)\dfrac{d^2 v}{dy^2} + (3\lambda + 2\mu)\dfrac{d^2 u}{dx\,dy} + (\lambda + 2\mu)\dfrac{d^2 v}{dx^2} = 0. \end{cases}$$

Afin de traduire les conditions relatives au contour de la membrane, soient M′ un point de ce contour pris sur le plan moyen, et φ l'angle que la normale en M′ au cylindre contournant fait avec l'axe des x; on aura

$$(10) \begin{cases} N_1 \cos\varphi + T_3 \sin\varphi = X, \\ T_3 \cos\varphi + N_2 \sin\varphi = Y, \end{cases}$$

pour les composantes $(X, Y, 0)$ de la force élastique qui s'exerce sur ce cylindre en M′, lesquelles doivent être respectivement égales aux deux composantes de la force appliquée extérieurement au même lieu. Les équations (10), exprimées en $\dfrac{d(u, v)}{d(x, y)}$ à l'aide des valeurs (8), devront être vérifiées par les fonctions (u, v) résultant de l'intégration des équations (9), quand on y substituera les coordonnées de tout point M′ du contour.

Supposons que la résultante F de (X, Y) soit constante,

et normale au cylindre contournant. On aura $X = F \cos \varphi$, $Y = F \sin \varphi$, et les équations (10) deviennent

$$(11) \quad \begin{cases} (N_1 - F) \cos \varphi + T_3 \sin \varphi = 0, \\ T_3 \cos \varphi + (N_2 - F) \sin \varphi = 0. \end{cases}$$

Si l'on prend maintenant, dans toute l'étendue de la membrane,

$$(12) \qquad T_3 = 0, \quad N_1 = N_2 = F,$$

les équations (7) et (11) seront satisfaites, et les dernières quel que soit φ; c'est-à-dire que la membrane plane sera également tendue dans tous les sens, et partout; de telle sorte qu'on pourrait, sans troubler son équilibre d'élasticité, la limiter par un cylindre contournant de forme quelconque, pourvu qu'on appliquât normalement à ce cylindre, et sur toute sa surface latérale, une traction d'intensité constante F. C'est ce cas, extrême et simple, dont il nous importait de bien établir la possibilité. Les valeurs (12), substituées dans les équations (8), donnent

$$(13) \quad \frac{du}{dx} = \frac{dv}{dy} = a, \quad a = \frac{1}{2\mu} \frac{\lambda + 2\mu}{3\lambda + 2\mu} F; \quad \frac{du}{dy} + \frac{dv}{dx} = 0,$$

d'où l'on conclut par l'intégration : $u = ax - by$, $v = ay + bx$; l'origine des coordonnées étant supposée fixe, et b étant une constante arbitraire. Mais les termes en b indiquent un déplacement par rotation autour de l'axe des z, lequel ne ferait naître aucune force élastique; on peut donc supprimer ces termes, et prendre

$$(14) \qquad u = ax, \quad v = ay, \quad a = \frac{1}{2\mu} \frac{\lambda + 2\mu}{3\lambda + 2\mu} F,$$

pour représenter la loi du déplacement moléculaire dans une membrane plane, également tendue dans tous les sens. La traction constante F est ici rapportée à l'unité de surface; ou bien, $F \varepsilon d\varsigma$ est la traction exercée sur l'élément $\varepsilon d\sigma$ de la surface du cylindre, compris entre deux arêtes séparées par une étendue $d\sigma$ du contour.

Le coefficient a représente ici la dilatation linéaire; cette dilatation est la même dans toutes les directions, et en tous les points de la membrane; elle est proportionnelle à la traction F; si $F = 1$, elle devient

$$(15) \qquad \delta' = \frac{\lambda + 2\mu}{2\mu(3\lambda + 2\mu)}.$$

Nous avons vu, § 29, que, dans un solide homogène et d'élasticité constante, sur la surface duquel s'exerce une pression égale à l'unité, la contraction linéaire, partout la même, est

$$\delta = \frac{1}{3\lambda + 2\mu},$$

Enfin, on sait que la dilatation, dans un fil tendu par une force égale à l'unité, est

$$\delta'' = \frac{\lambda + \mu}{\mu(3\lambda + 2\mu)}.$$

En rapprochant ces trois coefficients spécifiques, on a la proportion multiple

$$\delta : \delta' : \delta'' :: 2\mu : 2\mu + \lambda : 2\mu + 2\lambda.$$

Suivant Poisson, qui admet la relation fausse $\lambda = \mu$, on aurait

$$\delta : \delta' : \delta'' :: 2 : 3 : 4.$$

Suivant M. Wertheim, qui admet la relation douteuse $\lambda = 2\mu$, on aurait

$$\delta : \delta' : \delta'' :: 1 : 2 : 3;$$

c'est-à-dire que la dilatation serait en raison inverse du nombre des dimensions qui la subissent.

§ 48. — Il est maintenant facile de former l'équation aux différences partielles, qui exprime la loi des vibrations transversales d'une membrane plane, également tendue. On fait abstraction de toute force extérieure sollicitant la masse; la membrane plane est horizontale; sur son contour, quel qu'il soit, on applique des tractions normales au cylindre contournant, et d'intensité constante F; puis on ébranle la membrane, de telle sorte que chacun de ses points monte ou descende, et vibre ensuite sur une verticale, ou parallèlement aux z; il s'agit de trouver la loi de ce mouvement vibratoire. A l'époque t, un point M de la membrane, dont les coordonnées primitives étaient $(x, y, z = 0)$, aura pour nouvelles coordonnées $(x + u, y + v, z = 0 + w)$; (u, v), indépendants de t et ayant les valeurs (14), sont les projections du déplacement produit par la traction F seule, sans mouvement subséquent; w, fonction de (x, y, t), est le déplacement variable pendant la vibration. On admet que les forces élastiques qui, naissant du mouvement, s'expriment par les dérivées de w, disparaissent devant celles, incomparablement plus grandes, dues à la traction F; on devra donc prendre simplement $N_1 = N_2 = F$; en outre, puisque $u = ax$, $v = ay$, on a $T_3 = 0$. Ces valeurs étant substituées dans l'équation (6), où actuellement z n'existe que par w, et où $p = 0$, $q = 0$, $Z_0 = -\dfrac{d^2 w}{dt^2}$, on a de suite

$$(16) \qquad \frac{d^2 w}{dt^2} = c^2 \left(\frac{d^2 w}{dx^2} + \frac{d^2 w}{dy^2} \right), \quad \text{où} \quad c^2 = \frac{F}{\rho},$$

pour l'équation cherchée.

§ 49. — L'intégration de cette équation aux différences partielles du second ordre à trois variables, fera connaître la loi des petits mouvements de la membrane. Pour cela, la fonction w intégrée doit être telle, qu'elle se réduise à zéro à toute époque, pour les valeurs des coordonnées

8.

qui appartiennent aux différents points du contour fixe et donné ; il faut, de plus, qu'à l'origine du temps, la fonction w et sa dérivée $\dfrac{dw}{dt}$ aient les valeurs qui correspondent à l'état initial ; c'est-à-dire à l'instant où les déplacements, cessant d'obéir à l'ébranlement primitif, ne sont plus régis que par les forces élastiques. Dans toutes les questions de Physique mathématique, c'est le même problème d'analyse qui se présente, avec quelques différences dans la forme ou dans l'énoncé. Les géomètres modernes ont complétement résolu ce problème dans un grand nombre de cas, et c'est là une de leurs découvertes les plus utiles. Nous saisissons l'occasion qui se présente ici d'indiquer cette solution sous un point de vue plus général que celui du § 44.

Supposons que la membrane ait pour contour fixe un rectangle dont un sommet soit l'origine des coordonnées, les deux côtés adjacents étant l sur l'axe des x, l' sur l'axe des y. La fonction w, de (x, y, t), devra : 1° vérifier l'équation (16) ; 2° s'annuler pour $x = 0$, $x = l$, quels que soient (y, t), pour $y = 0$, $y = l'$, quels que soient (x, t) ; 3° reproduire l'état initial représenté par les deux fonctions données

$$(17) \qquad w_0 = f(x, y), \quad \left(\frac{dw}{dt} \right)_0 = F(x, y) ;$$

l'indice zéro indiquant que l'on fait $t = 0$, dans la fonction w et dans sa dérivée $\dfrac{dw}{dt}$. Les deux premières conditions sont satisfaites par la série double

$$(18) \qquad w = \sum \left(H \cos \gamma t + H' \sin \gamma t \right) \sin i \pi \frac{x}{l} \sin i' \pi \frac{y}{l'} ;$$

chaque terme contenant deux nombres entiers quelconques i et i', le paramètre

$$(19) \qquad \gamma = c \pi \sqrt{ \frac{i^2}{l^2} + \frac{i'^2}{l'^2} } .$$

et deux coefficients indéterminés H, H'; la double série s'étendant à tous les nombres entiers pour i et pour i'. En effet, on reconnaît facilement que chaque terme de w (18) : 1° vérifie l'équation (16) quand γ a la valeur (19), et 2° s'annule pour $x = 0, l$, pour $y = 0, l'$. La reproduction nécessaire de l'état initial (17) conduit à rendre séparément identiques les deux équations

$$(20) \quad \begin{cases} \sum H \sin i\pi \frac{x}{l} \sin i'\pi \frac{y}{l'} = f(x, y), \\ \sum \gamma H' \sin i\pi \frac{x}{l} \sin i'\pi \frac{y}{l'} = F(x; y). \end{cases}$$

Or, on sait que, dans ces équations, les premiers membres donneront les mêmes valeurs que les seconds, pour x compris entre 0 et l, y entre 0 et l', c'est-à-dire pour tous les points de la membrane, si les coefficients H et H' sont les deux intégrales définies doubles

$$(21) \quad \begin{cases} H = \dfrac{4}{ll'} \displaystyle\int_0^l \int_0^{l'} f(\alpha, \beta) \sin i\pi \frac{\alpha}{l} \sin i'\pi \frac{\beta}{l'} \, d\beta \, d\alpha, \\ H' = \dfrac{4}{ll'\gamma} \displaystyle\int_0^l \int_0^{l'} F(\alpha, \beta) \sin i\pi \frac{\alpha}{l} \sin i'\pi \frac{\beta}{l'} \, d\beta \, d\alpha; \end{cases}$$

les fonctions données, f et F, étant essentiellement nulles sur le contour de la membrane qui, par sa fixité, n'a pu être ébranlé. Ainsi, la fonction w (18), où les coefficients H et H' ont les valeurs (21), satisfait à toutes les conditions imposées, et représente la loi du mouvement d'une membrane rectangulaire.

§ 50. — Cette solution générale mérite d'être éclairée par un exemple. Prenons

$$w_0 = f(x, y) = k x (l - x) y (l' - y), \quad \left(\frac{dw}{dt}\right)_0 = F(x, y) = 0,$$

Application.

ce qui suppose que la membrane, déformée par l'ébranlement, ait été abandonnée sans vitesse lorsqu'elle figurait la surface légèrement courbe, représentée par l'équation

$$z = k\,xy\,(l-x)\,(l''-y),$$

où k est une très-petite quantité et qui satisfait à la condition de fixité du contour de la membrane. La valeur maxima de l'ordonnée z a lieu pour $x = \dfrac{l}{2}$, $y = \dfrac{l'}{2}$; désignons cette valeur par h, ligne très-petite, on aura

$$k = \frac{16\,h}{l^2\,l'^2}.$$

Puisque $F = 0$, on a $H' = 0$. On évalue facilement H, lorsque $f(\alpha, \beta) = k\alpha\,(l-\alpha)\,.\,\beta\,(l-\beta)$, si l'on constate d'abord la valeur de l'intégrale définie

$$\int_0^\lambda u\,(\lambda - u)\,\sin q\pi\,\frac{u}{\lambda}\,du = \frac{2\lambda^3}{q^3\pi^3}\,(1 - \cos q\pi),$$

où q est un entier, laquelle est zéro si q est pair, et égale à $\dfrac{4\lambda^3}{q^3\pi^3}$ si q est impair. C'est ce qui fait disparaître tous les termes de w (18), où i et i' ne sont pas tous les deux des entiers impairs $(2j+1,\ 2j'+1)$; pour les termes qui restent, on a

$$H = \left(\frac{2}{\pi}\right)^6 \frac{16h}{(2j+1)^3\,.\,(2j'+1)^3},$$

et la série W devient

$$W = \left(\frac{2}{\pi}\right)^6 16h\,.\sum \frac{\sin(2j+1)\,\pi\,\dfrac{x}{l}}{(2j+1)^3}\,.\,\frac{\sin(2j'+1)\,\pi\,\dfrac{y}{l'}}{(2j'+1)^3}\,.\,\cos \gamma\,t,$$

où le paramètre γ est

$$\gamma = c\pi \sqrt{\frac{(2j+1)^2}{l^2} + \frac{(2j'+1)^2}{l'^2}}.$$

La série (18), qui exprime la loi des petits mouvements de la membrane rectangulaire, se compose en général d'une infinité de termes ; mais chacun de ces termes pourrait exister seul, si l'état initial s'y prêtait : il suffirait, pour cela, que les fonctions f et F (17) fussent toutes les deux égales au produit des sinus en x et en y, qui caractérise ce terme, multiplié par des facteurs constants, § 44. Chaque terme de la série w représente donc un des mouvements possibles ; ce mouvement simple est périodique, puisque le temps t n'y entre que sous des signes trigonométriques ; c'est un mouvement vibratoire, un son, dont nous étudierons la loi dans la Leçon prochaine. En résumé, le mouvement le plus général de la membrane est le résultat de la coexistence ou de la superposition d'une infinité de sons ou de mouvements vibratoires simples ; et l'état initial, qui détermine les coefficients, ne fait qu'assigner à tous ces mouvements simples leurs amplitudes relatives ; car, lorsque la même membrane est ébranlée d'une autre manière, les mêmes sons se produisent encore simultanément, c'est-à-dire que les mêmes mouvements vibratoires simples se superposent, seulement les rapports de leurs amplitudes ne sont plus les mêmes.

§ 51. — Nous avons dit, § 39 et § 46, que les fils et les membranes sont des cas singuliers ou très-exceptionnels de la théorie de l'élasticité des solides ; la considération des surfaces isostatiques, dont nous parlerons plus tard, § 90, le fait voir très-nettement, en donnant immédiatement toutes les conditions qui régissent ces exceptions. Mais on peut s'en assurer, quoique moins complétement, par la

Caractère exceptionnel des fils et des membranes.

discussion suivante. Désignons par (F, G, H) les trois coefficients de l'équation (12), § 22, qui donne, en chaque point,
les trois forces élastiques principales; supposons que le
milieu solide, soumis à des efforts extérieurs, soit en équilibre d'élasticité, et qu'une intégration convenable ait déterminé les fonctions N_i, T_i; alors les coefficients (F, G, H)
seront aussi des fonctions connues de (x, y, z). Cela posé,
l'équation H = 0 représentera une surface particulière,
lieu géométrique de tous les points du solide où l'une des
forces élastiques principales est nulle; cette surface pourra
figurer une membrane élastique, mais il faudra pour cela
que les deux forces élastiques principales, qui restent en
chaque point, soient dirigées dans le plan tangent, et
qu'elles soient entre elles dans un certain rapport dépen-
dant des deux courbures de la surface. Le groupe des deux
équations H = 0, G = 0, représentera une ligne courbe,
lieu géométrique des points du solide où deux des forces
élastiques principales sont nulles; cette courbe pourra figurer un fil élastique, mais il faudra pour cela que la force
élastique qui reste soit dirigée suivant la tangente. Enfin,
le groupe des trois équations H = 0, G = 0, F = 0, donnera
un ou plusieurs points du solide où toutes les forces élastiques sont nulles.

DIXIÈME LEÇON.

Vibrations transversales des membranes planes. — Membrane carrée; classement des sons; lignes nodales. — Membrane rectangulaire. — Membrane
triangulaire équilatérale.

§ 52. — L'objet de la Leçon actuelle est d'étudier les dif- $\quad$ Membrane
rectangulaire.
férents termes de la double série qui exprime la loi géné-
rale des petits mouvements transversaux d'une membrane
plane, rectangulaire, carrée, ou triangulaire; de classer
les états vibratoires simples, ou les sons que représentent
ces termes; enfin de déduire de ce classement les systèmes
nodaux qui accompagnent les sons. Nous nous proposons
surtout de faire voir que certaines propriétés des nombres
entiers sont essentielles à connaître, pour accomplir ce travail, et lui donner la clarté nécessaire. C'est pour avoir mé-
connu ce lien naturel entre les vibrations et les nombres,
que certains travaux sur ce sujet sont obscurs et incom-
plets. Comme il sera souvent question de vibrations dans la
suite du Cours, la discussion que nous entreprenons y
trouvera de fréquentes applications; on peut la regarder
comme un travail préliminaire indispensable.

Chaque terme de la série w (18), § 49, contient le pa-
ramètre γ, qui assigne la durée $\mathfrak{E}$ de la vibration, et la hauteur $\mathfrak{K}(i, i')$ du son, lors du mouvement vibratoire simple
que ce terme représente; on a

$$(1) \quad \begin{cases} \gamma = c\pi \sqrt{\dfrac{i^2}{l^2} + \dfrac{i'^2}{l'^2}}, \quad \gamma\mathfrak{E} = 2\pi, \\[2mm] \mathfrak{K}(i, i') = \dfrac{1}{\mathfrak{E}} = \dfrac{\gamma}{2\pi} = \dfrac{c}{2} \sqrt{\dfrac{i^2}{l^2} + \dfrac{i'^2}{l'^2}}. \end{cases}$$

Si les côtés de la membrane rectangulaire, l et l', ainsi que
leurs carrés, l^2 et l'^2, sont incommensurables, les sons que
la membrane peut produire forment une infinité de séries
naturelles, analogues chacune à la série des sons d'une
corde vibrante. Le son fondamental, ou la base de chaque
série, est une valeur de $\mathfrak{N}\,(i, i')$ pour laquelle les entiers i
et i' sont premiers entre eux; tous les sons de cette série
sont représentés par $\mathfrak{N}\,(mi, mi')$, où m est un nombre entier quelconque; et il y a autant de séries distinctes ou incommensurables entre elles, que de valeurs de $\mathfrak{N}\,(i, i')$
dans lesquelles i et i' sont premiers entre eux, c'est-à-dire
une infinité. A chaque son $\mathfrak{N}\,(i, i')$ fondamental ou multiple, ne correspond qu'un seul terme de w; le système
nodal qui l'accompagne, provenant de l'annulation du produit des deux sinus en x et en y qui caractérise ce terme,
se compose, sans aucune variation possible, de $(i-1)$ lignes parallèles aux x, et de $(i-1)$ parallèles aux y, par-
tageant le rectangle de la membrane en ii' concamérations
rectangulaires égales. Mais, si les côtés l et l', ou leurs
carrés l^2 et l'^2, sont commensurables, les sons se groupent
d'une autre manière; de plus, il existe des sons auxquels
correspondent plusieurs termes de w, conséquemment des
systèmes nodaux très-variés, composés de droites parallèles
aux côtés, de droites inclinées, ou enfin de lignes courbes.
Pour débrouiller ces lois compliquées et assigner les causes
de ces variations, il importe de considérer d'abord le cas
où $l' = l$, c'est-à-dire celui d'une membrane carrée.

Classement des
sons de
la membrane
carrée.

§ 53. — Les petits mouvements d'une membrane carrée,
dont le côté est λ, sont représentés par la série

$$(2) \qquad w = \sum H \sin i\,\pi\,\frac{x}{\lambda} \sin i'\pi\,\frac{y}{\lambda} \cos \gamma\, t,$$

lorsque l'état initial a eu lieu sans vitesse, hypothèse de

simplification qui n'altère pas les conséquences générales de la discussion suivante. A chaque terme de la série (2) correspondent le paramètre γ et le son $\mho\,(i,i')$, ayant pour valeurs

$$(3) \quad \gamma = \frac{c\pi}{\lambda}\sqrt{i^2 + i'^2}, \quad \mho\,(i,i') = \frac{c}{2\lambda}\sqrt{i^2 + i'^2} = \frac{c}{2\lambda}\sqrt{m}.$$

Le son le plus grave pour lequel la membrane puisse vibrer, correspond à $i = i' = 1$, d'où $m = 2$, $\mho\,(1,1) = \frac{c}{2\lambda}\sqrt{2}$. Tout nombre m somme de deux carrés, non carré, et non divisible pour un carré, donne un son $\frac{c}{2\lambda}\sqrt{m}$, qui forme la base d'une série de sons commensurables; nous appellerons m, ainsi défini, l'*argument* de la série dont la base est $\mho = \frac{c}{2\lambda}\sqrt{m}$; suivant que m ne sera décomposable que d'une seule manière en une somme de deux carrés, ou le sera de deux, de trois manières, nous dirons que l'argument est *simple, double, triple*. La suite des arguments est $(2, 5, 10, 13, 17, 26, 29, 34, 37, 41, 53, 58, 61, 65,\ldots)$. La formule $\mho_j = J\frac{c}{2\lambda}\sqrt{m}$ comprend tous les sons de la série dont l'argument est m, si l'on donne à J toutes les valeurs entières; les termes de w, qui appartiennent à ces sons, reproduisent, sans exception, toutes les solutions de l'équation indéterminée

$$(4) \qquad\qquad i^2 + i'^2 = m\,J^2.$$

Il existe, en outre, une *série singulière*, celle des sons comprenant toutes les solutions en nombres entiers de l'équation indéterminée

$$(5) \qquad\qquad i^2 + i'^2 = J^2,$$

lesquelles solutions sont données par les formules connues

(6) $\qquad i = p^2 - q^2, \quad i' = 2pq, \quad J = p^2 + q^2,$

où p et q sont des entiers quelconques. Les sons de cette série ont pour expression $J \dfrac{c}{2\lambda}$; mais la série est incomplète, et même la base est virtuelle, car le son $\dfrac{c}{2\lambda}$ ne peut pas être produit par la membrane carrée. Cette série à base virtuelle est $\left(5 \dfrac{c}{2\lambda}, 10 \dfrac{c}{2\lambda}, 13 \dfrac{c}{2\lambda}, \dots\right)$, ou bien $\mathfrak{R}\,(3,4), \mathfrak{R}\,(6,8),$ $\mathfrak{R}\,(5,12), \dots$; on peut dire, par extension, que son argument est l'unité.

§ 54.—Quand on veut former l'équation des lignes nodales qui peuvent accompagner un son désigné, à l'unisson duquel la membrane carrée puisse vibrer, il faut nécessairement connaître le nombre des termes de $w\,(2)$ qui appartiennent à ce son. La base $\dfrac{c}{2\lambda} \sqrt{2}$ n'a qu'un terme; toute autre base dont l'argument m est simple et égal à $(\alpha^2 + \beta^2)$, a deux termes : l'un où $i = \alpha$, $i' = \beta$, l'autre où $i = \beta$, $i' = \alpha$. Quand l'argument est double, la base a quatre termes; six termes quand l'argument est triple. Pour indiquer qu'au son $\mathfrak{R}\,(i, i')$ appartiennent deux termes, nous l'écrirons $\mathfrak{R}\begin{pmatrix} i \\ i' \end{pmatrix}$. Par exemple, l'argument $m = 2$ donne la base à un seul terme $\mathfrak{R}\,(1, 1)$, l'argument $m = 5$ la base à deux termes $\mathfrak{R}\begin{pmatrix} 1 \\ 2 \end{pmatrix}$, l'argument double $m = 65$ la base à quatre termes $\mathfrak{R}\begin{pmatrix} 8 \\ 1 \end{pmatrix} = \mathfrak{R}\begin{pmatrix} 1 \\ 4 \end{pmatrix}$. Tout son multiple $\mathfrak{R}_j = J \dfrac{c}{2\lambda} \sqrt{m}$ possède un nombre de termes égal à celui des solutions de l'équation (4), où J est donné; si J n'est pas décomposable en deux carrés, $\mathfrak{R}_j$ a autant de termes que la base; mais si J est de même espèce que les arguments, le nombre des termes de $\mathfrak{N}_j$ est plus grand, et voici comme on le trouve :

Pour l'argument $m = 2$, soit $J = a^2 + b^2$, on aura un couple de solutions de l'équation (4), en prenant pour i et i' les deux nombres

$$a^2 - b^2 \pm 2\,ab\,;$$

ce qui donnera deux termes outre celui qui correspond à $i' = i = J$, c'est-à-dire trois en tout. Par exemple, m étant 2, pour $J = 5$ le son $\mathfrak{N}\,(5,5) = \mathfrak{N}\left(\begin{smallmatrix}7\\1\end{smallmatrix}\right)$ a trois termes. Pour un argument simple, $m = \alpha^2 + \beta^2$, soit $J = a^2 + b^2$, on aura des solutions de l'équation (4), en prenant les valeurs absolues de i et i' données par les formules

$$(7) \qquad \begin{cases} i = \alpha(a^2 - b^2) \mp 2\,\beta\,ab, \\ i' = 2\,\alpha\,ab \pm \beta(a^2 - b^2), \end{cases}$$

où les signes supérieurs et inférieurs se correspondent; ce qui donnera quatre termes comprenant, ou ne comprenant pas, ceux de $\mathfrak{N}\left(\begin{smallmatrix}J\,\alpha\\J\,\beta\end{smallmatrix}\right)$, c'est-à-dire quatre ou six termes; par exemple, pour $m = 5$, si $J = 5$ le son a quatre termes $\mathfrak{N}\left(\begin{smallmatrix}10\\5\end{smallmatrix}\right) = \mathfrak{N}\left(\begin{smallmatrix}11\\2\end{smallmatrix}\right)$; si $J = 13$ le son a six termes $\mathfrak{N}\left(\begin{smallmatrix}26\\13\end{smallmatrix}\right) = \mathfrak{N}\left(\begin{smallmatrix}29\\2\end{smallmatrix}\right) = \mathfrak{N}\left(\begin{smallmatrix}22\\19\end{smallmatrix}\right)$. Pour un argument double $m = \alpha^2 + \beta^2 = \alpha'^2 + \beta'^2$, soit encore $J = a^2 + b^2$, on aura des solutions de l'équation (4) en prenant pour i et i' les valeurs absolues données par les formules (7), et par des formules semblables où α' et β' remplaceraient α et β; ce qui donnera huit termes comprenant, ou ne comprenant pas, ceux de $\mathfrak{N}\left(\begin{smallmatrix}J\,\alpha\\J\,\beta\end{smallmatrix}\right)$, $\mathfrak{N}\left(\begin{smallmatrix}J\,\alpha'\\J\,\beta'\end{smallmatrix}\right)$, c'est-à-dire huit ou douze termes; par exemple, pour $m = 65$, si $J = 5$, le son a huit termes

$$5\frac{c}{2\lambda}\sqrt{65} = \mathfrak{N}\left(\begin{smallmatrix}40\\5\end{smallmatrix}\right) = \mathfrak{N}\left(\begin{smallmatrix}35\\20\end{smallmatrix}\right) = \mathfrak{N}\left(\begin{smallmatrix}29\\28\end{smallmatrix}\right) = \mathfrak{N}\left(\begin{smallmatrix}37\\16\end{smallmatrix}\right),$$

si $J = 17$, le son a douze termes

$$17\frac{c}{2\lambda}\sqrt{65} = \mathfrak{N}\left(\begin{smallmatrix}1\,6\,6\\1\,7\end{smallmatrix}\right) = \mathfrak{N}\left(\begin{smallmatrix}1\,1\,5\\6\,8\end{smallmatrix}\right) = \mathfrak{N}\left(\begin{smallmatrix}1\,1\,2\\1\,9\end{smallmatrix}\right)$$

$$= \mathfrak{N}\left(\begin{smallmatrix}1\,2\,5\\4\,9\end{smallmatrix}\right) = \mathfrak{N}\left(\begin{smallmatrix}1\,1\,6\\7\,3\end{smallmatrix}\right) = \mathfrak{N}\left(\begin{smallmatrix}1\,3\,7\\4\end{smallmatrix}\right).$$

Nous ne pousserons pas plus loin ces règles partielles ni ces évaluations numériques ; ce qui précède indique suffisamment la marche à suivre pour déterminer les termes qui appartiennent à un son désigné $\mathfrak{N}_j = J\,\frac{c}{2\lambda}\sqrt{m}$, parmi tous ceux que la membrane carrée puisse admettre ; et cela, quel que soit le degré de multiplicité de l'argument m, et lors même que J serait décomposable de plusieurs manières en deux carrés.

Lignes nodales de la membrane carrée. § 55. — Donnons maintenant quelques exemples de la détermination des lignes nodales. Le son $\mathfrak{N}(1, 1) = \frac{c}{2\lambda}\sqrt{2}$ n'a qu'un terme ; son système nodal, donné par l'équation

$$\sin \pi\,\frac{x}{\lambda}\sin \pi\,\frac{y}{\lambda} = 0,$$

ne comprend que les côtés. Le son $\mathfrak{N}(2, 2) = 2\,\frac{c}{2\lambda}\sqrt{2}$, octave de la base $\mathfrak{N}(1, 1)$, n'a aussi qu'un terme ; son système nodal, donné par l'équation

$$\sin 2\pi\,\frac{x}{\lambda}\sin 2\pi\,\frac{y}{\lambda} = 0,$$

comprend, outre les côtés, deux parallèles à ces côtés, menées par le centre de la membrane. Le son $\mathfrak{N}\left(\begin{smallmatrix}2\\1\end{smallmatrix}\right) = \frac{c}{2\lambda}\sqrt{5}$ a deux termes ; son système nodal, représenté par l'équation

$$a\sin 2\pi\,\frac{x}{\lambda}\sin \pi\,\frac{y}{\lambda} + a'\sin \pi\,\frac{x}{\lambda}\sin 2\pi\,\frac{y}{\lambda} = 0,$$

ou par celle-ci,

$$\sin \pi \frac{x}{\lambda} \sin \pi \frac{y}{\lambda} \left(a \cos \pi \frac{x}{\lambda} + a' \cos \pi \frac{y}{\lambda} \right) = 0,$$

donne, outre les côtés, la ligne droite ou courbe, représentée par l'équation

$$(8) \qquad a \cos \pi \frac{x}{\lambda} + a' \cos \pi \frac{y}{\lambda} = 0;$$

les coefficients a et a' ayant des valeurs qui dépendent de l'état initial; si $a' = 0$, la ligne (8) est une seule droite, $x = \frac{\lambda}{2}$, parallèle aux x et menée par le centre de la membrane; si $a = 0$, la droite $y = \frac{\lambda}{2}$, est parallèle aux y; si $a' = -a$, la ligne (8) est la diagonale $y = x$ qui passe par l'origine; si $a' = a$, c'est l'autre diagonale $y + x = \lambda$; enfin, pour toute autre valeur du rapport $\frac{a'}{a}$, la ligne (8) est courbe, elle passe par le centre où elle s'infléchit, de manière à toujours présenter sa concavité à une même diagonale.

Le son $\mathfrak{N} (3, 3) = 3 \frac{c}{2\lambda} \sqrt{2}$, octave de la quinte du son $(1, 1)$, n'a qu'un terme; son système nodal comprend, outre les côtés, deux trisectrices parallèles aux x, deux parallèles aux y, ce qui partage la membrane en neuf carrés égaux. Le son $\mathfrak{N} \binom{3}{1} = \frac{c}{2\lambda} \sqrt{10}$ a deux termes; son système nodal est représenté par l'équation

$$a \sin 3 \pi \frac{x}{\lambda} \sin \pi \frac{y}{\lambda} + a' \sin \pi \frac{x}{\lambda} \sin 3 \pi \frac{y}{\lambda} = 0,$$

ou, puisque $\sin 3\varphi = \sin \varphi (4 \cos^2 \varphi - 1)$, par celle-ci,

$$\sin \pi \frac{x}{\lambda} \sin \pi \frac{y}{\lambda} \left[a \left(4 \cos^2 \pi \frac{x}{\lambda} - 1 \right) + a' \left(4 \cos^2 \pi \frac{y}{\lambda} - 1 \right) \right] = 0,$$

et donne, outre les côtés, le lieu géométrique dont l'équation est

$$(9) \qquad a \left(4 \cos^2 \pi \frac{x}{\lambda} - 1 \right) + a' \left(4 \cos^2 \pi \frac{y}{\lambda} - 1 \right) = 0;$$

si $a' = 0$, ce sont deux trisectrices parallèles aux x; si $a = 0$, deux parallèles aux y; si $a' = -a$, c'est l'ensemble des deux diagonales; si $a' = a$, l'équation (9) devient

$$2 \cos^2 \pi \frac{x}{\lambda} + 2 \cos^2 \pi \frac{y}{\lambda} - 1 = 0,$$

ou bien

$$1 + \cos 2\pi \frac{x}{\lambda} + \cos 2\pi \frac{y}{\lambda} = 0,$$

et représente une courbe fermée, laquelle coupe chaque diagonale en ses deux points trisecteurs, et en leurs milieux les quatre lignes $\frac{\lambda}{2}$ menées du centre au contour parallèlement aux côtés; c'est une courbe ayant huit sommets, une sorte de cercle légèrement aplati au voisinage des diagonales. Le son $\mathfrak{N} \left({}^3_2 \right) = \frac{c}{2\lambda} \sqrt{13}$ a deux termes; son système nodal est

$$a \sin 3\pi \frac{x}{\lambda} \sin 2\pi \frac{y}{\lambda} + a' \sin 2\pi \frac{x}{\lambda} \sin 3\pi \frac{y}{\lambda} = 0,$$

ou bien

$$\sin \pi \frac{x}{\lambda} \sin \pi \frac{y}{\lambda} \left[\begin{array}{c} a \cos \pi \frac{y}{\lambda} \left(4 \cos^2 \pi \frac{x}{\lambda} - 1 \right) \\ + a' \cos \pi \frac{x}{\lambda} \left(4 \cos^2 \pi \frac{y}{\lambda} - 1 \right) \end{array} \right] = 0,$$

et, outre les côtés, comprend le lieu géométrique

$$(10) \; a \cos \pi \frac{y}{\lambda} \left(4 \cos^2 \pi \frac{x}{\lambda} - 1 \right) + a' \cos \pi \frac{x}{\lambda} \left(4 \cos^2 \pi \frac{y}{\lambda} - 1 \right) = 0;$$

si $a' = 0$, ce sont deux trisectrices parallèles aux x; et une bissectrice parallèle aux y; l'inverse a lieu pour $a = 0$; si $a' = a$, l'équation (10) devient

$$\left(\cos \pi \frac{y}{\lambda} + \cos \pi \frac{x}{\lambda} \right) \left(4 \cos \pi \frac{x}{\lambda} \cos \pi \frac{y}{\lambda} - 1 \right) = 0,$$

et comprend, outre la diagonale $y + x = \lambda$, la courbe

$$4 \cos \pi \frac{x}{\lambda} \cos \pi \frac{y}{\lambda} = 1,$$

qui figure deux parties d'une sorte d'hyperbole équilatère, dont les asymptotes, partant du centre, seraient parallèles aux côtés, l'origine des coordonnées étant intérieure à l'une de ces parties; si $a' = -a$, on obtient la même figure relativement à la diagonale $y = x$.

La discussion des systèmes nodaux, appartenant à d'autres sons de la membrane carrée, nous conduirait trop loin. D'ailleurs, cette recherche ne tarderait pas à devenir inabordable : s'il s'agissait, par exemple, de démêler toutes les variétés des systèmes nodaux qui peuvent accompagner le son $17 \frac{c}{2\lambda} \sqrt{65}$, § 54, et qui sont représentés par une équation de douze termes, contenant conséquemment onze coefficients, ce serait entreprendre un travail au moins comparable à celui de la discussion complète des courbes du troisième et du quatrième degré. Le très-petit nombre de systèmes nodaux de la membrane carrée que nous avons décrits, comparé au nombre infini de tous ceux dont l'analyse indique l'existence, laisse un champ vaste, et l'occasion d'une sorte de triomphe, aux expérimentateurs qui ont pris pour sujet de leurs recherches les figures si variées que le sable dessine sur les surfaces vibrantes; il faut nous résigner à cette défaite.

§ 56. — Revenons maintenant à la membrane rectangulaire. Si les côtés sont commensurables, et que l'on ait $l = e\lambda$, $l' = e'\lambda$, e et e' étant des entiers, le son correspondant à l'un des termes de w (18), § 49, sera

$$\mathfrak{K} = \frac{c}{2\lambda}\sqrt{\left(\frac{i}{e}\right)^2 + \left(\frac{i'}{e'}\right)^2};$$

si l'on prend $i = ej$, $i' = e'j'$, le son devient $\mathfrak{K} = \frac{c}{2\lambda}\sqrt{j^2 + j'^2}$, ou l'un quelconque des sons appartenant à la membrane carrée de côté λ. Ainsi, parmi les sons de la membrane rectangulaire, se trouveront tous ceux pour lesquels cette membrane se divisera en ee' concamérations carrées et égales entre elles ; et toutes ces concamérations, pouvant vibrer à l'unisson de la membrane carrée de côté λ, celle-ci leur communiquera tout son cortége de séries de sons, de multiplicité de termes et de lignes nodales courbes. Mais tout n'est pas fini avec la théorie des nombres ; car, comme on va le voir, la membrane carrée n'est qu'un cas particulier, entre une infinité d'autres pour lesquels il faut aussi recourir à cette théorie.

Lorsque les carrés des côtés, l^2 et l'^2, sont commensurables, le classement des sons de la membrane rectangulaire ne se fait pas non plus de la même manière que lors de l'incommensurabilité complète étudiée au § 52 ; et il existe aussi des sons auxquels appartiennent plusieurs termes de w ; mais, pour traiter ces cas nouveaux, il faut avoir recours à d'autres propriétés des nombres. Si l'on a $l'^2 = \frac{l^2}{A}$, A étant un nombre entier non carré, un son quelconque de la membrane sera $\mathfrak{K} = \frac{c}{2l}\sqrt{i^2 + A i'^2}$; alors il y aura autant de séries de sons, ou autant de bases de séries qu'il existe d'arguments m de la forme $(i^2 + A i'^2)$, non carrés et

non divisibles par un carré; plus, une série singulière, ou
à base virtuelle, comprenant toutes les solutions entières de
l'équation $i^2 + A i'^2 = J^2$; et pour déterminer le nombre
des termes appartenant à un son désigné $\mathfrak{N} = J \dfrac{c}{2 l} \sqrt{m}$, il
faudra résoudre en nombres entiers l'équation

$$i^2 + A i'^2 = m J^2,$$

lorsque J sera de même espèce que les arguments. Si l'on a
$l^2 = \dfrac{\lambda^2}{A}$, $l'^2 = \dfrac{\lambda^2}{B}$, A et B étant des entiers non carrés,
la valeur générale de $\mathfrak{N}$ sera $\dfrac{c}{2 \lambda} \sqrt{A i^2 + B i'^2}$, et ce seront
les propriétés des nombres de la forme $(A i^2 + B i'^2)$ qui
régleront les bases des séries, et la multiplicité des termes
appartenant à chaque son. Ainsi, bon gré, mal gré, il faudrait passer en revue les propriétés de toutes les formes quadratiques des nombres entiers, si l'on voulait traiter complétement le cas de la membrane rectangulaire. Aussi
laisserons-nous cette tâche à d'autres, plus patients et plus
habiles.

§ 57. — La membrane dont le contour est un triangle
équilatéral mérite d'être étudiée; sa comparaison avec la
membrane carrée conduit à des rapprochements remarquables, que l'expérience pourrait vérifier. On traite ce
nouveau cas à l'aide d'un genre de coordonnées que j'ai introduit, pour exprimer l'équilibre et le mouvement de la
chaleur dans le prisme triangulaire régulier. Soient O le
centre et l le rayon du cercle inscrit au triangle équilatéral;
par un point intérieur menons trois droites parallèles aux
côtés, abaissons sur ces droites, et du point O, trois perpendiculaires; ces perpendiculaires, désignées par P, P',
P'', forment trois coordonnées, positives vers les côtés, né-

Membrane triangulaire équilatérale.

9.

gatives vers les sommets, et dont la somme est toujours nulle; ainsi l'on a

$$P + P' + P'' = 0;$$

et les côtés sont représentés par les équations $P = l$, $P' = l$, $P'' = l$. La fonction W de (P, P', P'', t), qui donne le déplacement normal et variable d'un point quelconque de la membrane, doit : 1° vérifier l'équation (16), § 48, transformée convenablement; 2° s'évanouir séparément pour $P = l$, $P = l'$, $P = l''$, quel que soit t, puisque le contour est fixe; 3° enfin reproduire l'état initial pour $t = 0$. Nous supposons cet état initial sans vitesse et symétrique par rapport à l'axe de la coordonnée P.

Ces conditions sont satisfaites par une fonction de la forme

$$(11) \qquad W = \sum HV \cos \gamma t,$$

V étant la somme suivante :

$$
(12) \left\{
\begin{aligned}
V = {} & \sin \frac{2\pi}{9l} (\lambda P + \mu P' + \nu P'' + 3\lambda l) \\
& + \sin \frac{2\pi}{9l} (\mu P + \nu P' + \lambda P'' + 3\mu l) \\
& + \sin \frac{2\pi}{9l} (\nu P + \lambda P' + \mu P'' + 3\nu l) \\
& + \sin \frac{2\pi}{9l} (\nu P + \mu P' + \lambda P'' + 3\nu l) \\
& + \sin \frac{2\pi}{9l} (\mu P + \lambda P' + \nu P'' + 3\mu l) \\
& + \sin \frac{2\pi}{9l} (\lambda P + \nu P' + \mu P'' + 3\lambda l),
\end{aligned}
\right.
$$

où (λ, μ, ν) sont des entiers, positifs ou négatifs, tels que

$$(13) \qquad \lambda + \mu + \nu = 0,$$

et desquels deux (μ, ν) sont arbitraires; le carré du paramètre γ a pour expression

$$(14) \quad \begin{cases} \gamma^2 = c^2 \left(\dfrac{2\pi}{9l}\right)^2 \left[(\lambda^2 + \mu^2 + \nu^2) - (\mu\nu + \nu\lambda + \lambda\mu)\right] \\ \quad = \dfrac{4}{27} \dfrac{\pi^2 c^2}{l^2} (\mu^2 + \mu\nu + \nu^2); \end{cases}$$

la seconde forme résultant de l'élimination de λ, faite à l'aide de la relation (13). La somme V (12) peut être considérée comme une fonction de (x, y); car chaque $P^{(i)}$ est égal à un binôme de la forme $(m^{(i)} x + n^{(i)} y)$, où $m^{(i)}$ et $n^{(i)}$ sont le cosinus et le sinus de l'angle que l'axe des $P^{(i)}$ fait avec l'axe des x. On reconnaît que cette fonction V vérifie l'équation

$$\frac{d^2 V}{dx^2} + \frac{d^2 V}{dy^2} + \frac{\gamma^2}{c^2} V = 0,$$

quand on a égard aux relations très-simples que les positions relatives des axes des $P^{(i)}$ établissent entre les $(m^{(i)}, n^{(i)})$; d'où résulte évidemment que chaque terme de W (11) vérifie l'équation

$$\frac{d^2 \omega}{dt^2} = c^2 \left(\frac{d^2 \omega}{dx^2} + \frac{d^2 \omega}{dy^2}\right).$$

On reconnaît aussi que V (12) s'annule séparément pour $P = l$, $P' = l$, $P'' = l$. Nous nous dispensons de reproduire ici toutes ces vérifications, et de donner la valeur du coefficient H, que détermine l'état initial; ces questions d'analyse sont développées dans le travail indiqué plus haut.

La loi des petits mouvements de la membrane triangulaire est donc donnée par la double série W (11). Chaque terme pourrait exister seul, si l'état initial s'y prêtait; il représente un des mouvements possibles ou l'un des états vibratoires de la membrane; le paramètre γ détermine la durée $\mathfrak{E}$ de la vibration et la hauteur $\mathfrak{N}(\mu, \nu)$ du son qui en résulte; on a

$$(15) \quad \begin{cases} \gamma = \dfrac{2c\pi}{3l} \sqrt{\dfrac{\mu^2 + \mu\nu + \nu^2}{3}}, \quad \gamma\mathfrak{E} = 2\pi, \\ \mathfrak{N}(\mu, \nu) = \dfrac{c}{3l} \sqrt{\dfrac{\mu^2 + \mu\nu + \nu^2}{3}}; \end{cases}$$

le triangle ayant pour hauteur $h = 3l$, et pour côté $a = 2l\sqrt{3}$, on peut écrire

$$(16) \quad \mathfrak{N}(\mu, \nu) = \frac{c}{h} \sqrt{\frac{\mu^2 + \mu\nu + \nu^2}{3}} = \frac{2c}{3a} \sqrt{\mu^2 + \mu\nu + \nu^2}.$$

Telle est l'expression générale de tous les sons, à l'unisson desquels la membrane triangulaire équilatérale peut vibrer. Ces sons se distribuent en autant de séries qu'il existe d'arguments m de la forme $(\mu^2 + \mu\nu + \nu^2)$, non carrés, et non divisibles par un carré. Il y a de plus une série ayant pour base virtuelle $\left(\dfrac{2c}{3a}\right)$, et qui comprend toutes les solutions en nombres entiers de l'équation

$$\mu^2 + \mu\nu + \nu^2 = J^2;$$

le son $\mathfrak{N} = 7\dfrac{2c}{3a}$, qui correspond à $\mu = 5$, $\nu = 3$, appartient à cette série. A un même son peuvent appartenir plusieurs termes de W; c'est ce qui arrive, par exemple, pour la base de la série dont l'argument est 91, car on a $\mathfrak{N} = \dfrac{2c}{3a}\sqrt{91}$, en prenant, soit $(\mu = 6, \nu = 5)$, soit $(\mu = 9, \nu = 1)$. En général, pour trouver tous les termes du son $\mathfrak{N} = J\dfrac{2c}{3a}\sqrt{m}$, il faut avoir recours aux solutions entières de l'équation

$$\mu^2 + \mu\nu + \nu^2 = m J^2,$$

lorsque J est de l'espèce des arguments, ou de la forme $(a^2 + 3b^2)$, car on a identiquement

$$4(\mu^2 + \mu\nu + \nu^2) = (\mu + \nu)^2 + 3(\mu + \nu)^2.$$

Le son le plus grave de la membrane triangulaire est $\mathcal{H} = \dfrac{c}{h}$; c'est aussi le son le plus grave d'une membrane carrée dont la diagonale serait h, § 53. Quand (μ, ν) sont tels que $\dfrac{\mu^2 + \mu\nu + \nu^2}{3}$ est la somme de deux carrés $(\alpha^2 + \beta^2)$, le son devient $\mathcal{H} = \dfrac{c}{h}\sqrt{\alpha^2 + \beta^2}$, et appartient aussi à la membrane carrée dont le côté serait $\dfrac{h}{2}$; c'est le carré inscriptible dans le triangle: cette circonstance a lieu, par exemple, pour $(\mu = 5, \nu = 2)$ d'où $\mathcal{H} = \dfrac{c}{h}\sqrt{13}$, pour $(\mu = 10, \nu = 7)$ d'où $\mathcal{H} = \dfrac{c}{h}\sqrt{73}$. Lorsque $\nu = \mu$, $\lambda = -2\mu$, ou que les deux nombres (μ, ν) sont égaux, le son appartient à la série dont $\left(\dfrac{c}{h}\right)$ est la base; on parvient alors à mettre la somme V (12) sous la forme

$$V = 8\sin\mu\pi\frac{p}{h}\sin\mu\pi\frac{p'}{h}\sin\mu\pi\frac{p''}{h},$$

où $p^{(i)} = l - P^{(i)}$, en sorte que (p, p', p'') sont les distances d'un point de la membrane aux trois côtés du contour; le système nodal, provenant de l'annulation de cette valeur de V, se compose de droites parallèles aux côtés, lesquelles partagent la membrane en μ^2 concamérations triangulaires égales. Pour les sons des autres séries, où (μ, ν) sont inégaux, le système nodal peut être beaucoup plus compliqué et souvent courbe.

   * L'objet de cette Leçon paraîtra sans doute fort peu important aux ingénieurs qui s'intéressent spécialement à l'équilibre d'élasticité. Mais, outre qu'il est souvent nécessaire d'étudier l'effet des vibrations sur certaines constructions, le temps n'est-il pas venu de se demander si l'état moléculaire des corps dont le repos nous paraît le mieux établi, est bien réellement un état statique; s'il n'est pas, au contraire, le résultat de vibrations très-rapides, et qui ne s'arrêtent jamais? Tout porte à penser, en effet, que le repos relatif des molécules d'un corps n'est qu'un cas très-exceptionnel, une pure abstraction, une chimère peut-être. Cette idée pourra paraître singulière; mais, patience, avant peu le nouveau mode d'enseignement de la Mécanique aura porté ses fruits; on voudra tout expliquer par le mouvement, par le *travail*, et cette même idée deviendra banale. Sous ce point de vue, tout ce qui concerne les états vibratoires mérite d'être étudié avec soin, afin de préparer les voies à ces futures explications. Or, comme nous le verrons, les vibrations des solides dont aucune dimension n'est très-petite, conduisent aux mêmes problèmes d'analyse, aux mêmes discussions, que la corde vibrante et la membrane élastique; il y avait donc un intérêt réel à traiter, le plus complétement possible, ces deux premiers exemples. Ces considérations nous semblent mettre hors de doute l'utilité de l'étude des vibrations; et, répétons-le, cette étude, reconnue nécessaire, serait superficielle et incomplète, si l'on n'avait pas recours aux propriétés des formes quadratiques des nombres entiers, à cette *théorie des nombres*, si souvent anathématisée par les détracteurs de la science pure, par les praticiens exclusifs.

ONZIÈME LEÇON.

Vitesses de propagation des actions élastiques. — Vitesses des ondes planes.
— Équations qui régissent les petits mouvements intérieurs des solides
homogènes d'élasticité constante. — Classement des états vibratoires.

§ 58. — Avant d'appliquer la théorie de l'élasticité à des solides de forme déterminée, il convient d'étudier une dernière propriété générale : celle qui concerne la vitesse de propagation des actions élastiques, ou les retards relatifs des déplacements moléculaires que font naître ces actions. Les différences de phases qui ont lieu, au même instant, entre les états vibratoires de deux points éloignés, conduisent à la détermination de cette vitesse. Elles font voir que la vitesse dont il s'agit a deux valeurs différentes, suivant que le déplacement communiqué est parallèle ou perpendiculaire à la direction de sa propagation. De là résulte une classification naturelle des états vibratoires, qui jette un jour nouveau sur la formation du son dans les corps sonores. Ayant ainsi besoin de recourir aux vibrations pour arriver à la connaissance d'un élément aussi important que la vitesse de propagation, il fallait d'abord étudier les vibrations en elles-mêmes, et l'exemple des membranes élastiques facilitait cette étude. C'est ce qui justifie l'ordre et les développements des Leçons précédentes, et ce qui nous permettra d'être plus rapide dans la Leçon actuelle.

Considérons un milieu solide, homogène, d'élasticité constante, et indéfini dans tous les sens. Une cause quelconque déplace brusquement une ou plusieurs de ses molécules, situées dans un très-petit espace, que nous appellerons *centre d'ébranlement*. Les forces élastiques qui

Vitesses de propagation des actions élastiques.

résultent de ce déplacement partiel et instantané, déterminent le déplacement des molécules voisines, d'où naissent de
nouvelles forces élastiques qui déplacent les molécules plus
éloignées ; et l'ébranlement se communique ainsi de proche
en proche, à tout le milieu, avec une certaine vitesse de
propagation V qu'il s'agit de déterminer. L'homogénéité
et la constance d'élasticité du milieu indiquent que cette
vitesse est uniforme, et la même dans toutes les directions ;
c'est-à-dire que les molécules, situées sur la surface d'une
sphère de rayon R, dont le centre est celui de l'ébranlement, seront toutes déplacées au même instant, $\dfrac{R}{V}$ unités
de temps après l'origine du phénomène ; le déplacement
emploiera un temps $\dfrac{R'-R}{V}$ à se communiquer de la surface
sphérique de rayon R à celle de rayon $R' > R$. Si R est
extrêmement grand, ou si l'on ne considère qu'une très-
petite étendue des deux surfaces sphériques, on pourra leur
substituer des plans ou bien leurs plans tangents, lesquels
seront parallèles entre eux, comme étant tous deux perpendiculaires à la direction suivant laquelle se propage le
déplacement. On exprime cette transformation en disant
que l'on substitue, aux deux ondes sphériques, les ondes
planes avec lesquelles elles se confondent, à une très-grande
distance du centre d'ébranlement.

Vitesses
de propagation
des
ondes planes.

§ 59. — Plaçons l'origine O des coordonnées sur la première onde plane ; soient (m, n, p) les cosinus des angles
que la normale à cette onde, ou la direction de la propagation, fait avec les axes des (x, y, z) ; P étant la distance
$(R'-R)$ des deux ondes planes, l'équation de la seconde
sera $P = mx + ny + pz$; d'où l'on conclut qu'une molécule M, ayant (x, y, z) pour coordonnées, et située sur la
deuxième onde plane, ne se déplacera que $\dfrac{mx + ny + pz}{V}$

unités de temps après le déplacement de la molécule située
à l'origine O. Supposons maintenant que le déplacement
instantané, au centre C d'ébranlement, soit immédiatement suivi d'autres déplacements dus à la même cause, et
qui se succèdent de manière à composer une suite indéfinie
de vibrations isochrones, ayant $\mathfrak{S}$ pour durée commune;
tous les déplacements élémentaires se propageront dans le
milieu, à la suite les uns des autres, avec la même vitesse V;
en sorte que la molécule O, puis la molécule M, se met-
tront à vibrer ou à exécuter des vibrations de même durée $\mathfrak{S}$
que les molécules en C; seulement l'état vibratoire en M
sera en retard sur celui en O de $\dfrac{mx + ny + pz}{V}$ unités de
temps; donc, si le déplacement variable de O est exprimé
par

$$U_0 = c_0 \cos 2\pi \left(\frac{t}{\mathfrak{S}}\right),$$

le déplacement de M le sera par

$$(1) \qquad U = c \cos r\pi \left(\frac{t - \dfrac{mx + my + pz}{V}}{\mathfrak{S}}\right).$$

Mais, à cause de la grande distance au centre d'ébranlement, comparée à P, ou parce que nous ne considérons que
des étendues très-petites des ondes sphériques, les deux
amplitudes c_0 et c peuvent être regardées comme étant
égales entre elles, et aussi les deux déplacements variables
peuvent être considérés comme ayant lieu sur deux droites
parallèles ou dans une même direction.

Cette direction des vibrations progagées par l'onde plane
n'a, jusqu'ici, aucune liaison nécessaire avec celle de la
vitesse de propagation; mais, soient (ξ, η, ζ) les cosinus
des angles que cette direction commune des vibrations en
O et en M fait avec les axes, les projections du déplace-

ment variable de M sont

(2) $$u = \xi U, \quad v = \eta U, \quad w = \zeta U,$$

et il faut que ces valeurs particulières vérifient les équations aux différences partielles, qui régissent tous les petits mouvements intérieurs du milieu considéré ; or cette vérification essentielle établit une dépendance entre les deux directions dont il s'agit. Lorsque l'on fait abstraction des forces extérieures (X_0, Y_0, Z_0), les équations qui doivent être vérifiées sont

(3)
$$\begin{cases} (\lambda + \mu) \dfrac{d\theta}{dx} + \mu \Delta^2 u = \rho \dfrac{d^2 u}{dt^2}, \\[2mm] (\lambda + \mu) \dfrac{d\theta}{dy} + \mu \Delta^2 v = \rho \dfrac{d^2 v}{dt^2}, \\[2mm] (\lambda + \mu) \dfrac{d\theta}{dz} + \mu \Delta^2 w = \rho \dfrac{d^2 w}{dt^2}, \end{cases}$$

où
$$\theta = \frac{du}{dx} + \frac{dv}{dy} + \frac{dw}{dz}, \quad \Delta^2 = \frac{d^2 \cdot}{dx^2} + \frac{d^2 \cdot}{dy^2} + \frac{d^2 \cdot}{dz^2},$$

§ 26 ; si l'on pose, pour simplifier,

(4) $$m\xi + n\eta + p\zeta = q, \quad c \sin 2\pi \left(\frac{t - \dfrac{mx + ny + pz}{V}}{\mathfrak{C}} \right) = \sigma,$$

les valeurs (2) et (1) donnent

(5)
$$\begin{cases} \theta = \dfrac{2\pi}{V \mathfrak{C}} q\sigma, \quad \dfrac{d\theta}{dx} = -\dfrac{4\pi^2}{V^2 \mathfrak{C}^2} mq U, \\[3mm] \Delta^2 u = -\dfrac{4\pi^2}{V^2 \mathfrak{C}^2} \xi U, \quad \dfrac{d^2 u}{dt^2} = -\dfrac{4\pi^2}{\mathfrak{C}^2} \xi U, \end{cases}$$

et la substitution de ces valeurs, dans la première des équations (3), donne, en supprimant le facteur commun $\left(-\dfrac{4\pi^2}{\mathfrak{C}^2} U \right)$ et multipliant par V^2, la première des relations ,

$$(6) \quad \begin{cases} (\lambda + \mu) mq + (\mu - \rho V^2) \xi = 0, \\ (\lambda + \mu) nq + (\mu - \rho V^2) n = 0, \\ (\lambda + \mu) pq + (\mu - \rho V^2) \zeta = 0; \end{cases}$$

les deux autres résultent de la substitution des valeurs (2), faite de la même manière dans la seconde, puis dans la troisième des équations (3).

Si l'on ajoute les trois relations (6), respectivement multipliées par (m, n, p), d'après la valeur (4) de q, et parce que $m^2 + n^2 + p^2 = 1$, on trouve

$$(7) \quad (\lambda + 2\mu - \rho V^2) q = 0;$$

cette relation déduite doit être vérifiée, il faut donc que l'on ait, ou $(\lambda + 2\mu - \rho V^2) = 0$, ou $q = 0$. Dans le premier cas,

$$V = \sqrt{\frac{\lambda + 2\mu}{\rho}},$$

et, puisque $\mu - \rho V^2 = -(\lambda + \mu)$, les relations (6) deviennent

$$mq = \xi, \quad nq = n, \quad pq = \zeta;$$

si on les ajoute, après les avoir respectivement multipliées par (ξ, n, ζ), d'après la valeur (4) de q, et parce que $\xi^2 + n^2 + \zeta^2 = 1$, on trouve

$$q^2 = 1;$$

or q est le cosinus de l'angle que font entre elles la direction de la vibration et celle de la propagation ; cet angle est donc nul. C'est-à-dire que toute vibration normale à l'onde plane se propage avec la vitesse

$$(8) \quad \Omega = \sqrt{\frac{\lambda + 2\mu}{\rho}}.$$

Dans le second cas, puisque $q = 0$, la dilatation θ (5) est aussi nulle, la vibration s'opère sur le plan même de l'onde, et les relations (6) se réduisent à

$$v = \sqrt{\frac{\mu}{\rho}};$$

c'est-à-dire que toute vibration parallèle à l'onde plane a lieu sans que la densité du milieu soit altérée, et se propage avec la vitesse

(9) $$\omega = \sqrt{\frac{\mu}{\rho}}.$$

En résumé, quand une onde plane se propage dans un milieu solide, homogène et d'élasticité constante, si la vibration qu'elle apporte lui est perpendiculaire, sa vitesse de propagation est Ω (8); cette vitesse est moindre, et égale à ω (9), si l'onde apporte des vibrations parallèles à son plan. De là résulte que tout déplacement, au centre même de l'ébranlement, se décompose, pour chaque direction, pour celle de R par exemple, en un déplacement parallèle à R, et en un déplacement perpendiculaire, lesquels se séparent immédiatement, puisque le premier se propage plus vite que le second. Autrement, la molécule O, séparée du centre d'ébranlement par la distance R, sera atteinte par le déplacement parallèle à R, au bout de $\frac{R}{\Omega}$ unités de temps, à partir de l'instant où C est ébranlé, et ce ne sera que plus tard, au bout de $\frac{R}{\omega}$ unités de temps, que la même molécule obéira au déplacement perpendiculaire à R.

Il importe de remarquer que les deux vitesses de propagation, Ω et ω, restent les mêmes, quelles que soient les durées et les amplitudes des vibrations propagées; et de se rappeler que les vibrations qui se propagent avec la vitesse Ω sont seules accompagnées d'une dilatation variable θ; tandis que les autres, celles dont la vitesse de propagation est ω, ont lieu sans que la densité du milieu éprouve aucun changement. Le rapport des deux vitesses est $\dfrac{\Omega}{\omega} = \sqrt{\dfrac{\lambda + 2\mu}{\mu}}$; suivant Poisson, qui admettait l'égalité de λ et μ, on avait $\dfrac{\Omega}{\omega} = \sqrt{3}$; suivant M. Wertheim, qui admet que λ est double de μ, on aurait $\dfrac{\Omega}{\omega} = 2$; mais il y a lieu de penser, § 29, que ce rapport est réellement incommensurable.

§ 60. — Par l'introduction des deux vitesses de propagation, les équations aux différences partielles qui régissent les petits mouvements intérieurs d'un corps solide homogène et d'élasticité constante sont :

Équations des petits mouvements.

$$(10)\begin{cases} \dfrac{d^2 u}{dt^2} = \Omega^2 \dfrac{d\theta}{dx} + \omega^2 \left[\dfrac{d\left(\dfrac{du}{dy} - \dfrac{dv}{dx}\right)}{dy} - \dfrac{d\left(\dfrac{dw}{dx} - \dfrac{du}{dz}\right)}{dz} \right], \\[4mm] \dfrac{d^2 v}{dt^2} = \Omega^2 \dfrac{d\theta}{dy} + \omega^2 \left[\dfrac{d\left(\dfrac{dv}{dz} - \dfrac{dw}{dy}\right)}{dz} - \dfrac{d\left(\dfrac{du}{dy} - \dfrac{dv}{dx}\right)}{dx} \right], \\[4mm] \dfrac{d^2 w}{dt^2} = \Omega^2 \dfrac{d\theta}{dz} + \omega^2 \left[\dfrac{d\left(\dfrac{dw}{dx} - \dfrac{du}{dz}\right)}{dx} - \dfrac{d\left(\dfrac{dv}{dz} - \dfrac{dw}{dy}\right)}{dy} \right]; \end{cases}$$

on les déduit des équations (6), § 26, en faisant abstraction des (X_0, Y_0, Z_0), divisant par ρ, et remplaçant les coefficients par les valeurs (8) et (9). Les fonctions (u, v, w), intégrales de ces équations linéaires, se composeront d'une infinité de groupes de termes, vérifiant chacun ces mêmes équations, et satisfaisant aux conditions de la surface, pour le corps que l'on considérera; puis, les coefficients de tous les groupes seront déterminés par l'état initial. Chaque groupe de termes, qui pourrait exister seul, représentera un des états vibratoires possibles, et le mouvement général sera la superposition de tous ces états auxquels les coefficients trouvés assigneront leurs amplitudes relatives. Or, parmi les états vibratoires, élémentaires ou simples, les uns auront une périodicité qui dépendra de Ω, les autres de ω; les premiers seront accompagnés d'une dilatation variable et périodique; les seconds auront lieu sans changement de densité. Il est possible, d'après cela, de trouver les propriétés différentielles des groupes de termes qui composent séparément ces deux classes.

Vibrations avec dilatations et contractions. § 61. — Les valeurs particulières de (u, v, w) appartenant à l'un des mouvements vibratoires dont la périodicité dépend de Ω, devront annuler les parenthèses multipliées par ω^2, dans les seconds membres des équations (10); elles seront donc telles que

$$(11) \quad \frac{dv}{dz} - \frac{dw}{dy} = \frac{d\psi}{dx}, \quad \frac{dw}{dx} - \frac{du}{dy} = \frac{d\psi}{dy}, \quad \frac{du}{dy} - \frac{dv}{dx} = \frac{d\psi}{dz},$$

ψ étant une certaine fonction, nécessairement de même périodicité que (u, v, w). Les équations (10) se réduiront alors à

$$(12) \quad \frac{d^2 u}{dt^2} = \Omega^2 \frac{d\theta}{dx}, \quad \frac{d^2 v}{dt^2} = \Omega^2 \frac{d\theta}{dy}, \quad \frac{d^2 w}{dt^2} = \Omega^2 \frac{d\theta}{dz};$$

de la seconde différentiée en z, retranchant la troisième différentiée en y, il vient $\frac{d^2}{dt^2}\left(\frac{dv}{dz} - \frac{dw}{dy}\right) = 0$, ou la première des relations

$$(13) \quad \frac{d^2 \frac{d\psi}{dx}}{dt^2} = 0, \quad \frac{d^2 \frac{d\psi}{dy}}{dt^2} = 0, \quad \frac{d^2 \frac{d\psi}{dz}}{dt^2} = 0,$$

chacune des deux autres se déduisant des équations (12) par une combinaison semblable. Mais, puisque la fonction ψ est essentiellement périodique, les relations (13) démontrent qu'elle doit être nulle. On aura donc nécessairement

$$\frac{dv}{dz} = \frac{dw}{dy}, \quad \frac{dw}{dx} = \frac{du}{dz}, \quad \frac{du}{dy} = \frac{dv}{dx} :$$

ou bien, ce qui est la même chose;

$$(14) \qquad u = \frac{dF}{dx}, \quad v = \frac{dF}{dy}, \quad w = \frac{dF}{dz},$$

d'où,

$$\theta = \Delta^2 F,$$

F étant une fonction périodique comme (u, v, w), et qui devra vérifier l'équation aux différences partielles

$$(15) \qquad \frac{d^2F}{dt^2} = \Omega^2 \Delta^2 F,$$

à laquelle se réduisent alors les trois équations (12).

§ 62.—Les valeurs particulières de (u, v, w) appartenant à l'un des mouvements vibratoires dont la périodicité dépend de ω, devront être tels que $\theta = 0$, ou {Vibrations sans changement de densité.}

$$(16) \qquad \frac{du}{dx} + \frac{dv}{dy} + \frac{dw}{dz} = 0;$$

elles seront donc de la forme

$$(17) \qquad u = \frac{d\eta}{dz} - \frac{d\zeta}{dy}, \quad v = \frac{d\zeta}{dx} - \frac{d\xi}{dz}, \quad w = \frac{d\xi}{dy} - \frac{d\eta}{dx},$$

(ξ, η, ζ) étant de nouvelles fonctions, périodiques comme (u, v, w). Ces valeurs donnent

$$\frac{dv}{dz} - \frac{dw}{dy} = \frac{d\varpi}{dx} - \Delta^2 \xi, \quad \frac{dw}{dx} - \frac{du}{dz} = \frac{d\varpi}{dy} - \Delta^2 \eta,$$

$$\frac{du}{dy} - \frac{dv}{dx} = \frac{d\varpi}{dz} - \Delta^2 \zeta,$$

où l'on a

$$\varpi = \frac{d\xi}{dx} + \frac{d\eta}{dy} + \frac{d\zeta}{dz};$$

par la substitution dans la première (10), cette équation devient

$$\frac{d^2}{dt^2}\left(\frac{d\eta}{dz} - \frac{d\zeta}{dy}\right) = \omega^2 \left(\frac{d.\Delta^2\eta}{dz} - \frac{d.\Delta^2\zeta}{dy}\right),$$

ou bien

$$\frac{d\left(\frac{d^2\eta}{dt^2} - \omega^2\Delta^2\eta\right)}{dz} = \frac{d\left(\frac{d^2\zeta}{dt^2} - \omega^2\Delta^2\zeta\right)}{dy};$$

les deux autres (10) se transforment de la même manière, et les trois équations transformées conduisent à

$$(18) \quad \begin{cases} \dfrac{d^2\xi}{dt^2} = \omega^2\Delta^2\xi + \dfrac{d\varphi}{dx}, \quad \dfrac{d^2\eta}{dt^2} = \omega^2\Delta^2\eta + \dfrac{d\varphi}{dy}, \\[2mm] \dfrac{d^2\zeta}{dt^2} = \omega^2\Delta^2\zeta + \dfrac{d\varphi}{dz}, \end{cases}$$

φ étant une nouvelle fonction que l'on peut supprimer; car les valeurs (17), où (ξ, η, ζ) vérifient les équations (18), donnent

$$(19) \quad \frac{d^2u}{dt^2} = \omega^2\Delta^2 u, \quad \frac{d^2v}{dt^2} = \omega^2\Delta^2 v, \quad \frac{d^2w}{dt^2} = \omega^2\Delta^2 w,$$

quelle que soit cette fonction φ. Ainsi, les groupes de termes correspondant aux états vibratoires qui ont lieu sans changement de densité, auront les valeurs (17), où (ξ, η, ζ) sont des fonctions qui vérifient l'équation aux différences partielles

$$(20) \quad \frac{d^2 F}{dt^2} = \omega^2\Delta^2 F.$$

Classement des états vibratoires.

§ 63. — On sait que la formation du son dans les instruments à vent trouve son explication naturelle dans le concours de deux systèmes d'ondes, les unes directes, les autres réfléchies; et que la coexistence de ces ondes assigne les positions des nœuds et des ventres de vibration dans l'intérieur du tuyau, et, par suite, la hauteur du son produit. La même explication doit s'étendre à la formation du son dans un corps solide : des ondes directes et des ondes réfléchies se propageant nécessairement avec la même vitesse, Ω ou ω, établissent, par leur coexistence dans l'intérieur du corps, des surfaces nodales dont les molécules restent en repos, et d'autres surfaces où l'agitation est à son maximum; et la permanence plus ou moins prolongée du mouvement général détermine un son qui se communique à l'air ambiant, et dont la hauteur dépend de la forme et des dimensions du corps sonore. D'après cette théorie physique, la seule admissible, les états vibratoires d'un solide sonore sont nécessairement de deux espèces, correspondant aux deux vitesses de propagation Ω et ω. La première espèce est celle des vibrations *longitudinales*, la seconde celle des vibrations *transversales*.

On étudiera séparément ces deux espèces, savoir : à l'aide des formules du § 61 quand il s'agira des vibrations longitudinales, et à l'aide des formules du § 62 quand il s'agira des vibrations transversales. Cette distinction nous paraît capitale; elle éclaircit singulièrement la théorie mathématique des corps sonores, et facilite les applications qu'on en peut faire. Lorsqu'il s'agira d'exprimer analytiquement tel ou tel état vibratoire dont l'observation aura indiqué les lois, soit par la mesure du son produit, soit par la forme des lignes nodales et des lignes de plus grande agitation sur la surface du corps sonore, il suffira de chercher directement le groupe de termes (u, v, w) qui le représente, dans l'une ou dans l'autre des deux classes étudiées aux §§ 61 et 62; l'expression analytique trouvée permettra de compléter les données de l'observation; en outre, elle déduira de ces

données mêmes des relations numériques propres à déterminer Ω ou ω. Cette manière d'appliquer la théorie dis-
pense d'intégrer complétement les équations (10), et de
déterminer par l'état initial les coefficients des valeurs intégrales de (u, v, w).

Conditions
relatives
aux surfaces.
§ 64. — Mais le groupe de termes qui représente l'état
vibratoire que l'on étudie et que l'on considère seul, non-
seulement doit vérifier les équations aux différences partielles de sa classe, il faut aussi qu'il satisfasse aux conditions
relatives à la surface. Ces conditions seront, suivant les circonstances, ou la fixité des points de la surface, c'est-à-dire
l'annulation des valeurs de (u, v, w) appartenant à ces
points; ou, si la surface est libre, certaines relations entre
les valeurs des forces élastiques qui la sollicitent. Dans ce
dernier cas, il faut, et il suffit, que les composantes tangentielles de la force élastique qui s'exerce sur chaque élément de la surface libre, soient nulles; la composante normale doit rester variable et non déterminée. C'est cette
composante normale qui communique ses variations à la
pression de la couche gazeuse voisine, d'où résulte la propagation dans l'air du son produit; et les composantes tangentielles doivent être nulles d'elles-mêmes, parce que le
gaz ambiant ne peut réagir que normalement.

D'après les considérations qui précèdent, l'intégration
des équations (10) faite uniquement dans le but d'étudier
un corps sonore, doit se borner à la recherche de tous les
groupes de termes des (u, v, w), qui rentrent dans les deux
classes définies aux §§ 61 et 62. On doit alors regarder le
mouvement le plus général comme étant en quelque sorte
permanent et dû à la superposition de tous les états vibratoires, élémentaires et simples, qui pourraient s'établir
isolément dans le corps que l'on considère. Or, les équations (10) étant linéaires, les propriétés différentielles des
groupes de termes des deux classes définies, appartiennent

aussi à la somme de tous ces groupes, multipliés par des coefficients constants; on peut donc dire que, bornées à l'usage indiqué, les valeurs générales des (u, v, w) sont

$$(21) \quad \begin{cases} u = \dfrac{dF}{dx} + \dfrac{d\eta}{dz} - \dfrac{d\zeta}{dy}, \\[2mm] v = \dfrac{dF}{dy} + \dfrac{d\zeta}{dx} - \dfrac{d\xi}{dz}, \\[2mm] w = \dfrac{dF}{dz} + \dfrac{d\xi}{dy} - \dfrac{d\eta}{dx}, \end{cases}$$

(F, ξ, η, ζ) étant des fonctions de (x, y, z, t) qui vérifient les équations aux différences partielles

$$\frac{d^2F}{dt^2} = \Omega^2 \Delta^2 F, \quad \frac{d^2(\xi, \eta \text{ ou } \zeta)}{dt^2} = \omega^2 \Delta^2(\xi, \eta \text{ ou } \zeta),$$

d'où l'on déduit, pour la dilatation,

$$\theta = \Delta^2 F,$$

valeur indépendante des fonctions (ξ, η, ζ).

Mais, si l'on voulait représenter, non-seulement le mouvement permanent et hypothétique d'un corps sonore, mais aussi le mouvement réel, en vertu duquel les vibrations superposées vont en diminuant d'amplitudes, et les sons coexistants finissent par s'évanouir, les intégrales (21) seraient insuffisantes. Et, lors même que l'on parviendrait à former des intégrales qui pussent embrasser ces deux mouvements généraux, il existerait encore une infinité d'autres mouvements intérieurs des corps solides, non périodiques, et non décomposables en mouvements vibratoires permanents ou évanescents, que ces nouvelles intégrales ne représenteraient pas. Tel paraît être le caractère des équations aux différences partielles embrassant tout un ensemble de phénomènes : il est souvent très-difficile, pour ne pas dire impossible, d'en trouver des intégrales qui possèdent la même généralité.

La marche que nous indiquons n'est pas complétement analytique; elle emprunte à la Physique une analogie ou un principe, celui de la formation des états vibratoires par la coexistence de deux systèmes d'ondes, l'un direct, l'autre réfléchi. Mais tel est, suivant nous, le véritable rôle de l'analyse dans les questions de Physique mathématique; elle doit s'éloigner le moins possible de la science des faits, marcher pour ainsi dire de concert avec elle, adopter son langage et ses lois; autrement, elle ne tarde pas à perdre de vue le monde réel, et ses recherches sont sans application. Les exemples d'états vibratoires que nous traiterons dans la suite, et qui sont presque tous signalés dans le Cours de Physique, montreront l'utilité du classement établi dans cette Leçon. Le groupe de valeurs intégrales, défini au § 61, et qui concerne les états vibratoires de la première classe, se présente tout naturellement, dès qu'on veut aborder l'intégration des équations de l'élasticité. Poisson le cite et le traite, mais en répétant plusieurs fois qu'il ne s'agit là que d'un cas très-particulier. Pour nous, ce cas, si particulier, est assez général pour embrasser toute la moitié de la théorie des corps sonores; et l'autre moitié est régie par le groupe de valeurs intégrales défini au § 62.

DOUZIÈME LEÇON.

Intégrales des équations de l'élasticité en coordonnées rectilignes. — Équilibre
d'élasticité du prisme rectangle. — Cas où la loi de la dilatation est connue.
— Cas des efforts normaux et constants.

§ 65. — Nous allons appliquer maintenant la théorie de
l'élasticité à des corps solides limités par des plans, par
des cylindres droits, par des surfaces sphériques; c'est-à-
dire que nous passerons successivement en revue les exemples ou les cas particuliers qui peuvent être abordés à l'aide
des coordonnées, rectilignes ou ordinaires, semi-polaires
ou cylindriques, polaires ou sphériques. Cet ordre paraît le
plus logique, sous le point de vue des procédés analytiques;
et cependant il est encore précisément inverse de l'ordre
naturel, qui doit commencer par les questions plus complétement traitables, et finir par celles dont la solution est
plus incomplète. En effet, si l'on voulait suivre ce dernier
ordre, il faudrait successivement étudier l'élasticité dans
la sphère, dans le cylindre et dans le parallélipipède. On
voit facilement que le nombre des équations à la surface
croît dans le même sens, et c'est ce nombre qui limite ici
la puissance de l'analyse mathématique, en multipliant les
difficultés qu'elle doit vaincre. Mais comme nos équations
de l'élasticité sont exprimées en coordonnées rectilignes,
occupons-nous d'abord du genre de solide auquel ces coordonnées suffisent, ou qui n'exige aucune transformation.

Pour les solides terminés par des plans parallèles aux
plans coordonnés, les projections du déplacement moléculaire, ou les fonctions (u, v, w), sont exprimées par des
séries où chaque terme est le produit de trois ou de quatre

Intégrales
des équations
de l'élasticité en
coordonnées
rectilignes.

facteurs, ne contenant chacun que l'une des variables; ce produit doit vérifier l'équation

$$(1) \qquad \frac{d^2\psi}{dt^2} = k^2 \Delta^2 \psi,$$

k étant Ω ou ω, § 64, s'il s'agit d'un état vibratoire, et l'équation

$$(2) \qquad \Delta^2 \Delta^2 \varphi = 0,$$

§ 27, quand il s'agit de l'équilibre d'élasticité; en outre, les facteurs en x, en y, en z sont tels, que ce produit, ou le groupe de termes correspondants des (u, v, w), satisfait aux conditions extérieures, quand x, ou y, ou z, a la valeur constante qui appartient à chaque face. On sait que la vérification de l'équation (1) est obtenue en prenant pour chaque facteur d'un même terme, ou le sinus, ou le cosinus d'un arc, produit de la seule variable que contienne ce facteur, par un paramètre constant, ou bien encore la somme de ces deux lignes trigonométriques multipliées par des coefficients arbitraires. Mais si c'est l'équation (2) qui doive être vérifiée, un au moins des trois facteurs de chaque terme aura une forme plus compliquée, et contiendra sa variable en exponentielle.

Afin de simplifier l'expression de ces facteurs divers, nous emploierons les formes et les notations suivantes. Nous désignerons par

$$(3) \qquad E(\varphi) = \frac{e^\varphi + e^{-\varphi}}{2}, \qquad \mathcal{C}(\varphi) = \frac{e^\varphi - e^{-\varphi}}{2}$$

les fonctions exponentielles connues sous le nom de cosinus et sinus hyperboliques; chaque variable entrera sous les symboles E et $\mathcal{C}$, avec un paramètre constant, comme sous les cosinus et sinus. Nous donnerons aux variables (x, y, z) les paramètres respectifs (m, n, l) sous les lignes trigonométriques, et les paramètres respectifs (p, q, r) sous les signes E et $\mathcal{E}$; on peut appeler les premiers *circulaires*, les seconds *exponentiels*. Nous désignerons simplement les cosinus et sinus de mx par C et S, de ny par C′ et S′, de lz par C″ et S″; E (px) et $\mathcal{E}$ (px) par E et $\mathcal{E}$; E (qy) et $\mathcal{E}$ (qy) par E′ et $\mathcal{E}′$; E (rz) et $\mathcal{E}$ (rz) par E″ et $\mathcal{E}″$. Dans la plupart des exemples que nous traiterons, les paramètres circulaires (m, n, p) seront de la forme

$$(4) \qquad m = \frac{i\pi}{a}, \qquad n = \frac{i'\pi}{b}, \qquad l = \frac{i''\pi}{c},$$

i, i', i'' étant des nombres entiers quelconques. Les paramètres exponentiels (p, q, r) auront une autre forme : le carré du paramètre exponentiel de l'une des trois variables (x, y, z) sera égal à la somme des carrés des paramètres circulaires appartenant aux deux autres; c'est-à-dire qu'on aura

$$(5) \qquad p^2 = n^2 + l^2, \quad q^2 = l^2 + m^2, \quad r^2 = m^2 + n^2.$$

A la surface du polyèdre, les C, S, E, $\mathcal{E}$ ont des valeurs numériques que nous désignerons en plaçant, comme indice inférieur, la lettre a, b ou c, valeur correspondante de la variable. D'après les formules (4), C_a, C'_b, C''_c sont l'unité en plus ou en moins; S_a, S'_b, S''_c sont nuls; mais les E_a, E'_b, E''_c et les $\mathcal{E}_a$, $\mathcal{E}'_b$, $\mathcal{E}''_c$ se réduisent à des nombres qui ne sont ni l'unité, ni zéro. Enfin nous emploierons aussi des fonctions mi-exponentielles et mi-algébriques de la forme

$$(6) \qquad F = \frac{a E_a E - x \mathcal{E}_a \mathcal{E}}{\mathcal{E}_a}, \qquad \mathscr{F} = \frac{x \mathcal{E}_a E - a E_a \mathcal{E}}{\mathcal{E}_a};$$

nous les désignerons par F et $\mathscr{F}$ pour x, par F' et $\mathscr{F}'$ pour y, par F'' et $\mathcal{F}''$ pour z; c'est-à-dire que

$$(6\ bis)\quad \begin{cases} F' = \dfrac{b\,E'_b\,E' - \gamma\,\mathcal{C}'_b\,\mathcal{C}'}{\mathcal{C}'_b}, \quad \mathcal{F}' = \dfrac{\gamma\,\mathcal{C}'_b\,E' - b\,E'_b\,\mathcal{C}'}{\mathcal{C}'_b}, \\[3mm] F'' = \dfrac{c\,E''_c\,E'' - z\,\mathcal{C}''_c\,\mathcal{C}''}{\mathcal{C}''_c}, \quad \mathcal{F}'' = \dfrac{z\,\mathcal{C}''_c\,E'' - c\,E''_c\,\mathcal{C}''}{\mathcal{C}''_c}. \end{cases}$$

Ici, $\mathcal{F}_a$, $\mathcal{F}'_b$, $\mathcal{F}''_c$ sont évidemment nuls, et F_a, F'_b, F''_c sont respectivement égaux à $\dfrac{a}{\mathcal{C}_a}$, $\dfrac{b}{\mathcal{C}'_b}$, $\dfrac{c}{\mathcal{C}''_c}$, car on a généralement

$$(7)\qquad\qquad E^2(\varphi) - \mathcal{C}^2(\varphi) = 1.$$

Ce luxe de notations est loin d'être inutile : il nous permettra d'exprimer les séries (u, v, w), leurs termes généraux, et les facteurs de ces termes, d'une manière simple et qui en fasse saisir de suite la véritable portée; autrement, les expressions de toutes ces quantités seraient longues, compliquées, sujettes à erreur, et l'on ne verrait que péniblement ce qu'elles signifient.

On voit de suite que chaque terme de toute série, vérifiant l'équation aux différentielles partielles (1), sera de la forme

$$\psi = (AC + \mathcal{A}S)(A'C' + \mathcal{A}'S')(A''C'' + \mathcal{A}''S'')\begin{pmatrix} H\cos\gamma t \\ +\,H'\sin\gamma t \end{pmatrix},$$

A, $\mathcal{A}$, A', $\mathcal{A}'$, A'', $\mathcal{A}''$, H, H' étant des coefficients à déterminer, et le paramètre circulaire de t étant

$$\gamma = k\sqrt{m^2 + n^2 + l^2};$$

on voit aussi que pour vérifier l'équation aux différences partielles

$$(8)\qquad\qquad \Delta^2 F = 0,$$

il faut prendre des termes de la forme

$$(9) \begin{cases} (AE + \mathcal{A}\mathcal{C})(A'C' + \mathcal{A}'S')(A''C'' + \mathcal{A}''S''), \\ \text{ou} \quad (AC + \mathcal{A}S)(A'E' + \mathcal{A}'\mathcal{C}')(A''C'' + \mathcal{A}''S''), \\ \text{ou} \quad (AC + \mathcal{A}S)(A'C' + \mathcal{A}'S')(A''E'' + \mathcal{A}''\mathcal{C}''). \end{cases}$$

Mais s'il s'agit de vérifier l'équation (2), et non l'équation (8), il faut que l'un des trois facteurs soit plus compliqué; on s'assure aisément que le produit (9) acquiert cette propriété si l'on y ajoute, aux deux termes du facteur exponentiel, deux autres termes de la forme

$$(10) \quad (BF + \mathcal{B}\mathcal{F}), \text{ ou } (B'F' + \mathcal{B}'\mathcal{F}'), \text{ ou } (B''F'' + \mathcal{B}''\mathcal{F}'').$$

On sait que la dérivée seconde de chaque facteur du terme (9) est égale à ce facteur lui-même, multiplié par le carré du paramètre de la variable, en affectant ce produit du signe $+$ si le paramètre est exponentiel, du signe $-$ s'il est circulaire; de là résulte que le Δ^2 de ce terme sera nul, d'après l'une des relations (5). Mais si le facteur exponentiel est augmenté de l'expression (10), sa dérivée seconde contiendra, outre le produit du facteur lui-même par le carré du paramètre, deux fois la dérivée première du coefficient total de la variable, dans l'expression additionnelle (10), mise sous la forme d'un binôme algébrique, c'est-à-dire

$$2p(\mathcal{B}\mathcal{C} - BE), \text{ ou } 2q(\mathcal{B}'\mathcal{C}' - B'E'), \text{ ou } 2r(\mathcal{B}''\mathcal{C}'' - B''E''),$$

d'après les formules (6) ou (6 bis); de là résulte évidemment que le Δ^2 du nouveau terme sera de la forme (9), et que, conséquemment, son $\Delta^2\Delta^2$ sera nul.

§ 66.—Passons maintenant aux applications. Le problème le plus important que l'on puisse se proposer, sur le genre de corps que nous considérons, consisterait à déterminer

Problème-général de l'équilibre du prisme rectangle.

complétement les lois de l'équilibre intérieur d'un prisme
rectangulaire, dont les six faces seraient soumises à des
forces données. On comprendra aisément combien de conséquences utiles pourraient résulter de la solution de ce
problème, pour l'art des constructions, où l'on emploie si
souvent des solides de cette forme. Malheureusement, ce
problème est en même temps le plus difficile peut-être de la
théorie mathématique de l'élasticité, en ce qu'il exige préa-
lablement la solution complète d'une question d'analyse dont
les géomètres ne se sont pas occupés, ou dont ils ne sont pas
encore parvenus à vaincre les difficultés. Il nous paraît utile
néanmoins de montrer ici en quoi consiste cette question,
afin d'appeler sur elle l'attention de géomètres plus jeunes,
plus habiles, et qui parviendront peut-être à la solution
désirée. Puisse ce qui va suivre leur préparer la voie! C'est
une sorte d'énigme aussi digne d'exercer la sagacité des ana-
lystes que le fameux problème des trois corps de la Mécanique céleste.

Considérons un parallélipipède rectangle, dont les côtés
soient $2a$, $2b$, $2c$; plaçons l'origine au centre, et les axes
parallèles aux arêtes; les six faces auront pour équations

$$(11) \qquad x = \pm a, \quad y = \pm b, \quad z = \pm c.$$

On fait abstraction des forces extérieures X_0, Y_0, Z_0,
§ 28, et l'on se propose de déterminer la loi des déplacements intérieurs, lorsque le prisme est en équilibre d'é-
lasticité, sous l'action de forces dirigées normalement à
ses faces. On suppose une telle symétrie entre les forces
données, que les fonctions qui les expriment soient toutes
paires; c'est-à-dire que chacune d'elles conserve la même
valeur et le même signe, lorsqu'on change le signe d'une
des deux coordonnées variables qu'elle contient. Cela posé,
le problème d'analyse qu'il s'agit de résoudre consiste à

déterminer des fonctions (u, v, w), qui vérifient les équations

$$(12) \quad \frac{d\theta}{dx} + \varepsilon \Delta^2 u = 0, \quad \frac{d\theta}{dy} + \varepsilon \Delta^2 v = 0, \quad \frac{d\theta}{dz} + \varepsilon \Delta^2 w = 0,$$

dans lesquelles la fonction θ et la constante ε sont

$$(13) \qquad \theta = \frac{du}{dx} + \frac{dv}{dy} + \frac{dw}{dz}, \quad \varepsilon = \frac{\mu}{\lambda + \mu},$$

et qui, étant substituées dans les formules

$$(14) \quad \begin{cases} N_1 = \lambda\theta + 2\mu\dfrac{du}{dx}, & T_1 = \mu\left(\dfrac{dv}{dz} + \dfrac{dw}{dy}\right), \\[2mm] N_2 = \lambda\theta + 2\mu\dfrac{dv}{dy}, & T_2 = \mu\left(\dfrac{dw}{dx} + \dfrac{du}{dz}\right), \\[2mm] N_3 = \lambda\theta + 2\mu\dfrac{dw}{dz}, & T_3 = \mu\left(\dfrac{du}{dx} + \dfrac{dv}{dy}\right), \end{cases}$$

donnent

$$(15) \quad \begin{cases} N_1 = \Phi_1, & T_3 = 0, & T_2 = 0, & \text{pour} \quad x = \pm a, \\ T_3 = 0, & N_2 = \Phi_2, & T_1 = 0, & \text{pour} \quad y = \pm b, \\ T_2 = 0, & T_1 = 0, & N_3 = \Phi_3, & \text{pour} \quad z = \pm c. \end{cases}$$

De ce que les fonctions Φ_1, Φ_2, Φ_3 sont paires, on conclut aisément des formules (14) que la fonction u doit être impaire en x, paire en y et en z; v impaire en y, paire en z et en x; w impaire en z, paire en x et en y; d'où θ paire en x, en y, en z. Rappelons qu'une fonction est dite *impaire* si elle change de signe, en conservant la même valeur absolue, lorsqu'on change le signe de sa variable.

On arrive, sans aucune difficulté, en faisant usage de coefficients indéterminés et des notations du § 65, aux séries suivantes :

$$(16) \begin{cases} u = f_0 x + \sum \sum p f\left(\dfrac{1+\varepsilon}{p}\,\mathcal{E} - \overset{\circ}{\mathcal{F}}\right) C'C'' \\[2ex] \qquad + \sum \sum m g\left(\dfrac{\varepsilon}{q}\,E' - F'\right) C''S' + \sum \sum m h\left(\dfrac{\varepsilon}{r}\,E'' - F''\right) SC', \\[2ex] v = g_0 y + \sum \sum n f\left(\dfrac{\varepsilon}{p}\,E - F\right) S'C'' \\[2ex] \qquad + \sum \sum q g\left(\dfrac{1+\varepsilon}{q}\,\mathcal{E}' - \overset{\circ}{\mathcal{F}'}\right) C''C + \sum \sum n h\left(\dfrac{\varepsilon}{r}\,E'' - F''\right) CS', \\[2ex] w = h_0 z + \sum \sum l f\left(\dfrac{\varepsilon}{p}\,E - F\right) C'S'' \\[2ex] \qquad + \sum \sum l g\left(\dfrac{\varepsilon}{q}\,E' - F'\right) S''C + \sum \sum r h\left(\dfrac{1+\varepsilon}{r}\,\mathcal{E}'' - \overset{\circ}{\mathcal{F}''}\right) CC', \end{cases}$$

qui doivent exprimer les fonctions cherchées (u, v, w). Chaque groupe de termes, au même coefficient (f, g, ou h), vérifie les équations (12), et donne des forces tangentielles nulles sur les six faces. Les groupes composent trois classes distinctes : le facteur exponentiel est en x dans la première classe, en y dans la deuxième, en z dans la troisième. A chaque classe correspond une suite infinie, et à double entrée, de coefficients arbitraires (f, g, h). Dans chaque fonction (u, v, w), les termes généraux des trois classes sont affectés d'un double sigma, dont les limites sont $-\infty$ et $+\infty$, relativement aux deux entiers (i' et i''), ou (i'' et i), ou (i et i') des paramètres circulaires (4); le terme où les deux entiers sont nuls, est distrait de chaque double sigma, et les trois termes analogues, pour chaque fonction (u, v, ou w), sont réunis en un terme unique ($f_0 x$, $g_0 y$, ou $h_0 z$).

Les considérations du § 65, et la substitution directe, font voir facilement que chaque groupe des trois termes, ayant le même coefficient (f, g, ou h), pris dans les (u, v, w) (16), vérifie les équations aux différences partielles (12). En outre, on déduit de ces valeurs générales (16), par des différentiations faciles,

$$(17)\begin{cases} \dfrac{T_1}{2\mu} = \sum fnl\left(F - \dfrac{\varepsilon}{p}E\right)S'S'' + \sum gql\,\mathfrak{F}'S''C \\[2mm] \qquad + \sum hrn\,\mathfrak{F}''CS', \\[4mm] \dfrac{T_2}{2\mu} = \sum fpl\,\mathfrak{F}C'S'' + \sum glm\left(F' - \dfrac{\varepsilon}{q}E'\right)S''S \\[2mm] \qquad + \sum hrm\,\mathfrak{F}''SC', \\[4mm] \dfrac{T_3}{2\mu} = \sum fpn\,\mathfrak{F}S'C'' + \sum gqm\,\mathfrak{F}'C''S \\[2mm] \qquad + \sum hmn\left(F'' - \dfrac{\varepsilon}{r}E''\right)SS', \end{cases}$$

et l'on voit que ces valeurs donnent

$$(18)\begin{cases} T_3 = o, & T_2 = o, & \text{pour } x = \pm a, \\ T_1 = o, & T_3 = o, & \text{pour } y = \pm b, \\ T_2 = o, & T_1 = o, & \text{pour } z = \pm c; \end{cases}$$

c'est-à-dire que les forces tangentielles sont nulles sur les six faces du polyèdre, en sorte que, des neuf équations à la surface (15), six sont vérifiées; mais la solution s'arrête à celles qui expriment que, sur la surface, les composantes normales des formes élastiques doivent être égales aux forces données. Cherchons au moins la forme de ces trois dernières équations de condition, dont la vérification nécessaire reste en suspens.

Les fonctions (u, v, w) ayant les valeurs (16), la formule (13) donne, pour exprimer la dilatation,

$$(19)\begin{cases} \theta = C_0 + 2\varepsilon \sum pf\,EC'C'' + 2\varepsilon \sum qg\,E'C''C \\[2mm] \quad + 2\varepsilon \sum rh\,E''CC', \quad C_0 = f_0 + g_0 + h_0, \end{cases}$$

valeur qui vérifie l'équation $\Delta^2\theta = 0$, comme cela devait
être, § 27, et les formules (14) donnent

$$
(20)
\begin{cases}
\dfrac{N_1}{2\mu} = \dfrac{1-\varepsilon}{2\varepsilon}\, C_0 + f_0 + \sum f\,(p\,E + p^2 F)\, C'C'' \\[2mm]
+ \sum g\left(\dfrac{q^2 - \varepsilon\,l^2}{q} E' - m^2 F'\right) C''C + \sum h\left(\dfrac{r^2 - \varepsilon\,m^2}{r} E'' - m^2 F''\right) CC', \\[3mm]
\dfrac{N_2}{2\mu} = \dfrac{1-\varepsilon}{2\varepsilon}\, C_0 + g_0 + \sum f\left(\dfrac{p^2 - \varepsilon\,l^2}{p} E - n^2 F\right) C'C'' \\[2mm]
+ \sum g\,(q\,E' + q^2 F')\, C''C + \sum h\left(\dfrac{r^2 - \varepsilon\,m^2}{r} E'' - n^2 F''\right) CC', \\[3mm]
\dfrac{N_3}{2\mu} = \dfrac{1-\varepsilon}{2\varepsilon}\, C_0 + h_0 + \sum f\left(\dfrac{p^2 - \varepsilon\,n^2}{p} E - l^2 F\right) C'C'' \\[2mm]
+ \sum g\left(\dfrac{q^2 - \varepsilon\,m^2}{q} E' - l^2 F'\right) C''C + \sum h\,(r\,E'' + r^2 F'')\, CC'.
\end{cases}
$$

Faisant respectivement $(x = a,\ y = b,\ z = c)$ dans les
seconds membres, remplaçant dans les premiers N_1, N_2, N_3,
par les fonctions données Φ_1, Φ_2, Φ_3, on aura les trois
équations de condition dont il s'agit; et il faudrait déterminer les coefficients (f, g, h), de telle sorte qu'elles fussent
vérifiées pour toutes les valeurs des (x, y, z), comprises
entre leurs limites respectives $(\mp a,\ \mp b,\ \mp c)$. On a la
correspondance nécessaire de trois doubles séries de coefficients, pour trois fonctions données de deux variables chacune; mais le mélange, ou la simultanéité de ces doubles
séries dans les trois équations à identifier, ne permet pas
d'isoler chaque coefficient, comme dans les autres questions
de Physique mathématique; il faudrait donc découvrir une
autre méthode d'élimination.

Solution quand
on connaît
la loi
de la dilatation

§ 67.—S'il était possible de déduire directement des forces
données la loi de la dilatation dans l'intérieur du polyèdre,
le problème serait résolu. En effet, soit Φ la fonction (paire
en x, en y, en z), qui exprime cette loi, supposée connue,

et qui vérifie nécessairement l'équation $\Delta^2\Phi = 0$; le second membre de l'équation (19) doit être identique avec la fonction Φ, pour toutes les valeurs des (x, y, z) comprises entre leurs limites respectives $(\mp a, \mp b, \mp c)$. On sait que la loi des températures stationnaires du prisme rectangle s'exprime précisément par une identité de cette forme. Désignant par θ le second membre de l'équation (19), on aura $\theta = \varphi$, et aussi

$$(21) \qquad \frac{d\theta}{dx} = \frac{d\Phi}{dx}, \quad \frac{d\theta}{dy} = \frac{d\Phi}{dy}, \quad \frac{d\theta}{dz} = \frac{d\Phi}{dz};$$

faisant respectivement $(x = a, \ y = b, \ z = c)$ dans ces trois équations identiques, il viendra

$$(22) \qquad \begin{cases} 2\varepsilon \sum p^2 f \mathcal{C}_a C' C'' = \left(\dfrac{d\Phi}{dx}\right)_a, \\[2ex] 2\varepsilon \sum q^2 g \mathcal{C}'_b C'' C = \left(\dfrac{d\Phi}{dy}\right)_b, \\[2ex] 2\varepsilon \sum r^2 h \mathcal{C}''_c CC' = \left(\dfrac{d\Phi}{dz}\right)_c, \end{cases}$$

et la détermination des cœfficients (f, g, h), actuellement séparés, se fera par la méthode ordinaire. Remplaçant, dans la fonction Φ, les variables (x, y, z) par (α, β, γ), et posant

$$(23) \qquad \begin{cases} \dfrac{1}{4bc} \displaystyle\int_{-b}^{+b} \int_{-c}^{+c} \left(\dfrac{d\Phi}{d\alpha}\right)_a C'_\beta C''_\gamma \, d\gamma \, d\beta = P, \\[2ex] \dfrac{1}{4ca} \displaystyle\int_{-c}^{+c} \int_{-a}^{+a} \left(\dfrac{d\Phi}{d\beta}\right)_b C''_\gamma C_\alpha \, d\alpha \, d\gamma = Q, \\[2ex] \dfrac{1}{4ab} \displaystyle\int_{-a}^{a} \int_{-b}^{b} \left(\dfrac{d\Phi}{d\gamma}\right)_c C_\alpha C'_\beta \, d\beta \, d\alpha = R, \end{cases}$$

on aura

$$(24) \qquad f = \frac{P}{2\varepsilon p^2 \mathcal{C}_a}, \quad g = \frac{Q}{2\varepsilon q^2 \mathcal{C}'_b}, \quad h = \frac{R}{2\varepsilon r^2 \mathcal{C}''_b};$$

en outre, de l'identité $\theta = \Phi$ on déduit :

$$(25) \qquad C_0 = \frac{1}{8\,abc} \int_{-a}^{a} \int_{-b}^{b} \int_{-c}^{c} \Phi\, d\gamma\, d\beta\, d\alpha.$$

Les coefficients $(f,\ g,\ h)$ étant maintenant connus, les formules (16), (17) et (20) donneront les déplacements et les forces élastiques pour tous les points du polyèdre; toutefois, deux des coefficients (f_0, g_0, h_0) resteront indéterminés, car leur somme C_0 (25) est seule connue.

Nous arrivons ainsi à la solution du problème dont voici l'énoncé : *Le prisme rectangle proposé est en équilibre d'élasticité; la dilatation intérieure est une fonction connue, paire par rapport aux trois coordonnées, et dont le paramètre différentiel du second ordre est nul : on demande quelles forces appliquées normalement aux faces du polyèdre ont pu produire cette dilatation.* Il résulte de cette solution que l'équation

$$(26)\, C_0 + \sum \frac{P}{p\,\mathcal{E}_a}\, EC'C'' + \sum \frac{Q}{q\,\mathcal{E}'_b}\, E'C''C + \sum \frac{R}{r\,\mathcal{E}''_c}\, E''CC' = \Phi$$

doit être une identité pour les valeurs des $(x,\ y,\ z)$ comprises entre les limites $(\mp a,\ \mp b,\ \mp c)$; Φ étant une fonction paire relativement aux variables, et qui vérifie l'équation $\Delta^2\Phi = 0$; P, Q, R, C_0 ayant les valeurs (23) et (25). Cette formule (26) est analogue à celle de Fourier; mais, avant d'en faire usage, il serait indispensable d'en constater l'exactitude par les méthodes rigoureuses de M. Dirichlet. On remarquera que les doubles séries du premier membre cessent d'être convergentes, quand les variables $(x,\ y,\ z)$ dépassent leurs limites.

Cas d'efforts   § 68. — Quant au problème général énoncé au § 66, il
normaux et   n'y a qu'un seul cas qui puisse être résolu : c'est celui où
constants sur   les fonctions Φ_1, Φ_2, Φ_3 sont des constantes. Alors tous les
chaque face
du prisme

(f, g, h) sont nuls, et il ne reste que f_0, g_0, h_0. On a

$$u = f_0 x, \quad v = g_0 y, \quad w = h_0 z;$$
$$T_1 = 0, \quad T_2 = 0, \quad T_3 = 0; \quad \theta = f_0 + g_0 + h_0 = C_0;$$
$$\lambda C_0 + 2\mu f_0 = \Phi_1, \quad \lambda C_0 + 2\mu g_0 = \Phi_2, \quad \lambda C_0 + 2\mu h_0 = \Phi_3;$$

d'où l'on conclut, pour les valeurs des constantes,

$$C_0 = \frac{\Phi_1 + \Phi_2 + \Phi_3}{3\lambda + 2\mu}, \quad f_0 = \frac{\Phi_1 - \lambda C_0}{2\mu},$$

$$g_0 = \frac{\Phi_2 - \lambda C_0}{2\mu}, \quad h_0 = \frac{\Phi_3 - \lambda C_0}{2\mu}.$$

On voit que l'ellipsoïde d'élasticité est le même pour tous les points intérieurs, ou que les forces élastiques principales sont partout égales et parallèles aux forces données. Ce cas, d'une simplicité extrême, est heureusement un des plus utiles; car, dans la plupart des constructions, on fait en sorte que les prismes rectangles soient uniformément tirés ou pressés normalement à leurs faces.

Rien de plus facile alors que d'obtenir tous les renseignements dont on a besoin, sur les allongements et sur les forces élastiques intérieures; car il suffit d'appliquer les lois les plus simples de l'élasticité. Supposons, par exemple, qu'il s'agisse d'un tirant horizontal à section rectangulaire, rivé à deux parois, planes et parallèles, d'une chaudière à vapeur en activité; soient — P la pression sur les faces latérales, F la traction longitudinale sur l'unité de surface; on aura

$$\Phi_1 = F, \quad \Phi_2 = \Phi_3 = -P; \quad C_0 = \frac{F - 2P}{3\lambda + 2\mu},$$

$$f_0 = \frac{(\lambda + \mu)F + \lambda P}{\mu(3\lambda + 2\mu)}, \quad g_0 = h_0 = -\left(\frac{(\lambda + 2\mu)P + \lambda F}{2\mu(3\lambda + 2\mu)}\right),$$

ce qui donne la dilatation cubique C_0, l'allongement longitudinal $2 f_0 a$, les contractions transversales $2 g_0 b$, $2 h_0 c$. L'ellipsoïde d'élasticité et le cône des forces tangentielles ont pour équations

$$\frac{x^2}{F^2} + \frac{y^2 + z^2}{P^2} = 1, \quad \frac{x^2}{F} = \frac{y^2 + z^2}{P};$$

les plans tangents au cône sont inclinés sur l'axe de traction d'un angle dont la tangente est $\sqrt{\dfrac{P}{F}}$, et la force élastique tangentielle qui les sollicite est $\sqrt{PF}$. Il suffit d'énoncer ces résultats, qui se déduisent immédiatement des théorèmes de la cinquième Leçon.

Dans notre ancien Mémoire sur l'équilibre intérieur des corps solides homogènes, nous avons donné, M. Clapeyron et moi, les solutions de deux problèmes généraux qui peuvent se traiter, en employant les coordonnées ordinaires, à l'aide de la formule de Fourier. Le premier considère un milieu solide terminé par un seul plan; le second, l'espace solide compris entre deux plans parallèles, ces plans étant sollicités par des forces données. Nous nous dispensons de reproduire ici ces solutions analytiques, malgré quelques conséquences dont l'énoncé est simple et qui pourraient être utilisées. Ce ne sont là que des essais entrepris dans le but de chercher une solution générale, et qui ne paraissent pas placés sur la route qui doit y conduire.

TREIZIÈME LEÇON.

États vibratoires du prisme rectangle. — Vibrations longitudinales, transversales, tournantes, et composées d'une lame rectangulaire. — États vibratoires sans manifestation extérieure.

§ 69. — Si la question de l'équilibre intérieur du prisme rectangle rencontre de grandes difficultés analytiques, nous allons voir, dans la Leçon actuelle, qu'il en est tout autrement de l'étude des vibrations du même corps solide. En général, sauf quelques cas simples, les problèmes relatifs à l'équilibre d'élasticité sont incomparablement plus difficiles à traiter par l'analyse mathématique que les problèmes relatifs aux vibrations; aussi les travaux des géomètres sont-ils fort nombreux sur les seconds, très-rares sur les premiers. Une si grande différence dans la facilité d'aborder les deux genres de problèmes pourrait être une indication naturelle. Parmi les questions de Physique mathématique qui résistent aux efforts des géomètres, ou qu'ils traitent péniblement par des formules longues et compliquées, il en est beaucoup dont l'importance est fort douteuse. Au contraire, un grand nombre de questions qui se résolvent par des calculs et des formules simples, sont d'une importance incontestable. Serait-ce donc que l'équilibre d'élasticité joue dans la nature un rôle moins important que les vibrations?

Considérons les différents états vibratoires d'un prisme rectangle solide dont les côtés soient (a, b, c), plaçons l'origine à l'un des sommets et les axes sur les arêtes adjacentes; les équations des six faces seront

(1) $x = 0, \quad x = a; \quad y = 0, \quad y = b; \quad z = 0, \quad z = c.$

On fait abstraction des forces extérieures X_0, Y_0, Z_0; alors les projections du déplacement moléculaire, ou les fonctions (u, ν, w), doivent vérifier les équations aux différences partielles (10) du § 60. Cherchons s'il est possible que l'une de ces trois fonctions, par exemple u, existe seule, les deux autres (ν, w) étant nulles partout. La vérification des équations citées exigera que l'on ait

$$(2) \begin{cases} \dfrac{d^2 u}{dt^2} = \Omega^2 \dfrac{d^2 u}{dx^2} + \omega^2 \left(\dfrac{d^2 u}{dy^2} + \dfrac{d^2 u}{dz^2} \right), \\[3mm] (\Omega^2 - \omega^2) \dfrac{d \dfrac{du}{dx}}{dy} = 0, \quad (\Omega^2 - \omega^2) \dfrac{d \dfrac{du}{dx}}{dz} = 0; \end{cases}$$

c'est-à-dire que $\left(\dfrac{du}{dx} \right)$ doit être indépendant de y et de z; la fonction unique u doit donc être de la forme

$$(3) \qquad u = U + U_0,$$

U étant une fonction de x et de t, U_0 ne contenant pas x. Cette valeur intégrale décompose la première équation (2) dans les deux suivantes :

$$(4) \qquad \frac{d^2 U}{dt^2} = \Omega^2 \frac{d^2 U}{dx^2}, \quad \frac{d^2 U_0}{dt^2} = \omega^2 \left(\frac{d^2 U_0}{dy^2} + \frac{d^2 U_0}{dz^2} \right);$$

la première régit des vibrations longitudinales , la seconde des vibrations transversales, lesquelles peuvent exister ou isolément , ou simultanément.

Vibrations
longitudinales.

§ 70. — Nous supposons $a > b > c$; le prisme est alors une lame rectangulaire de longueur a, de largeur b, d'épaisseur c. La première (4) ou

$$(5) \qquad \frac{d^2 u}{dt^2} = \Omega^2 \frac{d^2 u}{dx^2}$$

contient la loi des vibrations longitudinales qu'on établit

dans la lame en la frottant parallèlement à sa longueur. Si la lame est pincée en son milieu et libre aux deux bouts, l'état vibratoire sera représenté par une intégrale particulière de la forme

$$(6) \qquad u = \cos(2j+1)\pi\frac{x}{a}\cos(2j+1)\pi\frac{\Omega t}{a},$$

où j est un entier quelconque. En effet, cette valeur (6) vérifie l'équation (5), se réduit à zéro pour $x = \dfrac{a}{2}$, et de plus, les T_i étant tous nuls, les composantes tangentielles des forces élastiques sont nulles sur toute la surface, § 64. Toutes ces conditions devaient être satisfaites pour que le mouvement vibratoire pût s'établir et persister au milieu de l'air, dans la lame considérée. Les N_i n'existant que par $\dfrac{du}{dx}$, contiennent $\sin(2j+1)\pi\dfrac{x}{a}$ en facteur; de là résulte que sur les faces ($x = 0$, $x = a$) qui terminent la lame, les forces élastiques sont nulles, là même où les vibrations ont la plus grande amplitude. Au contraire, normalement aux faces latérales, les déplacements sont nuls, tandis que les forces élastiques existent et varient. Le paramètre circulaire de t donne

$$(7) \qquad \mathfrak{N} = (2j+1)\frac{\Omega}{2a}$$

pour la mesure du son; le nombre des nœuds s'obtient en posant $\cos(2j+1)\pi\dfrac{x}{a} = 0$, et est $(2j+1)$; tous les sons que la lame peut produire forment la série (1, 3, 5,...) dont la base est

$$(8) \qquad n = \frac{\Omega}{2a}.$$

Si les deux extrémités de la lame sont fixes, l'état vibratoire sera représenté par une intégrale particulière de la forme

$$(9) \qquad u = \sin i\pi \frac{x}{a} \cos i\pi \frac{\Omega t}{a},$$

i étant un entier quelconque. En effet, cette valeur vérifie l'équation (5), s'évanouit, quel que soit t, pour $x = 0$, pour $x = a$, et les T_i étant nuls partout, les composantes tangentielles des forces élastiques sont nulles sur toute la surface de la lame. La composante N_1 a pour expression

$$N_1 = \frac{i\pi}{a} \cos i\pi \frac{x}{a} \cos i\pi \frac{\Omega t}{a};$$

aux extrémités $(x = 0,\ x = a)$, qui sont fixes, cette composante existe et varie périodiquement; elle mesure la pression variable exercée sur les obstacles qui assurent la fixité de la lame. Le paramètre circulaire de t donne

$$\mathcal{H}' = i\frac{\Omega}{2a}$$

pour la mesure du son; le nombre des nœuds intermédiaires ou spontanés est $i - 1$; tous les sons que peut produire la lame encastrée composent la série complète $(1, 2, 3, 4, 5, \ldots)$ dont la base est encore n (8).

§ 71. — Considérons maintenant les vibrations transversales de la même lame, prenons celles qui pourraient avoir lieu quand la fonction w existe seule; l'équation à vérifier, et qui correspond à la seconde (4), est alors

$$(10) \qquad \frac{d^2 w}{dt^2} = \omega^2 \left(\frac{d^2 w}{dx^2} + \frac{d^2 w}{dy^2} \right).$$

Dans le cas le plus général, cette équation est identique, au coefficient près, avec celle des petits mouvements transversaux de la membrane rectangulaire; elle pourrait conduire

Vibrations transversales.

à la même discussion, et conséquemment aux mêmes séries de sons simultanés, si le contour de la lame était fixe ; mais la lame ne peut vibrer ainsi, lorsque les deux faces ($z = 0$, $z = c$) ne sont en contact qu'avec l'air ; car (u, v) étant nuls et w indépendant de z, les composantes (T_2, T_1, N_3), de la force élastique exercée sur ces deux faces ont pour expression $\left(\mu \dfrac{dw}{dx}, \mu \dfrac{dw}{dy}, 0 \right)$; c'est-à-dire que cette force élastique y serait tangentielle, ce qui ne saurait être, § 64 ; il faudrait donc que $\dfrac{dw}{dx}, \dfrac{dw}{dy}$ fussent nuls, et cela quelles que soient les variables (x, y) ; mais alors w serait nul aussi, et il n'y aurait pas de mouvement. Les vibrations transversales de la lame rectangulaire, que l'on voit naître et persister dans l'air, ne peuvent donc avoir lieu avec la seule composante w du déplacement, et ne sauraient être représentées par l'équation (10). Mais elles peuvent être produites quand la fonction u existe en même temps que w, la fonction v étant seule nulle ; cherchons à quelles conditions.

Les équations à vérifier sont alors, v étant zéro,

$$(11) \quad \left\{ \begin{array}{l} \theta = \dfrac{du}{dx} + \dfrac{dw}{dz} = 0, \\[3mm] \dfrac{d^2 u}{dt^2} = \omega^2 \left[\dfrac{d^2 u}{dy^2} - \dfrac{d\left(\dfrac{dw}{dx} - \dfrac{du}{dy} \right)}{dz} \right], \\[5mm] \dfrac{d^2 w}{dt^2} = \omega^2 \left[\dfrac{d\left(\dfrac{dw}{dx} - \dfrac{du}{dz} \right)}{dx} + \dfrac{d^2 w}{dy^2} \right]; \end{array} \right.$$

la première donne, α étant une nouvelle fonction,

$$(12) \quad u = -\dfrac{d\alpha}{dz}, \quad w = \dfrac{d\alpha}{dx}, \quad v = 0,$$

ce qui réduit les deux autres à celle-ci :

$$(13) \qquad \frac{d^2\alpha}{dt^2} = \omega^2 \left(\frac{d^2\alpha}{dx^2} + \frac{d^2\alpha}{dy^2} + \frac{d^2\alpha}{dz^2} \right).$$

Il faut que les forces élastiques soient normales sur les six faces; d'après les valeurs (12), les T_i sont

$$(14) \quad T_1 = \mu \frac{d^2\alpha}{dx\,dy}, \quad T_2 = \mu \left(\frac{d^2\alpha}{dx^2} - \frac{d^2\alpha}{dz^2} \right), \quad T_3 = -\mu \frac{d^2\alpha}{dz\,dy};$$

ils seront nuls, et l'équation (13) sera satisfaite, si l'on prend pour α une fonction qui vérifie les trois équations

$$(15) \quad \frac{d\alpha}{dy} = 0, \quad \frac{d^2\alpha}{dz^2} = \frac{d^2\alpha}{dx^2}, \quad \frac{d^2\alpha}{dt^2} = 2\omega^2 \frac{d^2\alpha}{dx^2}.$$

Telle sera, par exemple, l'intégrale particulière

$$(16) \qquad \alpha = \varepsilon \cos mx \cos mz \cos mt\,\omega\sqrt{2},$$

où le paramètre m est quelconque, où ε représente une amplitude, et qui donne

$$(17) \quad \begin{cases} u = m\,\varepsilon \cos mx \sin mz \cos mt\,\omega\sqrt{2}, \\ w = -m\,\varepsilon \sin mx \cos mz \cos mt\,\omega\sqrt{2}. \end{cases}$$

Si les deux extrémités de la lame sont posées sur des supports, en sorte que leur déplacement normal soit impossible, il faut que w y soit nul; ce qui exige que le paramètre m ait pour valeur

$$(18) \qquad m = \frac{i\,\pi}{a},$$

i étant un entier quelconque. Le paramètre circulaire de t donne alors, pour la durée $\mathfrak{E}$ des vibrations, et pour la mesure $\mathfrak{N}$ du son :

$$(19) \qquad \frac{i\,\pi}{a}\,\mathfrak{E}\,\omega\sqrt{2} = 2\pi, \qquad \mathfrak{N} = i\,\frac{\omega}{a\sqrt{2}};$$

le nombre des nœuds spontanés est $i - 1$; enfin, les sons que la lame peut produire, dans ces circonstances, composent la série complète ($1, 2, 3, 4, 5....$), dont la base est

$$(20) \qquad n = \frac{\omega}{a\sqrt{2}}.$$

Tous les états vibratoires compris dans les formules (17) ont cette propriété remarquable, que les forces élastiques principales sont, toujours et partout, parallèles aux côtés de la lame. De là résulte que ces mêmes formules exprimeront les états vibratoires de la moitié de la lame, cette moitié étant encastrée à l'origine des coordonnées et libre à son autre extrémité, pourvu que l'on donne à l'entier i une valeur impaire, afin que le milieu de la lame entière soit un ventre de vibration. En effet, puisque la section droite, faite en ce milieu, n'est sollicitée que par des forces élastiques normales, les réactions de l'air se substitueront aux actions supprimées, lorsque cette section deviendra libre.

Les sons que peut produire une lame de longueur $\frac{a}{2}$, encastrée par un bout, libre à l'autre, et vibrant transversalement, sont donc donnés par la formule

$$\mathfrak{N}' = (2j + 1)\frac{\omega}{a\sqrt{2}};$$

ils composent la série impaire ($1, 3, 5,...$), dont la base est encore n (20).

Considérons, dans la lame entière, l'état vibratoire le plus simple, celui dont le son est n (20), ou pour lequel $i = 1$. Si l'on fait t égal à $\mathfrak{E}$, ou à un multiple de cette durée, on aura

$$(21) \qquad \begin{cases} u = \dfrac{\pi\varepsilon}{a}\cos\pi\,\dfrac{x}{a}\sin\pi\,\dfrac{z}{a}, \\[2ex] v = -\dfrac{\pi\varepsilon}{a}\sin\pi\,\dfrac{x}{a}\cos\pi\,\dfrac{z}{a}, \end{cases}$$

pour représenter les déplacements au commencement de chaque vibration; d'où l'on déduirait la forme de la lame à cette époque, forme qu'elle atteint ou dont elle part sans vitesse acquise. On peut supposer que le plan des xy soit placé à égale distance des deux faces de la lame, ou au milieu de l'épaisseur; cette supposition revient à ajouter une constante à l'arc mz, dans les formules (17), ce qui n'altère en rien toutes les conclusions qui précèdent. La valeur de u (21) change de signe avec z; d'où il suit que, dans l'état actuel, une moitié des filets, parallèles à la longueur, est dilatée, l'autre contractée. Les filets situés sur le nouveau plan des xy ont conservé leur longueur; ce sont autant d'*axes neutres*. Le plus grand allongement, ou la plus grande contraction, a lieu sur les faces $z = \mp \dfrac{c}{2}$, et pour les points de l'extrémité $x = a$; sa valeur est $\dfrac{\pi \varepsilon}{a} \sin \pi \dfrac{c}{2a}$, ou simplement $\dfrac{\pi \varepsilon}{a} \dfrac{c}{2a}$, si l'épaisseur c est très-petite, comparée à la longueur a. La flèche est égale à la valeur de w (21), qui correspond à $z = 0$, $x = \dfrac{a}{2}$; sa valeur est $\dfrac{\pi \varepsilon}{a}$.

Vibrations tournantes. § 72. — Substituons, dans l'intégrale particulière (16), le sinus de l'arc mx au cosinus du même arc, et prenons l'entier i impair; nous aurons les valeurs

$$(22) \quad \begin{cases} u = m\,\varepsilon \sin mx \sin mz \cos mt\,\omega \sqrt{2}, \\ w = m\,\varepsilon \cos mx \cos mz \cos mt\,\omega \sqrt{2}; \quad m = (2j+1)\dfrac{\pi}{a}, \end{cases}$$

pour représenter les vibrations d'une lame rectangulaire, libre à ses deux extrémités et pincée en son milieu. Ces formules ayant lieu quels que soient les rapports de grandeur des dimensions de la lame, on peut supposer que b est la longueur et a la largeur, c étant toujours l'épaisseur.

Alors, si l'on fait $j = 1$, les formules (22) reproduiront l'état vibratoire que Savart appelait *vibration tournante*, et qui donne lieu à une seule ligne nodale parallèle à la longueur; le son correspondant est n (20), mais ici a représente la largeur de la lame.

§ 73. — On sait qu'une lame de verre, pincée en son milieu, et que l'on frappe à l'une de ses extrémités, de manière à la faire vibrer longitudinalement, exécute en même temps des vibrations transversales, dont l'existence se manifeste par des lignes nodales, que le sable dessine sur les faces latérales. Ces vibrations transversales sont nécessairement comprises dans les formules (22); mais il faut donner alors au paramètre m une valeur telle, que le son soit le même que celui des vibrations longitudinales coexistantes. C'est-à-dire qu'il faudra prendre m de telle sorte que les paramètres circulaires de t, dans les formules (6) et (22), soient égaux; d'où

Vibrations composées.

$$(23) \qquad m = (2j + 1) \frac{\pi}{a} \frac{\Omega}{\omega \sqrt{2}} = (2j + 1) \frac{\pi}{a} \sqrt{\frac{\lambda + 2\mu}{2\mu}}.$$

Puisque toutes les sections droites de la lame, vibrant transversalement, ne sont sollicitées que par des forces élastiques normales, la position des sections libres, relativement aux nœuds tracés, est tout à fait indifférente. Le nombre des nœuds dépend de j, et tout porte à penser que le son qui se produit alors n'est pas le plus grave de la série impaire $(1, 3, 5, \ldots)$, appartenant aux vibrations longitudinales.

On voit que tous les genres de vibrations connus des lames rectangulaires trouvent leurs lois précises, et leur explication complète, dans une application très-simple de la théorie mathématique de l'élasticité. Mais cette théorie indique en même temps que tous les états vibratoires, étudiés par l'expérience, ne sont qu'en très-petit nombre, comparés à tous ceux qui peuvent ou doivent exister dans les prismes solides rectangles, et qui, produisant des surfaces nodales intérieures, ne donnent aucune prise au physicien pour constater leur existence. Il ne sera pas inutile de donner ici quelques-unes des lois de ces états vibratoires inconnus, et qui existent dans le monde moléculaire dont nous n'apercevons encore que la surface.

États vibratoires de la première classe. § 74. — Plaçons le prisme rectangle comme nous l'avons fait au § 66 de la Leçon précédente, et adoptons les notations du § 65. Reportons-nous ensuite au classement général des mouvements vibratoires que nous avons faits dans la onzième Leçon. Les états vibratoires de la première classe, ceux dont la périodicité dépend de Ω, sont régis par les formules du § 61. Pour le prisme rectangle, on peut prendre la fonction F égale à l'intégrale particulière

$$(24) \quad \begin{cases} F = -CC'C''\Gamma = -U, \\ \Gamma = \cos\gamma t, \quad U = CC'C''\Gamma, \end{cases}$$

où le paramètre circulaire de t est

$$(25) \quad \begin{cases} \gamma = \Omega\sqrt{m^2 + n^2 + l^2} = \pi\,\Omega\sqrt{\dfrac{i^2}{a^2} + \dfrac{i'^2}{b^2} + \dfrac{i''^2}{c^2}} = k\Omega, \\ k = \sqrt{m^2 + n^2 + l^2}, \end{cases}$$

d'où l'on conclut, pour (u, v, w),

$$(26) \quad u = m\,SC'C''\Gamma, \quad v = n\,CS'C''\Gamma, \quad w = l\,CC'S''\Gamma, \quad \theta = k^2 U,$$

et, pour les N_i, T_i, § 26, les valeurs

$$(27) \quad \begin{cases} N_1 = (\lambda k^2 + 2\mu m^2)U, & \dfrac{T_1}{2\mu} = -nl\,CS'S''\Gamma, \\[2mm] N_2 = (\lambda k^2 + 2\mu n^2)U, & \dfrac{T_2}{2\mu} = -lm\,SC'S''\Gamma, \\[2mm] N_3 = (\lambda k^2 + 2\mu l^2)U, & \dfrac{T_3}{2\mu} = -mn\,SS'C''\Gamma. \end{cases}$$

Qu'on se rappelle maintenant que S_a, S'_b, S''_c sont nuls, et que le tableau

$$(28) \qquad \begin{cases} N_1, & T_3, & T_2, \\ T_3, & N_2, & T_1, \\ T_2, & T_1, & N_3, \end{cases}$$

donne les composantes des forces élastiques exercées sur les éléments-plans respectivement perpendiculaires aux (x, y, z).

On reconnaîtra que, lors d'un état vibratoire représenté par les fonctions (u, v, w) (26) : 1° les faces du prisme rectangle ne sont sollicitées que par des forces élastiques normales, puisque les composantes tangentielles (27) y sont nulles; 2° les molécules de la surface vibrent sur les faces mêmes, lesquelles n'éprouvent ni déformation, ni déplacement normal, puisque $u = o$ pour $x = \mp a$, $v = o$ pour $y = \mp b$, $w = o$ pour $z = \mp c$; 3° enfin, la dilatation θ, quoique variable périodiquement en chaque point intérieur, a des signes et des valeurs telles, dans les différentes parties, que le volume du prisme reste invariable, puisque

$$\int_{-a}^{+a} \int_{-b}^{+b} \int_{-c}^{+c} \mathrm{U}\, dz\, dy\, dx = o.$$

Ainsi, lors de tout état vibratoire compris dans les valeurs (26), le prisme rectangle ne manifeste absolument aucune déformation extérieure, quelque grande que soit son agitation intérieure; et si quelque fluide, gazeux ou autre, réagit sur la surface, de manière à détruire les forces élastiques, normales et périodiques, qui là sollicitent, le mouvement intérieur persistera.

Dans cet état vibratoire, le son a pour mesure $\dfrac{\gamma}{2\pi}$, ou

$$\mathcal{K} = \frac{\Omega}{2} \sqrt{\frac{i^2}{a^2} + \frac{i'^2}{b^2} + \frac{i''^2}{c^2}}.$$

Tous les sons analogues, à l'unisson desquels le prisme peut
vibrer, formeront autant de séries complètes qu'il peut
exister de groupes de trois nombres (i, i', i'') premiers entre
eux, si (a, b, c) et les carrés (a^2, b^2, c^2) sont incommensurables; le partage se ferait d'une autre manière dans chaque genre de commensurabilité. Le son le plus grave aura
lieu pour $i = i' = i'' = 1$, et sera

$$n = \frac{\Omega}{2} \sqrt{\frac{1}{a^2} + \frac{1}{b^2} + \frac{1}{c^2}}.$$

Si les dimensions $(2a, 2b, 2c)$ du parallélipipède étaient
très-petites, inappréciables même, sans que le prisme per-
dît les propriétés d'un corps solide, ce nombre n, le plus
petit de tous les nombres $\mathfrak{N}$, atteindrait une valeur énorme,
vu la grandeur habituelle de la vitesse de propagation Ω.

États vibra-
toires de la se-
conde classe.
§ 75. — Les états vibratoires de la seconde classe, ceux
dont la périodicité dépend de ω, et qui ont lieu sans que la
densité change en chaque point, sont régis par les formules
du § 62. Pour le prisme rectangle, on peut prendre les
fonctions (ξ, η, ζ) égales aux intégrales particulières

$$(29) \quad \xi = p\,\mathrm{CS'S''}\Gamma', \quad \eta = q\,\mathrm{SC'S''}\Gamma', \quad \zeta = r\,\mathrm{SS'C''}\Gamma', \quad \Gamma' = \cos\gamma' t,$$

où (p, q, r) sont des constantes quelconques, et où le paramètre γ' est

$$(30) \qquad \gamma' = \omega\sqrt{m^2 + n^2 + l^2} = \pi\omega\sqrt{\frac{i^2}{a^2} + \frac{i'^2}{b^2} + \frac{i''^2}{c^2}};$$

d'où l'on conclut, pour (u, v, w),

$$(31) \quad \begin{cases} u = \mathrm{PSC'C''}\Gamma'; \quad v = \mathrm{QCS'C''}\Gamma', \quad w = \mathrm{RCC'S''}\Gamma', \quad \theta = 0, \\ \mathrm{P} = lq - nr, \quad \mathrm{Q} = mr - lp, \quad \mathrm{R} = np - mq; \end{cases}$$

et, pour les N_i, T_i, § 26, les valeurs

$$(32) \begin{cases} \dfrac{N_1}{2\mu} = m\,P CC'\,C''\,\Gamma', & \dfrac{T_1}{\mu} = -(l\,Q + n\,R)\,CS'\,S''\,\Gamma', \\[2mm] \dfrac{N_2}{2\mu} = n\,Q CC'\,C''\,\Gamma', & \dfrac{T_2}{\mu} = -(m\,R + l\,P)\,SC'\,S''\,\Gamma', \\[2mm] \dfrac{N_3}{2\mu} = l\,R CC'\,C''\,\Gamma', & \dfrac{T_3}{\mu} = -(n\,P + m\,Q)\,SS'\,C''\,\Gamma'. \end{cases}$$

Or, on reconnaîtra que tout état vibratoire, défini par les valeurs (31), présente les mêmes propriétés et conduit aux mêmes conclusions que celui défini par les valeurs (26); propriétés et conclusions qui sont énoncées au paragraphe précédent, avec cette différence qu'ici la dilatation θ est nulle, partout et à toute époque. Les sons correspondant à tous les états vibratoires, compris dans les valeurs (31), composent autant de séries que ceux compris dans les valeurs (26); ils ont pour expression générale

$$\mathcal{K}' = \frac{\omega}{2}\sqrt{\frac{i^2}{a^2} + \frac{i'^2}{b^2} + \frac{i''^2}{c^2}};$$

le plus grave de tous est

$$n' = \frac{\omega}{2}\sqrt{\frac{1}{a^2} + \frac{1}{b^2} + \frac{1}{c^2}},$$

et, lors de l'extrême petitesse du parallélipipède, ce plus petit nombre n' aura encore une énorme valeur.

§ 76. — Les valeurs (26) et (31) ne s'appliquent pas seulement au parallélipipède que nous avons considéré : par le jeu habituel des fonctions périodiques, elles expriment les mouvements généraux d'un espace indéfini dans tous les sens, divisé en concamérations prismatiques égales, qui vibrent à l'unisson, et avec des phases alter-

Généralisation

nantes telles, qu'elles assignent le même mouvement aux molécules de leurs surfaces de séparation. Découpons, par la pensée, dans cet espace infini, un corps dont la surface ne comprenne que des faces des prismes élémentaires. Si ce corps est entouré d'un fluide, qui apporte ou exerce des réactions, normales et périodiques, sur les facettes de sa surface, toutes les concamérations qui le composent entreront en vibrations concordantes; il y aura autant d'états vibratoires possibles que les formules (26) et (31) en peuvent représenter; ces états vibratoires seront de deux classes distinctes, les uns dont la périodicité dépendra de Ω, les autres de ω; pour la première classe, comme pour la seconde, le volume total du corps restera invariable. En un mot, ces deux genres de mouvements sont aussi généraux l'un que l'autre, ils ont des propriétés communes, et ne diffèrent que par quelques points, établissant leurs caractères distinctifs. Ne sont-ils qu'une preuve de plus de la fécondité de l'analyse mathématique? ou existent-ils réellement dans la nature? A cette question, nous nous dispensons de répondre.

QUATORZIÈME LEÇON.

Équations générales de l'élasticité en coordonnées semi-polaires ou cylindriques. — Équilibre de torsion d'un cylindre. — Équilibre d'élasticité
d'une enveloppe cylindrique. — Vibrations des tiges.

§ 77. — Lorsqu'on se propose d'étudier par l'analyse les *Équations de l'élasticité en coordonnées semi-polaires.* effets de l'élasticité dans les solides limités par des surfaces courbes, les coordonnées rectilignes ordinaires se prêtent difficilement à cette étude, à cause de la complication des équations de condition. Il est toujours préférable d'employer un genre de coordonnées curvilignes, tel que chaque partie de la surface du corps soit exprimée par une valeur constante de l'une de ces coordonnées. Mais alors il devient nécessaire de transformer les équations aux différences partielles, qui régissent les projections du déplacement moléculaire, et les forces élastiques intérieures. Nous allons donner, dans cette Leçon, un premier exemple de cette transformation. Il s'agit des solides de forme cylindrique, ou des enveloppes dont les parois sont deux cylindres droits ayant le même axe. Les trois systèmes de surfaces coordonnées sont alors : les cylindres concentriques, les plans méridiens menés par l'axe, et les plans parallèles à la base. Les coordonnées d'un point M sont : sa distance r à l'axe, l'angle azimutal φ que ce rayon fait avec un plan méridien fixe, et la distance z du point M à la base du système cylindrique.

Nous représentons par (U, V, W) les projections du déplacement de M, sur les normales aux trois surfaces coordonnées qui y passent, savoir : U sur le prolongement du rayon r, V sur la perpendiculaire au méridien φ, W sur la

12.

parallèle à l'axe. Les trois normales, ainsi définies, sont orthogonales, et figurent respectivement trois nouveaux axes des (x', y', z'), dont l'origine est M. Nous désignons par (R_i, Φ_i, Z_i) les composantes, suivant les mêmes normales, de la force élastique exercée en M sur l'élément-plan d'une des surfaces coordonnées, en prenant l'indice $i = 1$, quand l'élément est tangent au cylindre; l'indice $i = 2$, quand l'élément est sur le méridien; l'indice $i = 3$, quand l'élément est parallèle à la base. Les composantes (R_i, Φ_i, Z_i) ne sont autres que les N'_i, T'_i, relatifs aux (x', y', z'); c'est-à-dire qu'on a

$$(1) \quad \begin{cases} R_1 = N'_1, \quad \Phi_2 = N'_2, \quad Z_3 = N'_3, \\ \Phi_3 = Z_2 = T'_1, \quad Z_1 = R_3 = T'_2, \quad R_2 = \Phi_1 = T'_3. \end{cases}$$

Enfin, nous représentons par (R_0, Φ_0, Z_0) les composantes, sur les nouveaux axes, des résultantes des forces extérieures, y compris les forces d'inertie $\left(-\dfrac{d^2 U}{dt^2}, -\dfrac{d^2 V}{dt^2}, -\dfrac{d^2 W}{dt^2} \right)$, si le corps se déforme, ou vibre.

Nous supposons que la base et l'axe du système cylindrique soient l'ancien plan des xy et l'ancien axe des z; que le méridien fixe $\varphi = 0$ soit l'ancien plan des zx. D'après cela, si l'on désigne, pour simplifier, $\cos \varphi$ et $\sin \varphi$ par c et s, on trouve facilement les cosinus des angles que font, avec les axes des (x, y, z), les nouvelles lignes des (x', y', z'); ces cosinus sont (c, s, o) pour x' ou r; $(-s, c, o)$ pour y'; $(o, o, 1)$ pour z', qui est le même que l'ancien z. Par ces valeurs, les formules de transformation, qui lient les anciennes coordonnées (x, y, z) aux nouvelles (r, φ, z), et les anciennes projections du déplacement (u, v, w) aux nouvelles (U, V, W), sont

$$(2) \quad \begin{cases} x = rc, \quad y = rs, \quad z = z; \quad r = \sqrt{x^2 + y^2}, \quad \tan \varphi = \dfrac{y}{x}; \\ u = cU - sV, \quad v = sU + cV; \end{cases}$$

et la différentiation en déduit facilement

$$(3) \quad \begin{cases} \dfrac{dr}{dx} = c, \quad \dfrac{dr}{dy} = s, \quad \dfrac{d\varphi}{dx} = -\dfrac{s}{r}, \quad \dfrac{d\varphi}{dy} = \dfrac{c}{r}, \\[2mm] \dfrac{d.}{dx} = c\dfrac{d.}{dr} - \dfrac{s}{r}\dfrac{d.}{d\varphi}, \quad \dfrac{d.}{dy} = s\dfrac{d.}{dr} + \dfrac{c}{r}\dfrac{d.}{d\varphi}; \end{cases}$$

ces deux dernières équations sont symboliques et expriment comment les dérivées en (x et y) d'une fonction se transforment dans ses dérivées en (r et φ); la dérivée en z reste la même.

Il faut distinguer, parmi les équations que nous voulons transformer, celles qui établissent l'équilibre d'un élément du corps sous l'action des forces élastiques, et celles qui expriment ces forces élastiques à l'aide des projections du déplacement moléculaire. Les premières sont essentielles et générales, elles ont toujours lieu, que l'homogénéité existe ou non, et quelle que soit sa nature; les secondes n'appartiennent qu'aux corps homogènes et d'élasticité constante. Or, au lieu de transformer les premières par les procédés habituels, il est plus simple d'obtenir les équations qui proviendraient de cette transformation, en cherchant directement l'équilibre d'un élément de volume, dans le nouveau système coordonné. L'élément de volume des coordonnées semi-polaires est

$$(4) \qquad \omega = dr \cdot r d\varphi \cdot dz.$$

Il est compris entre deux cylindres de rayons (r, $r + dr$), deux méridiens d'azimuts (φ, $\varphi + d\varphi$), et deux plans parallèles à la base, élevés de (z, $z + dz$). Désignons respectivement par (R, R'), (Φ, Φ'), (Z, Z'), les trois couples des faces cylindriques, méridiennes et basiques, de cet élément. Pour exprimer son équibre, il faut évaluer, pour les égaler séparément à zéro, les trois sommes (ΣX, ΣY, ΣZ) des composantes, suivant les axes des (x, y, z), des forces élastiques qui s'exercent sur les six faces, et des forces $(\rho\omega R_0, \rho\omega\Phi_0, \rho\omega Z_0)$ qui sollicitent la masse $\rho\omega$.

Ces sommations n'offrent aucune difficulté, puisque l'on connaît les aires des faces, et les cosinus des angles que toutes les forces font avec les anciens axes. Dans le cours de l'opération, quand on a obtenu les termes fournis, à l'une des trois sommes cherchées, par la face (R, Φ, ou Z), on augmente chacun d'eux de sa différentielle prise par rapport à (r, φ, ou z) et l'on change le signe, ce qui donne les termes que la face (R', Φ', ou Z') fournit à la même somme; et il ne reste, après réduction, que les différentielles des premiers termes. Par exemple, parmi les termes que la face R donne à ΣX se trouve $-cR_1 r\,d\varphi\,dz$; le terme correspondant fourni par la face R' est $c\left(R_1 r + \dfrac{dR_1 r}{dr}\,dr\right)d\varphi\,dz$, et il ne reste que $c\left(r\dfrac{dR_1}{dr} + R_1\right)dr\,d\varphi\,dz$. De même, parmi les termes que la face Φ donne à la même somme ΣX, se trouve $+s\Phi_2\,dr\,dz$; le terme correspondant fourni par la face Φ' est $-\left(s\Phi_2 + \dfrac{d\Phi_2 s}{d\varphi}\,d\varphi\right)dr\,dz$, et il ne reste que $-\left(s\dfrac{d\Phi_2}{d\varphi} + c\Phi_2\right)dr\,dz$.

Des trois équations obtenues, en égalant à zéro les trois sommes trouvées que l'on divise par ω (4), les deux premières contiennent à la fois ρR_0 et $\rho\Phi_0$; on en déduit facilement deux autres équations où ces termes sont isolés, et, distrayant les forces d'inertie, on a définitivement

$$(5)\quad \begin{cases} \dfrac{dR_1}{dr} + \dfrac{1}{r}\dfrac{dR_2}{d\varphi} + \dfrac{dR_3}{dz} + \dfrac{R_1 - \Phi_2}{r} + \rho R_0 = \rho\dfrac{d^2 U}{dt^2}, \\[2mm] \dfrac{d\Phi_1}{dr} + \dfrac{1}{r}\dfrac{d\Phi_2}{d\varphi} + \dfrac{d\Phi_3}{dz} + \dfrac{\Phi_1 + R_2}{r} + \rho\Phi_0 = \rho\dfrac{d^2 V}{dt^2}, \\[2mm] \dfrac{dZ_1}{dr} + \dfrac{1}{r}\dfrac{dZ_2}{d\varphi} + \dfrac{dZ_3}{dz} + \dfrac{Z_1}{r} + \rho Z_0 = \rho\dfrac{d^2 W}{dt^2}. \end{cases}$$

Ces trois équations, dans lesquelles

$$(6) \qquad \Phi_3 = Z_2, \quad Z_1 = R_3, \quad R_2 = \Phi_1,$$

d'après les valeurs (1), ou par l'annulation des moments, sont les équations générales de l'élasticité, exprimées en coordonnées semi-polaires, ou cylindriques.

On y remarquera la présence des termes

$$\frac{R_1 - \Phi_2}{r}, \quad \frac{\Phi_1 + R_2}{r}, \quad \frac{Z_1}{r},$$

où les forces élastiques entrent intégralement; ce qui tient à la forme de l'élément ω, lequel n'est pas un parallélipipède rectangle : car les faces R et R′ sont réellement inégales, et les normales aux deux faces Φ et Φ' ne sont pas réellement parallèles. Ces différences essentielles se traduisent, en analyse, par la présence des facteurs $(r, c, ou\ s)$ sous les signes de la différentielle en (r, φ), que l'on ajoute à chaque terme fourni, lors des sommations indiquées, par la face $(R, \Phi,$ ou $Z)$, pour obtenir le terme correspondant, donné par la face $(R', \Phi', ou\ Z')$.

§ 78. — Il faut avoir recours aux procédés habituels de transformation pour obtenir les composantes (R_i, Φ_i, Z_i), exprimées par les dérivées en (r, φ, z) des fonctions (U, V, W). A l'aide des relations (2) et (3), où obtient les $\dfrac{d(u, v, w)}{d(x, y, z)}$ en fonctions linéaires des nouvelles dérivées. Ces valeurs, substituées dans les formules (1), § 26, qui appartiennent aux solides homogènes et d'élasticité constante, donnent les N_i, T_i. Enfin, les relations (11), § 18, où l'on substitue les cosinus évalués au § 77, conduisent aux N_i', T_i' (1), ou aux (R_i, Φ_i, Z_i) que l'on cherche. Cette opération est abrégée par l'introduction des sinus et cosinus de l'arc 2φ,

Formules relatives aux cylindres homogènes d'élasticité constante.

et par des artifices de calcul faciles à imaginer; elle conduit aux valeurs

$$(7)\begin{cases} \theta = \dfrac{1}{r}\dfrac{dr\,U}{dr} + \dfrac{1}{r}\dfrac{dV}{d\varphi} + \dfrac{dW}{dz}, \\[2mm] R_1 = \lambda\theta + 2\mu\dfrac{dU}{dr}, \quad \Phi_3 = Z_2 = \mu\left(\dfrac{dV}{dz} + \dfrac{1}{r}\dfrac{dW}{d\varphi}\right), \\[2mm] \Phi_2 = \lambda\theta + 2\mu\left(\dfrac{U}{r} + \dfrac{1}{r}\dfrac{dV}{d\varphi}\right), \quad Z_1 = R_3 = \mu\left(\dfrac{dW}{dr} + \dfrac{dU}{dz}\right), \\[2mm] Z_3 = \lambda\theta + 2\mu\dfrac{dW}{dz}, \quad R_2 = \Phi_1 = \mu\left(\dfrac{1}{r}\dfrac{dU}{d\varphi} + \dfrac{dV}{dr} - \dfrac{V}{r}\right), \end{cases}$$

et constate encore une fois les relations (6).

Lorsque l'on substitue les valeurs (7) dans les équations (5), celles-ci perdent de leur généralité, et ne sont
plus applicables qu'aux solides homogènes et d'élasticité
constante. On peut alors les mettre sous la forme

$$(8)\begin{cases} (\lambda + 2\mu)\dfrac{d\theta}{dr} + \mu\left(\dfrac{1}{r}\dfrac{d\Gamma}{d\varphi} - \dfrac{d\mathfrak{v}}{dz}\right) + \rho R_0 = \rho\dfrac{d^2U}{dt^2}, \\[2mm] (\lambda + 2\mu)\dfrac{1}{r}\dfrac{d\theta}{d\varphi} + \mu\left(\dfrac{d\mathcal{A}}{dz} - \dfrac{d\Gamma}{dr}\right) + \rho\Phi_0 = \rho\dfrac{d^2V}{dt^2}, \\[2mm] (\lambda + 2\mu)\dfrac{d\theta}{dz} + \mu\left(\dfrac{1}{r}\dfrac{dr\,\mathfrak{v}}{dr} - \dfrac{1}{r}\dfrac{d\mathcal{A}}{d\varphi}\right) + \rho Z_0 = \rho\dfrac{d^2W}{dt^2}, \end{cases}$$

en posant, pour simplifier,

$$(9)\begin{cases} \dfrac{dV}{dz} - \dfrac{1}{r}\dfrac{dW}{d\varphi} = \mathcal{A}, \\[2mm] \dfrac{dW}{dr} - \dfrac{dU}{dz} = \mathfrak{v}, \\[2mm] \dfrac{1}{r}\dfrac{dU}{d\varphi} - \dfrac{dV}{dr} - \dfrac{V}{r} = \Gamma. \end{cases}$$

Les formules différentielles (3) établissent sans peine que le
paramètre différentiel du second ordre Δ^2 ou $\left(\dfrac{d^2\cdot}{dx^2} + \dfrac{d^2\cdot}{dy^2} + \dfrac{d^2\cdot}{dz^2}\right)$

est exprimé par

$$(10) \qquad \Delta^2 = \frac{d^2.}{dr^2} + \frac{1}{r}\frac{d.}{dr} + \frac{1}{r^2}\frac{d^2.}{d\varphi^2} + \frac{d^2.}{dz^2}$$

en coordonnées semi-polaires. Dans le cas général adopté, § 26, la composante des forces extérieures, suivant une direction donnée, est la dérivée, prise dans cette direction même, d'une fonction F dont le Δ^2 est nul, en sorte que l'on a

$$(11) \qquad R_0 = \frac{dF}{dr}, \quad \Phi_0 = \frac{1}{r}\frac{dF}{d\varphi}, \quad Z_0 = \frac{dF}{dz};$$

et, puisque $\Delta^2 F = 0$, il s'ensuit

$$(12) \qquad \frac{1}{r}\frac{dr R_0}{dr} + \frac{1}{r}\frac{d\Phi_0}{d\varphi} + \frac{dZ_0}{dz} = 0.$$

D'après cette relation (12), si l'on ajoute les trois équations (8), après les avoir respectivement multipliées par des facteurs tels, puis différentiées de telle manière, que le second membre de la somme soit $\rho\,\frac{d^2\theta}{dt^2}$, θ ayant la valeur (7), on retrouve, en renversant,

$$(13) \qquad \frac{d^2\theta}{dt^2} = \Omega^2 \Delta^2\theta;$$

ce qui devait être, puisque cette équation exprime une propriété générale de la fonction θ, complétement indépendante du système de coordonnées que l'on emploie. On trouvera facilement quels termes particuliers (U_0, V_0, W_0) doivent entrer dans les valeurs intégrales des (U, V, W), pour faire disparaître des équations (8) les termes en (R_0, Φ_0, Z_0); et l'on pourra faire abstraction de ces forces extérieures quand il s'agira d'étudier les effets de l'élasticité provenant d'autres causes, §§ 26 et 28.

Telles sont les équations et les formules de l'élasticité, transformées en coordonnées semi-polaires, et directement applicables aux solides de forme cylindrique. Elles n'étaient pas précisément nécessaires aux questions très-simples et en petit nombre que nous allons traiter; quelques transformations particulières et faciles eussent suffi. Mais nous avons pensé qu'il était utile d'établir ces nouvelles équations dans toute leur généralité, pour faciliter des recherches plus difficiles, où leur emploi serait indispensable. Quelquefois, dans les travaux de Physique mathématique, on abandonne une idée accessoire et qui mériterait d'être poursuivie, parce que l'on n'a pas à sa disposition les relations analytiques nécessaires, et que leur recherche, exigeant trop de temps, ferait perdre de vue l'idée principale. C'est alors que l'impatience peut conduire à l'erreur : si, pour aller plus vite, on considère l'élément des coordonnées semi-polaires comme un parallélipipède rectangle, et si, se fondant sur une analogie spécieuse, on évalue les (R_i, Φ_i, Z_i) au moyen des (N_i, T_i), en y remplaçant simplement les $\dfrac{d(u, v, w)}{d(x, y, z)}$ par les $\dfrac{d(U, V, W)}{d(dr, r\,d\varphi, dz)}$, on a ainsi, et rapidement, des formules fausses.

§ 79. — Considérons l'équilibre d'élasticité d'une tige *Équilibre de torsion d'un cylindre.* cylindrique, verticale et tordue. Nous supposerons que la tige soit fixée à son extrémité supérieure, prise pour la base, que son axe vertical soit dirigé de haut en bas et que la torsion ait lieu de droite à gauche. On peut prendre pour les projections du déplacement,

$$(14) \qquad U = o, \quad V = \alpha\,rz, \quad W = o;$$

la constante α représente l'angle de torsion; ni l'angle φ, ni le temps t n'entrent dans ces valeurs; on fait abstraction des (R_0, Φ_0, Z_0); les formules (7) donnent

$$(15) \begin{cases} N'_1 = R_1 = o, \quad N'_2 = \Phi_2 = o, \quad N'_3 = Z_3 = o, \\ \qquad T'_1 = \Phi_3 = Z_2 = \mu\alpha r = T, \\ \qquad T'_2 = Z_1 = R_3 = o, \\ \qquad T'_3 = R_2 = \Phi_1 = o; \end{cases}$$

et les équations (5) sont vérifiées. Ainsi, toutes les surfaces cylindriques intérieures, et aussi la surface de la tige, ne sont sollicitées par aucune force élastique; les faces méridiennes et basiques de tout élément de volume ω sont sollicitées par des forces élastiques tangentielles, dirigées parallèlement à l'axe pour les premières, suivant la tangente au cylindre r pour les secondes.

L'équation (12) du § 22 se réduit à $A^3 - T^2 A = o$; les trois forces élastiques principales sont donc $(o, -T, +T)$; on obtient leurs directions en substituant successivement ces valeurs avec les N'_i, T'_i (15) dans les équations (10) du § 22, et rapportant les cosinus (m, n, p) aux lignes (x', y', z'), définies plus haut, § 77. La valeur $A = o$ donne $p = o, n = o, m = 1$, ou la direction de r; c'est-à-dire que toutes les forces élastiques sont dirigées dans un même plan, tangent au cylindre r. La valeur $A = -T$ donne $n + p = o$, c'est-à-dire que l'élément-plan sur lequel s'exerce la pression normale $-T$ a pour équation $y' - z' = o$, passe par le rayon r, et s'élève dans le sens du déplacement V, sur un angle de 45 degrés avec l'horizon. La valeur $A = +T$ donne $n - p = o$, c'est-à-dire que l'élément-plan sur lequel s'exerce la traction normale $+T$ a pour équation $y' + z' = o$, passe par le rayon r, et s'abaisse sous un angle de 45 degrés avec l'horizon.

Dans le cas actuel, la relation (6), § 32, qui constitue le théorème de M. Clapeyron, conduit d'une manière très-simple à la valeur de l'angle de torsion α. En effet, le premier membre de cette relation est, ici, $\Sigma F r \alpha$ ou αM,

M étant le moment total des efforts qui ont produit la torsion ; le second membre est

$$\int\int\int \left(\mathrm{EF} - \frac{\mathrm{G}}{\mu} \right) r\,dr\,d\varphi\,dz.$$

Ici, F est nul, et G se réduit à $-\mu^2\alpha^2 r^2$; l'intégrale devient

$$\mu\alpha^2 \int\int\int r^2\,dr\,d\varphi\,dz\,;$$

étendue à toute la tige dont la longueur est l et le rayon R, elle donne

$$\mu\alpha^2 \cdot \frac{\mathrm{R}^4}{4} \cdot 2\,\pi \cdot l.$$

La relation citée se réduit donc à

$$\alpha = \frac{2}{\pi\mu} \cdot \frac{\mathrm{M}}{\mathrm{R}^4 l},$$

valeur qui reproduit les lois connues de l'angle de torsion.

Équilibre d'élasticité d'une enveloppe cylindrique.

§ 80. — Nous allons étudier maintenant l'équilibre d'élasticité d'une enveloppe solide cylindrique, dont la paroi intérieure, de rayon R, soit soumise à une pression constante — P ; et dont la paroi extérieure, de rayon R', soit soumise à une autre pression — P'. Nous supposerons P plus grand que P', et tellement que $(\mathrm{R}^2\,\mathrm{P} - \mathrm{R}'^2\,\mathrm{P}')$ soit positif. Le cylindre est fermé par des fonds, plats ou courbes, soumis aux mêmes pressions, et ajustés de telle sorte, que l'enveloppe cylindrique éprouve une traction F parallèle à l'axe, et de même intensité sur toute l'étendue d'une section droite annulaire ; cette condition établit l'équation

$$(\pi\,\mathrm{R}'^2 - \pi\,\mathrm{R}^2)\,\mathrm{F} = \mathrm{P}.\pi\,\mathrm{R}^2 - \mathrm{P}'.\pi\,\mathrm{R}'^2,$$

d'où

(16)
$$\mathrm{F} = \frac{\mathrm{R}^2\,\mathrm{P} - \mathrm{R}'^2\,\mathrm{P}'}{\mathrm{R}'^2 - \mathrm{R}^2}.$$

Dans ces circonstances, $V = o$, U et W sont indépendants de φ et de t; de ce que les composantes tangentielles des forces élastiques sont essentiellement nulles sur les parois, il suit que U est indépendant de z, et W de r. Les valeurs (7) deviennent

$$(17) \begin{cases} R_1 = (\lambda + 2\mu)\dfrac{dU}{dr} + \lambda\left(\dfrac{U}{r} + \dfrac{dW}{dz}\right), \\[2mm] \Phi_2 = (\lambda + 2\mu)\dfrac{U}{r} + \lambda\left(\dfrac{dU}{dr} + \dfrac{dW}{dz}\right), \\[2mm] Z_3 = (\lambda + 2\mu)\dfrac{dW}{dz} + \lambda\left(\dfrac{dU}{dr} + \dfrac{U}{r}\right), \\[2mm] \Phi_3 = Z_2 = o, \quad Z_1 = R_3 = o, \quad R_2 = \Phi_1 = o. \end{cases}$$

Enfin, des équations (5), où l'on fait abstraction des (R_0, Φ_0, Z_0), la seconde est identique; la troisième donne

$$\frac{dZ_3}{dz} = o, \quad \text{ou} \quad \frac{d^2W}{dz^2} = o,$$

d'où

$$(18) \qquad\qquad W = cz;$$

la première devient

$$\frac{dR_1}{dr} + \frac{R_1 - \Phi_2}{r} = o;$$

et, par les valeurs (17), se réduit à

$$\frac{d^2U}{dr^2} + \frac{1}{r}\frac{dU}{dr} - \frac{U}{r^2} = o,$$

d'où

$$(19) \qquad\qquad U = ar + \frac{b}{r};$$

c, a, b sont trois constantes.

Les formes nécessaires des fonctions W (18) et U (19) étant maintenant connues, les forces élastiques principales (17) et la dilatation θ, sont

$$(20) \quad \begin{cases} R_1 = 2(\lambda + \mu)a - 2\mu\dfrac{b}{r^2} + \lambda c, \\[2mm] \Phi_2 = 2(\lambda + \mu)a + 2\mu\dfrac{b}{r^2} + \lambda c, \\[2mm] Z_3 = (\lambda + 2\mu)c + 2\lambda a, \quad \theta = 2a + c. \end{cases}$$

Or, Z_3 doit être égal à F, R_1 doit devenir — P pour $r = R$, et — P' pour $r = R'$; ce qui établit entre (a, b, c) les trois équations

$$(\lambda + 2\mu)c + 2\lambda a = \frac{R^2 P - R'^2 P'}{R'^2 - R^2},$$

$$2(\lambda + \mu)a - \frac{2\mu b}{R^2} + \lambda c = - P,$$

$$2(\lambda + \mu)a - \frac{2\mu b}{R'^2} + \lambda c = - P',$$

qui donnent facilement

$$(21) \quad \begin{cases} b = \dfrac{R^2 R'^2 (P - P')}{2\mu (R'^2 - R^2)}, \\[3mm] a = c = \dfrac{1}{3\lambda + 2\mu} \dfrac{R^2 P - R'^2 P'}{R'^2 - R^2}, \\[3mm] \theta = \dfrac{3}{3\lambda + 2\mu} \dfrac{R^2 P - R'^2 P'}{R'^2 - R^2}; \end{cases}$$

d'où l'on conclut que l'enveloppe est uniformément dilatée dans toute son étendue. Avec ces valeurs (21), Φ_2 devient

$$\Phi_2 = \frac{R^2 P - R'^2 P'}{R'^2 - R^2} + \frac{R^2 R'^2 (P - P')}{r^2 (R'^2 - R^2)};$$

c'est-à-dire que la section méridienne ou diamétrale de l'enveloppe éprouve une traction normale, variable, et dont le maximum, qui a lieu vers la paroi intérieure, est

$$(22) \qquad A = \frac{R^2 P - R'^2 P' + R'^2 (P - P')}{R'^2 - R^2}.$$

Si l'on donne à A la valeur-limite que la traction maxima ne saurait dépasser, sans faire craindre une altération permanente, la relation (22) conduit à

$$(23) \qquad \frac{R'}{R} = \sqrt{\frac{A + P}{A + 2P' - P}} = \frac{1}{\sqrt{1 - 2 \dfrac{P - P'}{A + P}}}$$

pour la moindre valeur que l'on puisse donner au rapport $\dfrac{R'}{R}$.

Cette valeur indique que, si la pression intérieure égale ou surpasse la limite A augmentée du double de la pression extérieure, l'enveloppe s'altérera inévitablement. Posons

$$(24) \qquad R' = R(1 + e), \quad \frac{P - P'}{A + P} = \varepsilon;$$

eR donnera l'épaisseur de l'enveloppe ; dans la pratique, $P - P'$ est la *pression effective*, et son rapport ε à $(A + P)$ est ordinairement une très-petite fraction ; alors l'équation (23) se réduit à

$$1 + e = (1 - 2\varepsilon)^{-\frac{1}{2}} = 1 + \varepsilon,$$

ou bien

$$(25) \qquad e = \varepsilon;$$

formule d'une simplicité extrême, et certainement plus exacte que toutes les formules empiriques employées dans des circonstances analogues.

Dans un ancien travail déjà cité, § 68, se trouve la solution d'un problème général, qui consiste à déterminer l'équilibre intérieur d'une enveloppe cylindrique indéfinie, lorsque les deux parois sont soumises à des forces données, variables d'un point à l'autre de ces surfaces. Nous ne reproduisons pas ici cette solution, encore trop compliquée. D'ailleurs nous avons pour but, non de donner un traité complet, mais de montrer, par des exemples simples et variés, l'utilité et l'importance de la théorie mathématique de l'élasticité.

§ 81. — Quelques mots maintenant sur les états vibratoires des solides de forme cylindrique; ils sont régis par les équations (8), où l'on fait abstraction des (R_0, Φ_0, Z_0), et où l'on remplace $\dfrac{\lambda + 2\mu}{\rho}$ et $\dfrac{\mu}{\rho}$ par Ω^2 et ω^2. D'après la théorie donnée dans notre onzième Leçon, ces états vibratoires composent deux classes distinctes : pour ceux de la première classe, les termes en ω^2 disparaissent des équations générales, les fonctions $(\mathscr{A}, \mathscr{B}, \Gamma)$ (9) sont donc nulles, ou bien l'on a

$$(26) \qquad \frac{d\,V r}{dz} = \frac{d\,W}{d\varphi}, \quad \frac{d\,W}{dr} = \frac{d\,U}{dz}, \quad \frac{d\,U}{d\varphi} = \frac{d\,V r}{dr},$$

puis, par intégration et par substitution,

$$(27) \qquad \left\{ \begin{array}{l} U = \dfrac{d\,F}{dr}, \quad V = \dfrac{1}{r}\dfrac{d\,F}{d\varphi}, \quad W = \dfrac{d\,F}{dz}, \\[2mm] \theta = \Delta^2 F, \quad \dfrac{d^2 F}{dt^2} = \Omega^2 \Delta^2 F. \end{array} \right.$$

Pour les états vibratoires de la seconde classe, les termes en Ω^2 s'annulent dans les équations (8), transformées comme il est dit plus haut, et l'on a

$$\theta = \frac{1}{r}\frac{d\,U r}{dr} + \frac{1}{r}\frac{d\,V}{d\varphi} + \frac{d\,W}{dz} = 0.$$

Les vibrations longitudinales que l'on fait naître dans

une tige cylindrique, en la pinçant au milieu, et la frottant parallèlement à la longueur, appartiennent à la première classe. Le déplacement étant parallèle à l'axe, $U = o$, $V = o$, et W existe seul; la fonction F (27) est donc indépendante de r et de φ; W ne contient que (z, t), et doit vérifier l'équation

$$\frac{d^2 W}{dt^2} = \Omega^2 \frac{d^2 W}{dz^2} \,;$$

les composantes tangentielles (7) ($\Phi_3 = Z_2$, $Z_1 = R_3$, $R_2 = \Phi_1$) sont nulles d'elles-mêmes et partout. Si a est la longueur de la tige, dont une extrémité est à l'origine, les vibrations dont il s'agit sont représentées par l'équation

$$W = \cos\left(2j + 1\right)\pi\frac{z}{a} \cos\left(2j + 1\right)\pi\frac{\Omega t}{a},$$

comme les vibrations longitudinales de la lame rectangulaire, § 70, et l'on est conduit aux mêmes conclusions.

§ 82.—Un état vibratoire de la seconde classe a lieu quand V existe seul et ne varie pas avec φ; alors $U = o$, $W = o$, $\frac{dV}{d\varphi} = o$, d'où $\theta = o$. Les composantes tangentielles $Z_1 = R_3$ sont nulles d'elles-mêmes; il en est de même de $R_2 = \Phi_1$, si $\frac{dV}{dr} = \frac{V}{r}$, ou si l'on prend $V = rf$, f ne contenant que (z, t) et satisfaisant à l'équation

Vibrations tournantes et silencieuses.

$$\frac{d^2 f}{dt^2} = \omega^2 \frac{d^2 f}{dz^2},$$

pour la complète vérification des équations générales. Il faut en outre que la composante $\Phi_3 = \mu \frac{dV}{dz}$ soit nulle aux extrémités, si elles sont libres; c'est ce qui aura lieu si l'on prend

$$V = r \cos i \pi \frac{z}{a} \cos i \pi \frac{\omega t}{a},$$

valeur qui remplit d'ailleurs toutes les autres conditions. Les composantes normales (R_1, Φ_2, Z_3) étant nulles, ce genre de mouvement vibratoire s'établit sans que la surface totale du cylindre soit sollicitée par aucune force élastique, ni tangentielle, ni normale; de plus, les molécules de cette surface vibrent sans en sortir, et le cylindre n'éprouve aucune déformation périodique. Il serait difficile d'imaginer un état vibratoire plus silencieux et plus imperceptible. Les expériences sur le pendule, faites au Panthéon par M. Foucault, ont constaté un mouvement de cette nature, par les oscillations tournantes de la boule sphérique attachée au long fil pendulaire.

QUINZIÈME LEÇON.

Équations générales de l'élasticité en coordonnées polaires ou sphériques.—
Enveloppe sphérique vibrante.—Vibrations des timbres hémisphériques.

§ 83.—Les corps solides terminés par des surfaces sphériques offrent plusieurs applications importantes de la théorie
de l'élasticité, que nous allons exposer dans cette Leçon et la
suivante. Il est donc nécessaire de transformer encore une
fois les équations générales, pour les exprimer en coordonnées polaires ou sphériques. Les nouvelles surfaces conjuguées sont : les sphères concentriques, les cônes d'égale latitude et les plans méridiens ; les nouvelles coordonnées d'un
point M sont : la distance r au centre du système, la latitude φ ou l'angle que la ligne r fait avec le plan de l'équateur, la longitude ψ ou l'angle azimutal que le méridien de
M fait avec un autre méridien fixe.

Nous représentons par (U, V, W) les projections du déplacement de M, sur les normales aux surfaces coordonnées qui y passent, savoir : U sur le prolongement de r, V
sur la tangente à la méridienne et vers le pôle, W sur la
tangente au parallèle du côté opposé au méridien fixe. Les
trois normales, ainsi définies, sont orthogonales, et figurent
respectivement trois nouveaux axes rectilignes des $(x', y'; z')$,
dont l'origine est en M. Nous désignons par (R_i, Φ_i, Ψ_i)
les composantes, suivant les mêmes normales, de la force
élastique exercée en M sur l'élément-plan d'une des surfaces

Équations de l'élasticité en coordonnées polaires ou sphériques.

13.

coordonnées; en prenant l'indice $i = 1$, quand l'élément est tangent à la sphère; l'indice $i = 2$, quand l'élément est tangent au cône de latitude; l'indice $i = 3$, quand l'élément est sur le méridien. Les composantes (R_i, Φ_i, Ψ_i) ne sont autres que les N'_i, T'_i, relatifs aux (x', y', z'); c'est-à-dire que l'on a

$$(1) \quad \begin{cases} R_1 = N'_1, \quad \Phi_2 = N'_2, \quad \Psi_3 = N'_3, \\ \Phi_3 = \Psi_2 = T'_1, \quad \Psi_1 = R_3 = T'_2, \quad R_2 = \Phi_1 = T'_3. \end{cases}$$

Enfin, nous représentons par (R_0, Φ_0, Ψ_0) les composantes, sur les nouveaux axes, de la résultante des forces extérieures, y compris les forces d'inertie $\left(-\dfrac{d^2 U}{dt^2}, -\dfrac{d^2 V}{dt^2}, -\dfrac{d^2 W}{dt^2} \right)$, si le corps se déforme, ou vibre.

Nous supposons que le plan de l'équateur et la ligne des pôles du système sphérique soient l'ancien plan des xy et l'ancien axe des z, le méridien fixe $\psi = 0$ étant l'ancien plan des zx. D'après cela, si l'on désigne, pour simplifier, $\cos \varphi$ et $\sin \varphi$ par c et s, $\cos \psi$ et $\sin \psi$ par c' et s', on trouve facilement les cosinus des angles que font, avec les axes des (x, y, z), les nouvelles lignes des (x', y', z'); ces cosinus sont (cc', cs', s) pour x', $(-sc', -ss', c)$ pour y', (s, c, o) pour z'. Par ces valeurs, les formules de transformation qui lient les anciennes coordonnées (x, y, z) aux nouvelles (r, φ, ψ), et les anciennes projections du déplacement (u, v, w) aux nouvelles (U, V, W), sont :

$$(2) \quad \begin{cases} x = rcc', \quad y = rcs', \quad z = rs, \\ r = \sqrt{x^2 + y^2 + z^2}, \quad \tan \varphi = \dfrac{z}{\sqrt{x^2 + y^2}}, \quad \tan \psi = \dfrac{y}{x}, \\ u = cc'\,U - sc'\,V - s'\,W, \\ v = cs'\,U - ss'\,V + c'\,W, \\ w = s\,U + c\,V, \end{cases}$$

et la différentiation en déduit facilement

$$(3)\begin{cases}\dfrac{dr}{dx} = cc', \qquad \dfrac{dr}{dy} = cs', \qquad \dfrac{dr}{dz} = s, \\[2mm]
\dfrac{d\varphi}{dx} = -\dfrac{sc'}{r}, \qquad \dfrac{d\varphi}{dy} = -\dfrac{ss'}{r}, \qquad \dfrac{d\varphi}{dz} = \dfrac{c}{r}, \\[2mm]
\dfrac{d\psi}{dx} = -\dfrac{s'}{rc}, \qquad \dfrac{d\psi}{dy} = \dfrac{c'}{rc}, \qquad \dfrac{d\psi}{dz} = 0; \\[2mm]
\dfrac{d.}{dx} = cc'\dfrac{d.}{dr} - \dfrac{sc'}{r}\dfrac{d.}{d\varphi} - \dfrac{s'}{rc}\dfrac{d.}{d\psi}, \\[2mm]
\dfrac{d.}{dy} = cs'\dfrac{d.}{dr} - \dfrac{ss'}{r}\dfrac{d.}{d\varphi} + \dfrac{c'}{rc}\dfrac{d.}{d\psi}, \\[2mm]
\dfrac{d.}{dz} = s\dfrac{d.}{dr} + \dfrac{c}{r}\dfrac{d.}{d\varphi}.\end{cases}$$

Ces trois dernières équations sont symboliques et expriment comment les dérivées en (x, y, z) d'une fonction se transforment dans ses dérivées en (r, φ, ψ).

Pour obtenir les équations générales de l'élasticité, exprimées par les dérivées des (R_i, Φ_i, Ψ_i), il est préférable d'établir directement l'équilibre d'un élément de volume dans le nouveau système coordonné. L'élément de volume des coordonnées polaires est

$$(4) \qquad\qquad \omega = dr. rd\varphi. rcd\psi;$$

il est compris entre deux sphères de rayons $(r, r + dr)$, deux cônes de latitudes $(\varphi, \varphi + d\varphi)$, et deux méridiens de longitudes $(\psi, \psi + d\psi)$. Désignons respectivement par (R, R'), (Φ, Φ'), (Ψ, Ψ') les trois couples des faces sphériques, coniques et méridiennes, de cet élément. Pour exprimer son équilibre, il faut évaluer, pour les égaler à zéro, les trois sommes $(\Sigma X, \Sigma Y, \Sigma Z)$ des composantes, suivant les axes des (x, y, z) des forces élastiques qui s'exercent sur les six faces, et des forces $(\rho\omega R_0, \rho\omega\Phi_0, \rho\omega\Psi_0)$ qui sollicitent la masse $\rho\omega$. Ces sommations sont faciles, puisque l'on connaît les aires des faces et les cosinus des

angles que toutes les faces font avec les anciens axes. Quand
on a obtenu les termes fournis à l'une des trois sommes
cherchées par la face $(R, \Phi$ ou $\Psi)$, on augmente chacun
d'eux de sa différentielle prise par rapport à $(r, \varphi$ ou $\psi)$, et
l'on change le signe; ce qui donne les termes que la face
$(R', \Phi'$ ou $\Psi')$ fournit à la même somme; et il ne reste,
après réduction, que les différentielles des premiers termes.

Les trois équations obtenues, en égalant à zéro les trois
sommes trouvées que l'on divise par ω (4), contiennent à la
fois $(\rho R_0, \rho \Phi_0$ et $\rho \Psi_0)$; on en déduit facilement trois
autres équations où ces termes sont isolés, et, distrayant
les forces d'inertie, on a définitivement

$$(5) \begin{cases} \dfrac{dR_1}{dr} + \dfrac{1}{rc}\dfrac{dc\,R_2}{d\varphi} + \dfrac{1}{rc}\dfrac{dR_3}{d\psi} + \dfrac{2R_1 - \Phi_2 - \Psi_3}{r} + \rho R_0 = \rho\dfrac{d^2U}{dt^2}, \\[3mm] \dfrac{d\Phi_1}{dr} + \dfrac{1}{r}\dfrac{dc\,\Phi_2}{d\varphi} + \dfrac{1}{rc}\dfrac{d\Phi_3}{d\psi} + \dfrac{2\Phi_1 + R_2 + \dfrac{s}{c}\Psi_3}{r} + \rho\Phi_0 = \rho\dfrac{d^2V}{dt^2}, \\[3mm] \dfrac{d\Psi_1}{dr} + \dfrac{1}{rc}\dfrac{dc\,\Psi_2}{d\varphi} + \dfrac{1}{rc}\dfrac{d\Psi_3}{d\psi} + \dfrac{2\Psi_1 + R_3 - \dfrac{s}{c}\Phi_3}{r} + \rho\Psi_0 = \rho\dfrac{d^2W}{dt^2}; \end{cases}$$

ces trois équations, dans lesquelles on a

$$(6) \qquad \Phi_3 = \Psi_2, \quad \Psi_1 = R_3, \quad R_2 = \Phi_1,$$

d'après les valeurs (1), ou par l'annulation des sommes des
moments, sont les équations générales de l'élasticité,
exprimées en coordonnées polaires ou sphériques.

On remarquera, dans ces équations, les termes

$$\frac{2R_1 - \Phi_2 - \Psi_3}{r}, \quad \frac{2\Phi_1 + R_2 + \dfrac{s}{c}\Psi_3}{r}, \quad \frac{2\Psi_1 + R_3 - \dfrac{s}{c}\Phi_3}{r},$$

où les (R_i, Φ_i, Ψ_i) entrent intégralement, et aussi la
présence du facteur c sous le signe des différentiations par
rapport à φ; ce qui tient à ce que l'élément ω n'est pas un
parallélipipède rectangle : car, ni ses faces sphériques

(R, R'), ni ses faces coniques (Φ, Φ') ne sont égales, et, de plus, les normales à ses faces méridiennes ne sont pas parallèles. Ces inégalités se traduisent, en analyse, par la présence des facteurs (r^2, c ou s, c' ou s'), sous le signe de la différentielle en (r, φ, ψ), que l'on ajoute à chaque terme fourni, lors des sommations indiquées, par la face (R, Φ ou Ψ), pour obtenir le terme correspondant donné par la face (R', Φ' ou Ψ').

§ 84. — Il faut avoir recours aux procédés habituels de transformation pour obtenir les (R_i, Φ_i, Ψ_i) exprimées par les dérivées en (r, φ, ψ) des fonctions (U, V, W). A l'aide des relations (2) et (3), on obtient les $\dfrac{d(u, v, w)}{d(x, y, z)}$ en fonctions linéaires des nouvelles dérivées. On substitue ces valeurs dans les formules (1), § 26, qui appartiennent exclusivement aux solides homogènes d'élasticité constante, ce qui donne les N_i, T_i. Enfin, les relations (11) du § 18, où l'on substitue les cosinus évalués au § 84, conduisent aux N'_i, T'_i (1) ou aux (R_i, Φ_i, Ψ_i). Cette opération, nécessairement longue, est facilitée par l'introduction des sinus et cosinus des arcs 2ψ et 2φ; elle conduit aux formules

Formules relatives aux sphères homogènes d'élasticité constante.

$$(7) \begin{cases} \theta = \dfrac{1}{r^2}\dfrac{dr^2\,\mathrm{U}}{dr} + \dfrac{1}{rc}\dfrac{dc\,\mathrm{V}}{d\varphi} + \dfrac{1}{rc}\dfrac{d\mathrm{W}}{d\psi}, \\[2mm] \mathrm{R}_1 = \lambda\theta + 2\mu\,\dfrac{d\mathrm{U}}{dr} = \mathrm{N}'_1, \\[2mm] \Phi_2 = \lambda\theta + 2\mu\left(\dfrac{\mathrm{U}}{r} + \dfrac{1}{r}\dfrac{d\mathrm{V}}{d\varphi}\right) = \mathrm{N}'_2, \\[2mm] \Psi_3 = \lambda\theta + 2\mu\left(\dfrac{\mathrm{U}}{r} - \dfrac{s}{c}\dfrac{\mathrm{V}}{r} + \dfrac{1}{rc}\dfrac{d\mathrm{W}}{d\psi}\right) = \mathrm{N}'_3, \\[2mm] \Phi_3 = \Psi_2 = \mu\left(\dfrac{1}{rc}\dfrac{d\mathrm{V}}{d\psi} + \dfrac{1}{r}\dfrac{d\mathrm{W}}{d\varphi} + \dfrac{s}{c}\dfrac{\mathrm{W}}{r}\right) = \mathrm{T}_1, \\[2mm] \Psi_1 = \mathrm{R}_3 = \mu\left(\dfrac{d\mathrm{W}}{dr} - \dfrac{\mathrm{W}}{r} + \dfrac{1}{rc}\dfrac{d\mathrm{U}}{d\psi}\right) = \mathrm{T}'_2, \\[2mm] \mathrm{R}_2 = \Phi_1 = \mu\left(\dfrac{1}{r}\dfrac{d\mathrm{U}}{d\varphi} + \dfrac{d\mathrm{V}}{dr} - \dfrac{\mathrm{V}}{r}\right) = \mathrm{T}'_3. \end{cases}$$

Enfin, par la substitution de ces valeurs dans les équations (5), qui perdent alors leur grande généralité, on obtient celles-ci :

$$(8)\begin{cases} (\lambda + 2\mu)\, cr^2 \dfrac{d\theta}{dr} + \mu\left(\dfrac{d\Gamma}{d\varphi} - \dfrac{d\mathcal{VB}}{d\psi}\right) + \rho\, cr^2\left(R_0 - \dfrac{d^2U}{dt^2}\right) = 0, \\[3mm] (\lambda + 2\mu)\, c\, \dfrac{d\theta}{d\varphi} + \mu\left(\dfrac{d\mathcal{A}}{d\psi} - \dfrac{d\Gamma}{dr}\right) + \rho\, cr\left(\Phi_0 - \dfrac{d^2V}{dt^2}\right) = 0, \\[3mm] (\lambda + 2\mu)\, \dfrac{1}{c}\, \dfrac{d\theta}{d\psi} + \mu\left(\dfrac{d\mathcal{VB}}{dr} - \dfrac{d\mathcal{A}}{d\varphi}\right) + \rho\, r\left(\Psi_0 - \dfrac{d^2W}{dt^2}\right) = 0, \end{cases}$$

en posant, pour simplifier,

$$(9)\begin{cases} \dfrac{1}{r^2 c}\left(\dfrac{dr\,V}{d\psi} - \dfrac{drc\,W}{d\varphi}\right) = \mathcal{A}, \\[3mm] \dfrac{1}{c}\left(\dfrac{drc\,W}{dr} - \dfrac{dU}{d\psi}\right) = \mathcal{VB}, \\[3mm] c\left(\dfrac{dU}{d\varphi} - \dfrac{dr\,V}{dr}\right) = \Gamma. \end{cases}$$

Si l'on ajoute les trois équations (8), après les avoir différentiées, la première en r, la seconde en φ, la troisième en ψ, on élimine les $(\mathcal{A}, \mathcal{VB}, \Gamma)$; ce qui fait disparaître aussi les forces extérieures (R_0, Φ_0, Ψ_0), quand elles sont, comme on le suppose, les dérivées

$$R_0 = \frac{dF_0}{dr}, \quad \Phi_0 = \frac{1}{r}\frac{dF_0}{d\varphi}, \quad \Psi_0 = \frac{1}{rc}\frac{dF_0}{d\psi},$$

d'une même fonction F_0, vérifiant l'équation $\Delta^2 F_0 = 0$. On obtient ainsi l'équation

$$\rho\frac{d^2\theta}{dt^2} = \frac{\lambda + 2\mu}{r^2}\left(\frac{dr^2\dfrac{d\theta}{dr}}{dr} + \frac{1}{c}\frac{dc\dfrac{d\theta}{d\varphi}}{d\varphi} + \frac{1}{c^2}\frac{d^2\theta}{d\psi^2}\right),$$

qui doit se réduire à

$$\frac{d^2\theta}{dt^2} = \Omega^2 . \Delta^2\theta,$$

puisque celte équation fondamentale, qui régit la fonction θ, ou la dilatation, est nécessairement indépendante du système des coordonnées.

§ 85. —Telles sont les équations et les formules de l'élasticité, transformées en coordonnées polaires, et directement applicables aux sphères solides et aux enveloppes sphériques. Nous considérerons d'abord les vibrations. D'après la théorie donnée dans notre onzième Leçon, ces vibrations sont régies par les équations (8), où, faisant abstraction des (R_0, Φ_0, Ψ_0), on remplace $(\lambda + 2\mu)$ par $\rho \Omega^2$, μ par $\rho \omega^2$; elles se partagent en deux classes distinctes. Pour les vibrations de la première classe, que nous étudierons seules, les termes en ω^2 disparaissent, les fonctions $(\mathcal{A}, \mathcal{B}, \Gamma)$ (9) sont nulles, et l'on a

Enveloppe
sphérique
vibrante.

$$(10) \qquad \frac{dr\,\mathrm{V}}{d\psi} = \frac{drc\,\mathrm{W}}{d\varphi}, \qquad \frac{drc\,\mathrm{W}}{dr} = \frac{d\mathrm{U}}{d\psi}, \qquad \frac{d\mathrm{U}}{d\varphi} = \frac{dr\,\mathrm{V}}{dr};$$

d'où l'on conclut, F étant une nouvelle fonction,

$$(11) \quad \begin{cases} \mathrm{U} = \dfrac{d\mathrm{F}}{dr}, \quad \mathrm{V} = \dfrac{1}{r}\dfrac{d\mathrm{F}}{d\varphi}, \quad \mathrm{W} = \dfrac{1}{rc}\dfrac{d\mathrm{F}}{d\psi}, \\[2ex] \theta = \dfrac{1}{r^2}\dfrac{dr^2\dfrac{d\mathrm{F}}{dr}}{dr} + \dfrac{1}{r^2 c}\dfrac{dc\dfrac{d\mathrm{F}}{d\varphi}}{d\varphi} + \dfrac{1}{r^2 c^2}\dfrac{d^2\mathrm{F}}{d\psi^2} = \Delta^2\,\mathrm{F}; \end{cases}$$

car les formules différentielles (3) montrent sans peine que le paramètre différentiel du second ordre Δ^2, ou

$$\left(\frac{d^2.}{dx^2} + \frac{d^2.}{dy^2} + \frac{d^2.}{dz^2} \right),$$

transformé en coordonnées polaires, prend la forme

$$(12) \qquad \Delta^2 = \frac{1}{r^2}\left(\frac{dr^2\dfrac{d.}{dr}}{dr} + \frac{1}{c}\frac{dc\dfrac{d.}{d\varphi}}{d\varphi} + \frac{1}{c^2}\frac{d^2.}{d\psi^2} \right).$$

Par les valeurs (11), les trois équations générales se réduisent à celle-ci :

$$(13) \qquad \frac{d^2 F}{dt^2} = \Omega^2 \theta = \Omega^2 \Delta^2 F.$$

Ainsi les mouvements vibratoires de la première classe, dans un système sphérique, sont représentés par les déplacements (U, V, W) (11), dans lesquels F est une fonction qui vérifie l'équation (13).

Proposons-nous de trouver ceux de ces mouvements vibratoires qui peuvent s'établir dans une enveloppe solide, comprise entre deux sphères concentriques de rayons r_0 et r_1, lesquelles sont en contact avec des fluides qui ne peuvent exercer sur elles que des pressions normales. Les valeurs (11) transforment les composantes tangentielles Φ_1, Ψ_1 (7) de la manière suivante :

$$(14) \quad \begin{cases} \Phi_1 = \mu \left(\frac{1}{r} \frac{dU}{d\varphi} + \frac{dV}{dr} - \frac{V}{r} \right) = \frac{2\mu}{r} \dfrac{d\left(\dfrac{dF}{dr} - \dfrac{F}{r} \right)}{d\varphi}, \\[3mm] \Psi_1 = \mu \left(\frac{1}{rc} \frac{dU}{d\psi} + \frac{dW}{dr} - \frac{W}{r} \right) = \frac{2\mu}{rc} \dfrac{d\left(\dfrac{dF}{dr} - \dfrac{F}{r} \right)}{d\psi} ; \end{cases}$$

puisque ces deux composantes tangentielles doivent être nulles sur les parois, et cela, quels que soient φ et ψ, la fonction F devra être telle, que

$$(15) \qquad \frac{dF}{dr} = \frac{F}{r} \quad \text{pour} \quad r = r_0, \quad \text{et pour} \quad r = r_1.$$

Il s'agit donc de trouver des intégrales particulières de l'équation (13) qui remplissent cette double condition (15), et ces intégrales représenteront autant d'états vibratoires possibles de l'enveloppe sphérique.

Nous donnerons d'abord une autre forme à l'équation (13).

Si l'on prend pour une nouvelle variable α le sinus s de la latitude, d'où

$$(16) \qquad \begin{cases} s = \alpha, \quad c^2 = 1 - \alpha^2, \\ c\,d\varphi = d\alpha, \quad \dfrac{1}{c}\dfrac{d.}{d\varphi} = \dfrac{d.}{d\alpha}, \end{cases}$$

le Δ^2 (12) s'écrira de cete manière :

$$(17) \qquad \Delta^2 = \frac{d^2.}{dr^2} + \frac{2}{r}\frac{d.}{dr} + \frac{1}{r^2}\left[\frac{d(1-\alpha^2)\dfrac{d.}{d\alpha}}{d\alpha} + \frac{\dfrac{d^2.}{d\psi^2}}{1-\alpha^2}\right].$$

C'est la forme adoptée dans la théorie analytique de la chaleur, et dans celle de l'attraction des sphéroïdes, où se trouvent résolus les divers problèmes d'analyse qui se présentent ici, et dont nous nous contenterons d'énoncer les solutions.

L'équation aux différences partielles (13), ou, d'après (17), celle-ci :

$$(18) \quad \frac{d^2F}{dt^2} = \Omega^2\left\{\frac{d^2F}{dr^2} + \frac{2}{r}\frac{dF}{dr} + \frac{1}{r^2}\left[\frac{d(1-\alpha^2)\dfrac{dF}{d\alpha}}{d\alpha} + \frac{\dfrac{d^2F}{d\psi^2}}{1-\alpha^2}\right]\right\},$$

est vérifiée par le produit

$$(19) \qquad\qquad F = \mathfrak{R}\,\mathfrak{K}\,\mathfrak{F},$$

où $\mathfrak{F}$ est une fonction de t seul, qui satisfait à l'équation différentielle

$$(20) \qquad\qquad \frac{d^2\mathfrak{F}}{dt^2} + q^2\Omega^2\mathfrak{F} = 0;$$

où $\mathfrak{K}$ est une fonction de φ et de ψ, vérifiant l'équation aux différences partielles

$$(21) \qquad \frac{d(1-\alpha^2)\dfrac{d\mathfrak{K}}{d\alpha}}{d\alpha} + \frac{\dfrac{d^2\mathfrak{K}}{d\psi^2}}{1-\alpha^2} + n(n+1)\mathfrak{K} = 0;$$

enfin, où $\mathfrak{R}$ est une fonction de r seul, qui satisfait à l'équation différentielle

$$(22) \qquad \frac{d^2\mathfrak{R}}{dr^2} + \frac{2}{r}\frac{d\mathfrak{R}}{dr} + \left(q^2 - \frac{n(n+1)}{r^2}\right)\mathfrak{R} = 0;$$

n est un entier quelconque, q un paramètre arbitraire. On s'assure aisément que le produit (19), substitué à F, rend l'équation (18) identique quand on élimine les dérivées à l'aide des équations (20), (21), (22). L'intégrale générale de l'équation différentielle (20) est

$$(23) \qquad \mathfrak{F} = \mathrm{H}\cos(q\,\Omega\,t) + \mathrm{H}'\sin(q\,\Omega\,t),$$

H, H' étant deux constantes arbitraires.

La fonction $\mathfrak{R}$ ne doit devenir infinie pour aucune valeur de φ et de ψ; elle doit conserver la même valeur quand l'arc ψ augmente d'une ou de plusieurs circonférences; de plus, la variable ψ doit en disparaître quand $\varphi = \pm\frac{\pi}{2}$, ou quand $\alpha = \pm 1$. Ces propriétés sont essentielles pour que $\mathfrak{R}$ ou le produit (19) puisse représenter la loi d'un phénomène dans un système sphérique complet; elles exigent que n soit un nombre entier, et réduisent l'intégrale générale de l'équation (21) à la formule suivante :

$$(24) \quad \left\{ \begin{aligned} \mathfrak{R}_n = \;& \mathrm{P}_n^{(0)}\,(a_n\cos n\psi + b_n\sin n\psi) \\[1mm] & + \mathrm{P}_n^{(1)}\,[a_{n-1}\cos(n-1)\psi + b_{n-1}\sin(n-1)\psi] \\[1mm] & + \mathrm{P}_n^{(2)}\,[a_{n-2}\cos(n-2)\psi + b_{n-2}\sin(n-2)\psi] \\[1mm] & + \mathrm{P}_n^{(3)}\,[a_{n-3}\cos(n-3)\psi + b_{n-3}\sin(n-3)\psi] \\[1mm] & \;\ldots\ldots\ldots\ldots\ldots\ldots\ldots\ldots\ldots \\[1mm] & + \mathrm{P}_n^{(n-2)}\,(a_2\cos 2\psi + b_2\sin 2\psi) \\[1mm] & + \mathrm{P}_n^{(n-1)}\,(a_1\cos\psi + b_1\sin\psi) + \mathrm{P}_n^{(n)}\,a_0; \end{aligned} \right.$$

dans laquelle les $P_n^{(i)}$ représentent, pour simplifier, les fonctions de α que voici :

$$P_n^{(0)} = (1 - \alpha^2)^{\frac{n}{2}}, \quad P_n^{(1)} = (1 - \alpha^2)^{\frac{n-1}{2}} . \alpha,$$

$$P_n^{(2)} = (1 - \alpha^2)^{\frac{n-2}{2}} . \left(\alpha^2 - \frac{1}{2n-1} \right),$$

$$P_n^{(3)} = (1 - \alpha^2)^{\frac{n-3}{2}} . \left(\alpha^3 - \frac{3}{2n-1} \alpha \right),$$

$$P_n^{(4)} = (1 - \alpha^2)^{\frac{n-4}{2}} \left[\alpha^4 - \frac{6}{2n-1} \alpha^2 + \frac{3}{(2n-1)(2n-3)} \right],$$

. . . .

$$P_n^{(n)} = \alpha^n - \frac{n(n-1)}{2(2n-1)} \alpha^{n-2} + \frac{n(n-1)(n-2)(n-3)}{2.4(2n-1)(2n-3)} \alpha^{n-4} \ldots,$$

et où les $(2n+1)$ coefficients (a_i, b_i) sont des constantes arbitraires.

L'équation différentielle (22) est vérifiée par la valeur

$$(25) \quad \left\{ \begin{array}{l} \mathfrak{K} = m = r^n \omega_n \\[2mm] \text{où} \quad \omega_n = \displaystyle\int_0^{\frac{\pi}{2}} \cos(qr \sin x) \cos^{2n+1} x \, dx. \end{array} \right.$$

L'intégrale définie ω_n s'obtient sans difficulté par les procédés ordinaires du calcul infinitésimal; on trouve

$$(26) \left\{ \begin{array}{l} \omega_0 = \dfrac{\sin qr}{qr}, \quad \omega_1 = \dfrac{2}{q^3 r^3} (\sin qr - qr \cos qr), \\[3mm] \omega_n = \dfrac{2n(2n-1)}{q^2 r^2} \omega_{n-1} - \dfrac{2n(2n-2)}{q^2 r^2} \omega_{n-2}, \\[3mm] \omega_2 = \dfrac{2.3.4}{q^5 r^5} \left[\left(1 - \dfrac{q^2 r^2}{3} \right) \sin qr - qr \cos qr \right], \ldots \end{array} \right.$$

Nous désignerons, pour abréger, par m', m'' les deux premières dérivées de la fonction m (25), qui, vérifiant l'équation (22), donne

$$(27) \qquad r^2 m'' + 2rm' + [q^2 r^2 - n(n+1)] m = 0.$$

On sait que, m étant une intégrale particulière de l'équation (22), l'intégrale générale est $\left(C + B \int \dfrac{dr}{r^2 m^2} \right) m$, où C et B sont deux constantes arbitraires; nous prendrons

$$(28) \qquad \mathfrak{R} = (1 + BS)\, m, \quad \text{où} \quad S = \int_{r_0}^{r} \frac{dr}{r^2 m^2},$$

en faisant $C = 1$, ce qui ne diminuera en rien la généralité du produit (19), à cause des constantes arbitraires qui entrent déjà dans les autres facteurs $\mathfrak{F}$ et $\mathfrak{R}$.

Pour que le produit (19) satisfasse à la double condition (15), il faut et il suffit que l'on ait

$$(29) \qquad \frac{d\mathfrak{R}}{dr} = \frac{\mathfrak{R}}{r} \quad \text{pour} \quad r = r_0, \quad \text{et pour} \quad r = r_1;$$

cette équation (29), quand r y reste indéterminé et que $\mathfrak{R}$ a la valeur (28), prend la forme

$$B = (1 + BS)\, rm\, (m - rm'),$$

d'où l'on déduit

$$S = \int_{r_0}^{r} \frac{dr}{r^2 m^2} = \frac{1}{rm\,(m - rm')} - \frac{1}{B};$$

et si, pour désigner la valeur que prend une fonction de r, quand $r = r_0$, ou quand $r = r_1$, on place, au bas de la lettre qui exprime cette fonction, l'indice 0 ou l'indice 1, on devra avoir

$$(30) \quad \left\{ \begin{array}{l} \displaystyle \int_{r_0}^{r_1} \frac{dr}{r^2 m^2} = \frac{1}{r_1 m_1 (m_1 - r_1 m_1')} - \frac{1}{r_0 m_0 (m_0 - r_0 m_0')}, \\[2mm] B = r_0 m_0 (m_0 - r_0 m_0'). \end{array} \right.$$

La première de ces relations est une équation transcendante, dont le paramètre q doit être une des racines ; la seconde détermine la constante B, lorsque q est connu.

Ainsi les produits tels que F (19) qui, satisfaisant à toutes les conditions imposées, représentent des états vibratoires possibles de l'enveloppe sphérique, forment une sorte de table à double entrée : car l'entier n peut avoir toutes les valeurs, depuis zéro jusqu'à l'infini ; et, pour chaque valeur de n, il existe une équation transcendante (30) dont les racines, en nombre infini, sont autant de valeurs correspondantes du paramètre q. Il y a autant de produits (19) différents que de couples de valeurs de n et q ; chacun de ces produits contient $(4n + 2)$ constantes arbitraires, savoir : $(2n + 1)$ pour la fonction $\mathfrak{K}_n$ (24) qui sert de coefficient à $\cos(q\Omega t)$, et $(2n + 1)$ pour le coefficient de $\sin(q\Omega t)$ dans $\mathfrak{F}$ (23). Tous ces produits étant réunis par voie d'addition, en conservant tous leurs coefficients distincts les uns des autres, formeront une intégrale générale de l'équation (18), satisfaisant à la double condition (15).

Cette intégrale représentera le mouvement intérieur de l'enveloppe sphérique, quand l'état initial ou les déplacements primitifs seront tels, qu'il y ait dilatation ou contraction en chaque point du solide. S'il résulte de cet état initial que F et sa dérivée $\dfrac{dF}{dt}$ étaient alors des fonctions connues de (r, φ, ψ), toutes les constantes arbitraires de l'intégrale générale pourront être complétement déterminées, en appliquant la méthode d'élimination par intégrations définies, dont on fait un si fréquent usage dans toutes les théories physico-mathématiques, et qu'il est inutile de reproduire ici. Comme dans les autres corps sonores, le mouvement intérieur de l'enveloppe sphérique résulte de la superposition ou de la coexistence

de tous les états vibratoires possibles auxquels les valeurs
trouvées des coefficients assignent leurs amplitudes relatives. Chacun de ces états vibratoires correspond à un
couple de valeurs de n et q; il pourrait exister seul si l'état
initial s'y prêtait; on peut donc l'étudier isolément.

La seconde équation (30) se simplifie singulièrement
quand l'épaisseur de l'enveloppe est extrêmement petite,
comparativement au rayon r_0 de la paroi intérieure. Elle se
réduit alors à

$$d\frac{\frac{1}{rm\,(m - rm')}}{dr} - \frac{1}{r^2 m^2} = 0, \text{ pour } r = r_0,$$

équation qui devient successivement

$$\frac{\frac{drm\,(m - rm')}{dr} + (m - rm')^2}{r^2 m^2\,(m - rm')^2} = 0,$$

$$\frac{2m - (r^2 m'' + 2rm')}{r^2 m\,(m - rm')^2} = 0,$$

et, par la relation (27),

$$\frac{q^2 r^2 - (n - 1)(n + 2)}{r^2\,(m - rm')^2} = 0,$$

ce qui donne enfin la seule valeur

$$(31) \qquad q = \frac{\sqrt{(n - 1)(n + 2)}}{r_0}.$$

Lors de ce cas extrême, l'enveloppe sphérique devient une
sorte de surface élastique vibrante, analogue aux membranes, mais qui n'exige pas de tension préalable. D'après l'u-
nique valeur (31), les sons que peut produire l'enveloppe

sphérique mince sont exprimés par

$$N = \frac{\Omega}{2 \pi r_0} \sqrt{(n-1)(n+2)};$$

le plus grave de ces sons correspond à $n = 2$; il a pour mesure

$$(32) \qquad N = \frac{\Omega}{\pi r_0}.$$

§ 86. — Parmi tous les états vibratoires de l'enveloppe sphérique, il en existe une infinité pour lesquels la section équatoriale n'éprouve que des forces élastiques normales; c'est-à-dire qu'ils sont tels que, pour $\varphi = 0$, les composantes tangentielles R_2 et Ψ_2 (7) sont nulles. Ces états vibratoires particuliers peuvent s'établir et persister dans le timbre hémisphérique, qui résulterait de l'enveloppe coupée suivant son équateur. Les plus simples correspondent à $n = 2$. Si l'on prend

Vibrations des timbres hémisphériques.

$$(33) \quad \left\{ \begin{array}{l} \mathfrak{N}_2 = \cos^2 \alpha \sin 2\psi, \\[2ex] \mathfrak{R} = \left[1 + r_0 m_0 (m_0 - r_0 m'_0) \displaystyle\int_{r_0}^{r} \frac{dr}{r^2 m^2} \right] m, \\[2ex] m = \dfrac{\left(1 - \dfrac{q^2 r^2}{3}\right) \sin qr - \cos qr}{r^3}, \end{array} \right.$$

il en résulte, $\mathfrak{F}$ ayant la valeur (23),

$$(34) \quad \left\{ \begin{array}{l} U = \dfrac{d\mathfrak{R}}{dr} \, \mathfrak{F} \cos^2 \varphi \sin 2\psi, \\[2ex] V = -\dfrac{2 \mathfrak{R}}{r} \, \mathfrak{F} \cos \varphi \sin \varphi \sin 2\psi, \\[2ex] W = \dfrac{2 \mathfrak{R}}{r} \, \mathfrak{F} \cos \varphi \cos 2\psi, \\[2ex] R_2 = -\dfrac{4 \mu}{r} \left(\dfrac{d\mathfrak{R}}{dr} - \dfrac{\mathfrak{R}}{r} \right) \mathfrak{F} \cos \varphi \sin \varphi \sin 2\psi, \\[2ex] \Psi_2 = -\dfrac{4 \mathfrak{R}}{r^2} \, \mathfrak{F} \sin \varphi \cos 2\psi, \end{array} \right.$$

et l'on voit que sur l'équateur, ou pour $\varphi = 0$, les forces tangentielles R_2 et Ψ_2 sont nulles. D'après leurs valeurs (34), sur les méridiens orthogonaux, $\psi = 0$, $\psi = \frac{\pi}{2}$, U et V sont constamment nuls; W est, au contraire, à son maximum d'amplitude; c'est-à-dire que les molécules de ces méridiens vibrent sur les petits cercles parallèles à l'équateur. En tout autre lieu, U existe; il atteint sa plus grande amplitude sur les méridiens bissecteurs, $\psi = \frac{\pi}{2}$, $\psi = 3.\frac{\pi}{2}$. C'est ce qui explique les rides, les deux lignes de repos, et les projections de gouttelettes, que l'on remarque à la surface du mercure, dans un verre hémisphérique mis en vibration. Si le verre est très-mince, on peut admettre que le paramètre q n'a pas d'autre valeur que celle qui résulte de la formule (31), quand $n = 2$; ce qui donne N (32) pour la hauteur du son produit. Sinon, plusieurs états vibratoires différents peuvent coexister dans le verre ou le timbre, correspondant tous à $n = 2$, au même système nodal, mais à des valeurs différentes du paramètre q; d'où peuvent résulter plusieurs sons simultanés, incommensurables entre eux, mais assez voisins pour expliquer le phénomène connu sous le nom de *battement des cloches.*

On remarquera que les vibrations des timbres appartiennent à la première classe, tandis que celles des cordes, des lames, des tiges, dans les instruments, sont de la seconde classe. Si l'on considère que la densité du corps sonore varie périodiquement lors des premières vibrations, et reste constante lors des secondes, cette différence peut expliquer pourquoi les sons rendus par les timbres sont comparativement si éclatants.

SEIZIÈME LEÇON.

Équilibre d'élasticité d'une enveloppe sphérique. — Équilibre d'élasticité d'une croûte planétaire. — Application au globe terrestre. — Surfaces isostatiques.

§ 87. — Lorsque l'on se propose d'étudier les lois intégrales de l'équilibre d'élasticité, dans un milieu solide limité par des surfaces de forme déterminée, la sphère et les enveloppes sphériques conduisent aux résultats les plus complets. C'est, en quelque sorte, le dernier des quatre chapitres d'un Traité, dont les trois premiers considéreraient respectivement l'équilibre intérieur d'un milieu solide limité par un seul plan, celui de l'espace compris entre deux plans parallèles, et enfin celui d'une enveloppe cylindrique indéfinie. Si, en outre, on possédait la solution du problème général que nous avons énoncé au § 66, sur l'équilibre intérieur du prisme rectangle, on aurait une véritable *Statique rationnelle* des milieux solides élastiques, certainement plus difficile que leur dynamique. Cette science nouvelle, dont l'utilité serait incontestable, est incomplète aujourd'hui; nous en avons indiqué les diverses parties et nous allons compléter cette esquisse par deux derniers exemples.

Il s'agit d'étudier l'équilibre d'élasticité d'une enveloppe solide sphérique, dont la paroi intérieure de rayon r_0 est soumise à une pression constante $— P_0$, et dont la paroi extérieure de rayon r_1 éprouve une autre pression $— P_1$. Nous suppposons P_0 plus grand que P_1, et tellement que $(r_0^3 P_0 — r_1^3 P_1)$ soit positif. Nous faisons abstraction des forces (R_0, Φ_0, Ψ_0). Dans ces circonstances, $V = 0, W = 0$; U existe seul, et ne dépend que de la seule variable r. Les

Équilibre d'élasticité d'une enveloppe sphérique.

14.

formules (7), § 84, donnent

$$(1)\begin{cases} \theta = \dfrac{dU}{dr} + 2\,\dfrac{U}{r}, \quad R_1 = \lambda\theta + 2\mu\dfrac{dU}{dr}, \quad \Phi_2 = \Psi_3 = \lambda\theta + 2\mu\dfrac{U}{r}, \\[2mm] \Phi_3 = \Psi_2 = 0, \quad \Psi_1 = R_3 = 0, \quad R_2 = \Phi_1 = 0. \end{cases}$$

Des trois équations générales (5), § 83, les deux dernières sont identiques; la première se réduit à

$$\frac{dR_1}{dr} + \frac{2R_1 - \Phi_2 - \Psi_3}{r} = 0,$$

et devient, par les valeurs (1),

$$\frac{d\theta}{dr} = 0, \quad \text{d'où} \quad (2) \quad U = cr + \frac{b}{r^2};$$

c et b étant deux constantes. Par cette valeur (2), la dilatation et les forces élastiques principales (1) s'expriment ainsi :

$$(3)\begin{cases} \theta = 3c, \quad R_1 = (3\lambda + 2\mu)c - 4\mu\dfrac{b}{r^3}, \\[3mm] \Phi_2 = \Psi_3 = (3\lambda + 2\mu)c + 2\mu\dfrac{b}{r^3}. \end{cases}$$

Mais la force élastique normale R_1 doit devenir $-P_0$ pour $r = r_0$, et $-P_1$ pour $r = r_1$; ce qui donne, entre c et b, les deux relations

$$(3\lambda + 2\mu)c - 4\mu\frac{b}{r_0^3} = -P_0, \quad (3\lambda + 2\mu)c - 4\mu\frac{b}{r_1^3} = -P_1,$$

d'où l'on conclut

$$4)\begin{cases} b = \dfrac{r_0^3 r_1^3 (P_0 - P_1)}{4\mu(r_1^3 - r_0^3)}, \quad c = \dfrac{r_0^3 P_0 - r_1^3 P_1}{(3\lambda + 2\mu)(r_1^3 - r_0^3)}, \\[3mm] \theta = \dfrac{3}{3\lambda + 2\mu}\,\dfrac{r_0^3 P_0 - r_1^3 P_1}{r_1^3 - r_0^3}; \\[3mm] R_1 = -\dfrac{[r_0^3 P_0(r_1^3 - r^3) + r_1^3 P_1(r^3 - r_0^3)]}{r^3(r_1^3 - r_0^3)}, \\[3mm] \Phi_2 = \Psi_3 = \dfrac{r_0^3 P_0 - r_1^3 P_1}{r_1^3 - r_0^3} + \dfrac{r_0^3 r_1^3 (P_0 - P_1)}{2r^3(r_1^3 - r_0^3)}. \end{cases}$$

Ainsi, l'enveloppe s'est dilatée, et cela uniformément; en tout point M intérieur, les trois forces élastiques principales sont dirigées suivant les normales aux surfaces coordonnées; celle qui s'exerce sur la sphère de rayon r est toujours une pression; les deux autres sont des tractions égales entre elles, et dont la plus grande valeur, qui a lieu vers la paroi intérieure, est

$$(5) \qquad A = \frac{2\left(r_0^3 P_0 - r_1^3 P_1\right) + r_1^3 \left(P_0 - P_1\right)}{2\left(r_1^3 - r_0^3\right)}.$$

Si l'on donne à A la valeur-limite que la traction maxima ne saurait dépasser sans faire craindre une altération permanente, la relation (5) conduit à

$$(6) \qquad \frac{r_1}{r_0} = \sqrt[3]{\frac{2\left(A + P_0\right)}{2A + 3P_1 - P_0}} = \left[1 - \frac{3}{2}\left(\frac{P_0 - P_1}{A + P_0}\right)\right]^{-\frac{1}{3}};$$

pour la moindre valeur que l'on puisse donner au rapport $\frac{r_1}{r_0}$. Cette valeur indique que, si la pression intérieure égale ou surpasse le double de la limite A, augmenté du triple de la pression extérieure, l'enveloppe s'altérera inévitablement. Posons

$$(7) \qquad r_1 = r_0(1 + e), \qquad \frac{P_0 - P_1}{A + P_0} = \varepsilon;$$

er_0 donnera l'épaisseur-limite de l'enveloppe sphérique; dans la pratique, $(P_0 - P_1)$ est la *pression effective*, et son rapport ε à $(A + P_0)$ est ordinairement une très-petite fraction; alors l'équation (6) se réduit à

$$(8) \qquad e = \tfrac{1}{2}\varepsilon,$$

c'est-à-dire à la moitié de l'épaisseur-limite trouvée, § 80, pour l'enveloppe cylindrique.

§ 88. — Nous allons considérer maintenant l'équilibre d'élasticité d'une croûte planétaire, en la supposant sphérique, partout de même épaisseur, et homogène dans toute son étendue. Analytiquement, ce nouvel exemple ne se distingue du précédent que par la présence du terme ρR_0 dans la première des équations générales (7), § 84; — P_0 est la pression du noyau liquide sur la paroi intérieure de rayon r_0; — P_1 est la pression exercée par l'atmosphère gazeuse sur la surface extérieure dont le rayon est r_1; on a

$$\Phi_0 = 0, \quad \Psi_0 = 0, \quad \text{et } R_0 = -g\frac{r}{r_1},$$ g étant l'intensité de la pesanteur à la surface, supposée constante; R_0 variant intérieurement à l'enveloppe solide, comme la distance r au centre. Dans ces nouvelles circonstances, on a encore $V = 0$, $W = 0$; U existe toujours seul; les formules (1) subsistent aussi; la seconde et la troisième des équations générales sont encore identiques, mais la première se réduit à

$$(\lambda + 2\mu)\frac{d\theta}{dr} = \frac{\rho g}{r_1}r, \quad \text{d'où} \quad (9) \quad \theta = ar^2 + 3c;$$

c étant une constante arbitraire, et a désignant, pour abréger,

$$(10) \qquad a = \frac{\rho g}{2(\lambda + 2\mu)r_1} = \frac{\varpi}{2(\lambda + 2\mu)r_1},$$

où ϖ est le poids de l'unité de volume de la matière solide. Si, dans l'équation (9), on substitue à θ sa valeur (1) en U, il vient

$$\frac{dr^2U}{dr} = ar^4 + 3cr^2, \quad \text{d'où} \quad (11) \quad U = \frac{a}{5}r^3 + cr + \frac{b}{r^2};$$

b étant une autre constante qui se détermine, ainsi que c, par la double condition que R_1 (1) devienne $-P_0$ pour

$r = r_0$, et $-P_1$ pour $r = r_1$; on obtient ainsi

$$(12) \begin{cases} 4\mu b = \dfrac{r_0^3 r_1^3 (P_0 - P_1)}{r_1^3 - r_0^3} - (\lambda + \tfrac{6}{5}\mu)\, a\, \dfrac{r_0^3 r_1^3 (r_1^2 - r_0^2)}{r_1^3 - r_0^3}, \\[2mm] (3\lambda + 2\mu) c = \dfrac{r_0^3 P_0 - r_1^3 P_1}{r_1^3 - r_0^3} - (\lambda + \tfrac{6}{5}\mu)\, a\, \dfrac{r_1^5 - r_0^5}{r_1^3 - r_0^3}. \end{cases}$$

La force élastique normale R_1 a définitivement pour valeur

$$(13) \begin{cases} R_1 = -\dfrac{\left[r_0^3 P_0 (r_1^3 - r^3) + r_1^3 P_1 (r^3 - r_0^3) \right]}{r^3 (r_1^3 - r_0^3)} \\[3mm] \qquad + (\lambda + \tfrac{6}{5}\mu)\, a\, \dfrac{\Pi}{r^3 (r_1^3 - r_0^3)}; \end{cases}$$

où Π représente, pour simplifier, l'expression

$$(14) \quad \Pi = r^5(r_1^3 - r_0^3) - r^3 (r_1^5 - r_0^5) + r_0^3 r_1^3 (r_1^2 - r_0^2),$$

laquelle jouit d'une sorte de symétrie en r_0, r, r_1; car elle peut prendre aussi les deux formes

$$\Pi = r_1^5 (r_0^3 - r^3) - r_1^3 (r_0^5 - r^5) + r_0^3 r^3 (r_0^2 - r^2)$$
$$= r_0^5 (r^3 - r_1^3) - r_0^3 (r^5 - r_1^5) + r_1^3 r^3 (r^2 - r_1^2),$$

qui indiquent sa divisibilité par $(r - r_0)$, par $(r - r_1)$, et conséquemment par le produit de ces deux facteurs. On peut donc poser

$$(15) \quad \Pi = (r - r_0)(r - r_1) Q = [r^2 - (r_0 + r_1) r + r_0 r_1] Q,$$

d'où l'on conclut immédiatement, par une simple comparaison avec Π (14),

$$(16)\, Q = (r_1^3 - r_0^3)[r^3 + (r_0 + r_1) r^2] + r_0^2 r_1^2 (r_1^2 - r_0^2)[(r_0 + r_1) r + r_0 r_1].$$

Q est donc essentiellement positif; par suite, Π (15) est négatif, puisque r est compris entre r_0 et r_1. De là résulte que la force élastique R_1 (13), qui s'exerce sur la surface sphérique de rayon r, est une pression dans toute l'étendue de l'enveloppe solide.

Si l'on désigne par F la valeur variable, commune aux deux autres forces élastiques principales Φ_2, Ψ_3, et par F_0, F_1 les valeurs numériques que prend F pour $r = r_0$, $r = r_1$, on trouve facilement

$$(17) \begin{cases} F = \dfrac{r_0^3 P_0 - r_1^3 P_1}{r_1^3 - r_0^3} + \dfrac{r_0^3 r_1^3 (P_0 - P_1)}{2 r^3 (r_1^3 - r_0^3)} \\ \quad - a \left[\dfrac{4}{5} \mu \dfrac{r_1^5 - r_0^5}{r_1^3 - r_0^3} + \dfrac{(3\lambda + 2\mu) r_0^3 r_1^3 (r_1^2 - r_0^2) + 2(\lambda + 2\mu)\Pi}{2 r^3 (r_1^3 - r_0^3)} \right], \\[2mm] F_0 = \dfrac{r_0^3 P_0 - r_1^3 P_1}{r_1^3 - r_0^3} + \dfrac{r_1^3 (P_0 - P_1)}{2 (r_1^3 - r_0^3)} \\ \quad - a \left[\dfrac{4}{5} \mu \dfrac{r_1^5 - r_0^5}{r_1^3 - r_0^3} + (3\lambda + 2\mu) \dfrac{r_1^3 (r_1^2 - r_0^2)}{2 (r_1^3 - r_0^3)} \right], \\[2mm] F_1 = \dfrac{r_0^3 P_0 - r_1^3 P_1}{r_1^3 - r_0^3} + \dfrac{r_0^3 (P_0 - P_1)}{2 (r_1^3 - r_0^3)} \\ \quad - a \left[\dfrac{4}{5} \mu \dfrac{r_1^5 - r_0^5}{r_1^3 - r_0^3} + (3\lambda + 2\mu) \dfrac{r_0^3 (r_1^2 - r_0^2)}{2 (r_1^3 - r_0^3)} \right]; \end{cases}$$

F est la force élastique exercée sur un plan vertical, ou passant par le rayon r; F_1 est l'intensité de cette force près de la surface extérieure; F_0 son intensité près de la paroi intérieure. La soustraction des valeurs (17) donne

$$(18) \qquad F_0 - F_1 = \frac{P_0 - P_1}{2} - (3\lambda + 2\mu) a \frac{r_1^2 - r_0^2}{2}.$$

Soit désignée par ε l'épaisseur $(r_1 - r_0)$ de l'enveloppe solide. Si le rapport $\dfrac{\varepsilon}{r_1}$ est une petite fraction, on pourra, par approximation, négliger ε devant r_1, remplacer $\dfrac{r_1 + r_0}{2}$ par r_1, et généralement $(r_1^i - r_0^i)$ par $i r_1^{i-1} \varepsilon$; on trouve qu'alors F_1 (17) se réduit à

$$(19) \qquad F_1 = \frac{r_1}{2\varepsilon} (P_0 - P_1 - \varpi\varepsilon),$$

quand on remplace a par la valeur (10); et l'équation (18) donne, par une transformation facile,

$$(20) \qquad F_0 = F_1 - \frac{\lambda}{\lambda + 2\mu} \varpi\varepsilon,$$

en négligeant $\frac{\varepsilon}{r_1}$ devant l'unité.

La substitution des valeurs (12), dans (11), donne $\frac{U}{r}$; on en déduit $\frac{U_0}{r_0}$, $\frac{U_1}{r_1}$, et l'on trouve exactement, par soustraction,

$$(21) \qquad \frac{U_0}{r_0} - \frac{U_1}{r_1} = \frac{1}{4\mu} \left(P_0 - P_1 - \varpi\varepsilon \frac{r_1 + r_0}{2r_1} \right);$$

puis, le même genre d'approximation qui nous a conduit aux valeurs (19) et (20) donne

$$\frac{U_1}{r_1} = C \frac{r_1}{\varepsilon} (P_0 - P_1 - \varpi\varepsilon), \quad \text{où} \quad C = \frac{\lambda + 2\mu}{4\mu(3\lambda + 2\mu)},$$

$$(22) \qquad \frac{U_0}{r_0} = \frac{U_1}{r_1} + \frac{1}{4\mu} (P_0 - P_1 - \varpi\varepsilon).$$

Rappelons que U est le déplacement suivant le rayon r; ce déplacement vertical est U_1 à la surface extérieure, U_0 à la paroi intérieure. Enfin, avant de discuter et d'appliquer ces diverses valeurs, préparons une dernière formule : dans la première équation (22), remplaçons U_1 par U, r_1 par R, ϖ par ρg, elle deviendra

$$(23) \qquad U = C \left(\frac{P_0 - P_1}{\varepsilon} R^2 - \rho . g R^2 \right),$$

où U représente l'exhaussement du sol, en un point de la surface de la planète, distant du centre de R.

Application au globe terrestre. § 89. — Nous supposerons qu'il s'agisse du globe terrestre, en faisant abstraction de l'hétérogénéité de la croûte solide, des inégalités de son épaisseur et de son aplatissement vers les pôles. L'épaisseur ε à laquelle les géologues assignent, au maximum, 4 myriamètres, est, au plus, la cent-cinquantième partie du rayon de la terre, ou la trois-centième partie de son diamètre ; le rapport $\dfrac{\varepsilon}{r_1}$ est le même que celui qui existerait dans une sphère creuse, de 3 mètres de diamètre, dont l'enveloppe aurait 1 centimètre d'épaisseur seulement ; ce rapport est donc une petite fraction, et nos formules approximatives lui sont applicables. La force élastique F_1 (19) est celle qui s'exerce au-dessous du sol, sur un plan vertical quelconque ; suivant que la pression effective $P_0 - P_1$ est supérieure, égale ou inférieure à $\varpi \varepsilon$, cette force élastique représente une traction, est nulle ou représente une pression ; $\varpi \varepsilon$ est le poids d'une colonne composée de la matière solide, et qui, ayant une base de 1 mètre carré, aurait une hauteur égale à l'épaisseur ε. Le coefficient $\dfrac{r_1}{2\,\varepsilon}$ est environ 75 ; de là résulte que la différence de $(P_0 - P_1)$ à $\varpi \varepsilon$ est actuellement nulle ou peu considérable ; car, si petite qu'elle fût, multipliée par 75, elle donnerait à la force F_1 une intensité telle, qu'il devrait en résulter des phénomènes de dislocation. La force élastique F_0 (20) est celle qui s'exerce sur un plan vertical près de la paroi intérieure ; si F_1 est nulle, cette force élastique F_0 est une pression $-\dfrac{\lambda}{\lambda + 2\mu}\,\varpi \varepsilon$; si F_1 est négatif ou représente une pression, F_0 est une pression plus forte encore. Mais, si F_1 est positif ou représente une traction,

F_0 peut encore être une pression ; c'est ce qui arrive lors des violentes commotions où le sol s'ouvre et se fendille.

Supposons que F_1 soit une traction. En un point de l'enveloppe solide, situé près de la surface extérieure, l'ellipsoïde d'élasticité aura pour équation

$$(24) \qquad \frac{x^2}{P_1^2} + \frac{y^2 + z^2}{F_1^2} = 1,$$

l'axe des x étant vertical ; il existe alors un cône de forces tangentielles, § 23, dont l'équation est

$$(25) \qquad \frac{x^2}{P_1} = \frac{y^2 + z^2}{F_1};$$

sur tout plan, tangent à ce cône, et conséquemment incliné à l'horizon d'un angle i_1, tel que

$$(26) \qquad \tan g\, i_1 = \sqrt{\frac{P_1}{F_1}},$$

la force élastique est tangentielle ou tend à faire glisser l'une sur l'autre les deux parties, séparées par ce plan. L'intensité de cette force tangentielle, ou de glissement, est représentée par le demi-diamètre $\mathscr{F}_1$ de l'ellipsoïde de révolution (24) situé sur le cône droit (25), et l'on trouve pour sa valeur

$$(27) \qquad \mathscr{F}_1 = \sqrt{P_1 F_1},$$

c'est-à-dire une moyenne proportionnelle entre la traction F_1 et la pression P_1.

Les mêmes relations existeront en un point M de l'enveloppe solide, situé à une plus grande profondeur au-dessous du sol : la force élastique F (17) étant une traction, si l'on désigne par — P la pression exercée sur la surface sphérique dont M fait partie, par $\mathscr{F}$ la force élastique tangentielle, et par i l'angle à l'horizon des plans sur lesquels elle s'exerce, on aura

$$(28) \qquad \tan i = \sqrt{\frac{P}{F}}, \qquad \mathcal{F} = \sqrt{PF}.$$

Les failles et les glissements qu'on observe dans les terrains géologiques sont sans doute dus à l'action de la force tangentielle dont il s'agit. L'observation fait connaître l'angle i; l'expérience pourrait donner approximativement l'intensité de la force $\mathcal{F}$, nécessaire pour faire glisser l'une sur l'autre deux parties d'une même roche; alors, les deux équations précédentes, qui donnent

$$(29) \qquad P = \mathcal{F} \tan i, \qquad F = \frac{\mathcal{F}}{\tan i},$$

feraient connaître la pression verticale et la traction horizontale qui ont dû présider à la formation d'une faille observée.

Les formules (22) montrent que si la différence de $(P_0 - P_1)$ à $\varpi\varepsilon$ est nulle, comme il y a lieu de le supposer, non-seulement F_1 (19) est nul, mais aussi U_1 et U_0; c'est-à-dire que les deux parois ont repris leurs positions primitives, ou celles qu'elles auraient sans les pressions et sans l'action de la pesanteur. Ce qui veut dire que la dilatation totale résultant des pressions inégales $-P_0$ et $-P_1$, se trouve compensée par la compression, totale aussi, due à l'action de la pesanteur. Résultat remarquable et qu'il était difficile de prévoir. Passons à l'application de la formule (23). La terre n'étant pas sphérique, nous admettons que, sur chaque verticale, les choses se passent comme dans l'enveloppe sphérique osculatrice, de même épaisseur ε, et dont la paroi extérieure aurait pour rayon la distance R au centre de la terre, du lieu où la verticale considérée vient rencontrer sa surface. Par exemple, (U', R', g') étant les valeurs des (U, R, g) qui correspondent à la Bretagne, et

(U'', R'', g'') celles qui correspondent à la Suède., nous poserons

$$(30) \quad \begin{cases} U' = C \left(\dfrac{P_0 - P_1}{\varepsilon} R'^2 - \rho \cdot g' R'^2 \right), \\[2mm] U'' = C \left(\dfrac{P_0 - P_1}{\varepsilon} R''^2 - \rho \cdot g'' R''^2 \right), \end{cases}$$

en admettant que l'épaisseur ε et les pressions $-P_0$, $-P_1$ sont les mêmes sur les deux verticales.

Or, si l'on fait abstraction de la faible variation que la force centrifuge fait subir à la pesanteur, on pourra regarder les deux produits $g' R'^2$ et $g'' R''^2$ comme sensiblement égaux, et les équations (30) donneront, par soustraction,

$$(31) \quad U' - U'' = C \left(\dfrac{P_0 - P_1}{\varepsilon} \right) (R'^2 - R''^2).$$

D'après cette relation, puisque $(R'^2 - R''^2)$ est positif, $U' - U''$ est de même signe que $P_0 - P_1$ ou positif, et varie dans le même sens. C'est-à-dire que si $U' - U''$ a diminué, il faudra en conclure que P_0 a aussi diminué. On sait que le sol de la Bretagne s'est affaissé, puisque l'on y a constaté la présence de forêts sous-marines; au contraire, le sol de la Suède a dû se relever, puisqu'on observe des coquillages sur les côtes que la Baltique ne peut plus atteindre. Par cette double raison, $U' - U''$ a diminué; ainsi la pression intérieure a été ou va en diminuant. Ce résultat paraît s'accorder avec l'idée de M. Élie de Beaumont, sur la formation des chaînes de montagnes, à la suite d'un affaissement général, dû au refroidissement : car il semble résulter de cette idée que la pression intérieure doit aller en diminuant, d'un cataclysme au suivant, du dernier à celui vers lequel nous avançons.

Cette application de la théorie de l'élasticité à l'équilibre intérieur de l'écorce terrestre pourra paraître trop hasar-

dée ; mais s'il en est ainsi, les applications de la théorie
analytique de la chaleur au refroidissement du globe, faites
par Laplace, Fourier, Poisson, doivent inspirer les mêmes
scrupules. Et nous ne nous défendrons pas d'avoir imité
ces illustres géomètres, lors même qu'ils se seraient trom-
pés, en appliquant aux sublimes questions de la Mécanique
céleste de simples formules de Physique mathématique. Au
reste, la question que nous avons abordée peut se traiter
d'une manière plus complète ou plus voisine de la réalité :
nous avons constaté, par des recherches analytiques, qu'en
considérant la terre comme un sphéroïde peu différent de
la sphère ; qu'en prenant pour les deux parois de l'enveloppe solide des ellipsoïdes homofocaux, ce qui donne une
épaisseur variable ; enfin, qu'en ayant égard aux variations de la pesanteur dues à la force centrifuge, on arrivait,
dans tous les cas, aux mêmes conclusions.

Surfaces isostatiques. § 90. — Avec cette Leçon se terminent les exemples où le
milieu solide est à la fois homogène et d'élasticité constante.
Nous aurions voulu les présenter sous une forme plus générale, mais les bornes de ce Cours ne le permettaient pas. Dans
un Mémoire sur les surfaces isostatiques, inséré au *Journal
de Mathématiques* de M. Liouville, j'ai transformé les équations de l'élasticité en coordonnées curvilignes quelconques.
Ces équations sont de deux sortes ; celles qui expriment
l'équilibre d'un élément de volume, à l'aide des forces élastiques exercées sur les surfaces conjuguées, sont générales
et pourraient s'établir directement, comme nous l'avons
fait pour le système cylindrique et pour le système sphérique ; celles qui donnent les composantes des forces élastiques, à l'aide des projections du déplacement sur les tangentes aux axes curvilignes, ne concernent que les solides
homogènes d'élasticité constante et doivent être modifiées,
puisqu'il est indispensable d'admettre deux coefficients iné-

gaux, λ et μ., au lieu d'un seul. Les développements préliminaires, qu'exige l'emploi des coordonnées curvilignes et de leurs formules de transformation, ne nous ont pas permis de reproduire ici cet ancien travail. Mais il est utile d'en énoncer la principale conclusion ; elle est écrite dans les équations

$$(32.) \quad \begin{cases} \dfrac{d A}{ds} + \rho F = \dfrac{A - A_1}{\gamma_1} + \dfrac{A - A_2}{c_2}, \\[2mm] \dfrac{d A_1}{ds_1} + \rho F_1 = \dfrac{A_1 - A_2}{\gamma_2} + \dfrac{A_1 - A}{c}, \\[2mm] \dfrac{d A_2}{ds_2} + \rho F_2 = \dfrac{A_2 - A}{\gamma} + \dfrac{A_2 - A_1}{c_1}, \end{cases}$$

qui expriment la loi des variations des forces élastiques principales dans un système isostatique ; c'est-à-dire dans un système orthogonal tel, que les surfaces conjuguées ne sont sollicitées que par des forces élastiques normales. Ces forces (A, A_1, A_2) sont dirigées suivant les tangentes aux axes curvilignes des (s, s_1, s_2) ; (F, F_1, F_2) sont les composantes des forces extérieures suivant les mêmes tangentes ; ρ est la densité du milieu solide ; $\dfrac{1}{\gamma_1}, \dfrac{1}{c_2}$ sont les deux courbures de la surface des $s_1 s_2$; $\dfrac{1}{\gamma_2}, \dfrac{1}{c}$, celles de la surface des $s_2 s$; $\dfrac{1}{\gamma}, \dfrac{1}{c_1}$, celles de la surface des ss_1.

Nous placerons ici, sans les développer, deux conséquences remarquables des équations (32). On déduit de ces équations les conditions d'équilibre d'une surface élastique, ou plutôt d'une membrane courbe et d'épaisseur uniforme : les deux faces de la membrane sont deux surfaces extrêmement voisines, appartenant à l'un des trois systèmes coordonnés ; leur normale commune est un élément linéaire, et sans courbures, de l'axe des s ; on a

$$A = 0, \quad \frac{dA}{ds} = 0, \quad \frac{1}{c} = 0, \quad \frac{1}{\gamma} = 0;$$

et les équations (32) se réduisent aux suivantes :

$$(33) \quad \begin{cases} \dfrac{A_1}{\gamma_1} + \dfrac{A_2}{c_2} + \rho F = 0, \\[2mm] \dfrac{dA_1}{ds_1} + \rho F_1 = \dfrac{A_1 - A_2}{\gamma_2}, \\[2mm] \dfrac{dA_2}{ds_2} + \rho F_2 = \dfrac{A_2 - A_1}{c_1}. \end{cases}$$

Les conditions d'équilibre d'un fil élastique, de section constante, sont pareillement comprises dans les équations (32) : le fil est dirigé suivant l'axe courbe des s ; la section est un élément-plan, et sans courbures, de la surface des $s_1 \, s_2$; on a

$$A_1 = 0, \quad A_2 = 0, \quad \frac{dA_1}{ds_1} = 0,$$

$$\frac{dA_2}{ds_2} = 0, \quad \frac{1}{\gamma_1} = 0, \quad \frac{1}{c_2} = 0;$$

et les équations (32) deviennent

$$(34) \quad \frac{dA}{ds} + \rho F = 0, \quad \frac{A}{c} + \rho F_1 = 0; \quad \frac{A}{\gamma} + \rho F_2 = 0.$$

Nous ne nous arrêterons pas à la discussion des groupes d'équations (33) et (34), laquelle reproduirait des théorèmes démontrés dans le Cours de Mécanique rationnelle. Nous ne voulions que montrer comment les anciens problèmes de l'équilibre d'un fil et d'une surface élastique se rattachent à la théorie mathématique de l'élasticité, dans les milieux solides.

DIX-SEPTIÈME LEÇON.

Application de la théorie de l'élasticité à la double réfraction. — Conditions de la biréfringence. — Équation aux vitesses des ondes planes.

§ 91. — Jusqu'ici nous avons traité la théorie de l'élasticité comme une science rationnelle, donnant l'explication complète et les lois exactes de faits qui ne peuvent pas évidemment avoir une autre origine. Nous allons maintenant la présenter comme un instrument de recherches, ou comme un moyen de reconnaître si telle idée préconçue, sur la cause d'une certaine classe de phénomènes, est vraie ou fausse. C'est sous ce dernier point de vue que Fresnel l'avait considérée, lors de ses belles découvertes sur la double réfraction, et ses commentateurs auraient dû suivre plus scrupuleusement son exemple. La théorie physique des ondes lumineuses porte certainement en elle l'explication future de tous les phénomènes de l'optique ; mais cette explication complète ne peut être atteinte par le seul secours de l'analyse mathématique, il faudra revenir, et souvent, aux phénomènes, à l'expérience. Ce serait une grave erreur que de vouloir créer, dès aujourd'hui, une théorie mathématique de la lumière ; cette tentative, inévitablement infructueuse, jetant des doutes sur le pouvoir de l'analyse, retarderait les vrais progrès de la science.

Il nous paraît donc utile de bien préciser le rôle que doit remplir l'analyse mathématique dans les questions de physique, et, pour cela, nous ne saurions choisir un meilleur exemple que celui du travail de Fresnel ; mais

Application de la théorie de l'élasticité à la double réfraction.

15

nous présenterons ce travail comme il aurait été fait, si la théorie de l'élasticité des milieux solides avait été aussi bien établie qu'elle l'est aujourd'hui. Nous supposerons connus le fait de la non-interférence des rayons polarisés à angle droit, et celui de la double réfraction du verre comprimé dans un seul sens. Le premier démontre que les vibrations lumineuses sont transversales, ou qu'elles ont lieu sans altérer la densité du milieu vibrant. Le second fait voir que la biréfringence d'un corps diaphane dépend de la différence d'élasticité qu'il présente, dans des directions diverses autour d'un de ses points. Cette dépendance semble indiquer que les molécules mêmes des corps diaphanes reçoivent, exécutent et communiquent les vibrations lumineuses, puisqu'une simple inégalité dans les intervalles de leurs molécules modifie la lumière transmise, au point de doubler sa route.

Telle est l'idée préconçue dont il s'agit de reconnaître la vérité ou la fausseté. Si elle est vraie, les états vibratoires que la lumière établit dans un corps cristallisé, diaphane et biréfringent, doivent être représentés par les équations les plus générales des petits mouvements intérieurs des milieux solides homogènes ; c'est-à-dire par les équations (4) du § 8, où les N_i, T_i ont les valeurs (6), § 13, contenant trente-six coefficients. Ces coefficients sont-ils constants, ou bien sont-ils des fonctions à courtes périodes, comme il est dit au § 14 ? C'est ce qu'il est impossible de dire à priori. La comparaison des résultats donnés par l'analyse, avec ceux fournis par l'expérience, peut seule décider cette question. Admettons la constance des coefficients. Il faut d'abord que le fait général de la double réfraction puisse se produire dans le milieu cristallisé ; c'est-à-dire qu'une onde plane de vibrations transversales ou de lumière polarisée puisse se propager avec deux vitesses différentes, appartenant chacune à une direction particulière de la vibration. Cherchons les relations qui doivent existèr entre les coefficiénts, pour qu'il en soit ainsi.

Reproduisons les équations générales citées, et dont la vérification est nécessaire. Dans l'ordre de phénomènes que nous étudions, les forces extérieures $(X_0, Y_0, Z_0,)$ n'entrent pour rien, et les équations aux différences partielles (4), § 8, se réduisent à

$$(1)\quad \begin{cases} \dfrac{d\,N_1}{dx} + \dfrac{d\,T_3}{dy} + \dfrac{d\,T_2}{dz} = \rho\,\dfrac{d^2 u}{dt^2}, \\[2ex] \dfrac{d\,T_3}{dx} + \dfrac{d\,N_2}{dy} + \dfrac{d\,T_1}{dz} = \rho\,\dfrac{d^2 v}{dt^2}, \\[2ex] \dfrac{d\,T_2}{dx} + \dfrac{d\,T_1}{dy} + \dfrac{d\,N_3}{dz} = \rho\,\dfrac{d^2 w}{dt^2}. \end{cases}$$

Les N_i, T_i, avec leurs coefficients supposés constants, s'expriment, à l'aide des $\dfrac{d\,(u,\,v,\,w)}{d\,(x,\,y,\,z)}$, de la manière suivante :

$$(2)\quad \begin{cases} N_i = A_i\,\dfrac{du}{dx} + B_i\,\dfrac{dv}{dy} + C_i\,\dfrac{dw}{dz} + D_i\left(\dfrac{dv}{dz} + \dfrac{dw}{dy}\right) \\[2ex] \qquad + E_i\left(\dfrac{dw}{dx} + \dfrac{du}{dz}\right) + F_i\left(\dfrac{du}{dy} + \dfrac{dv}{dx}\right), \\[2ex] T_i = \mathcal{A}_i\,\dfrac{du}{dx} + \mathcal{B}_i\,\dfrac{dv}{dy} + \Gamma_i\,\dfrac{dw}{dz} + \Delta_i\left(\dfrac{dv}{dz} + \dfrac{dw}{dy}\right) \\[2ex] \qquad + \mathcal{E}_i\left(\dfrac{dw}{dx} + \dfrac{du}{dz}\right) + \mathcal{F}_i\left(\dfrac{du}{dy} + \dfrac{dv}{dx}\right). \end{cases}$$

§ 92. — Posons actuellement

Conditions de la biréfringence.

$$(3)\quad \begin{cases} u = \xi Q, \quad v = \eta Q, \quad w = \zeta Q, \\[1ex] Q = \omega \cos 2\pi\left(\dfrac{t}{\tau} - \dfrac{q}{l}\right), \quad q = mx + ny + pz, \\[1ex] m^2 + n^2 + p^2 = 1, \quad \xi^2 + \eta^2 + \zeta^2 = 1, \\[1ex] m\xi + n\eta + p\zeta = 0, \quad \theta = \dfrac{du}{dx} + \dfrac{dv}{dy} + \dfrac{dw}{dz} = 0; \end{cases}$$

ω est l'amplitude de la vibration propagée, τ sa durée, l la

15.

longueur d'ondulation, en sorte que $\frac{l}{\tau}$ représente la vitesse de propagation; q est la perpendiculaire qui mesure la distance, à l'origine des coordonnées, de l'onde plane passant par le point M que l'on considère; (m, n, p) sont les cosinus des angles que cette perpendiculaire fait avec les axes; (ξ, η, ζ) ceux des angles que fait avec les mêmes axes la direction de la vibration; les vibrations lumineuses étant transversales, leur direction est parallèle à l'onde plane; de là résulte la dernière des trois relations entre (m, n, p) et (ξ, η, ζ), insérées dans le groupe (3); elle donne aux valeurs des (u, v, w) la propriété de vérifier l'équation $\theta = 0$.

Les valeurs (3) des (u, v, w) étant substituées dans les N_i, T_i (2), les transforment ainsi :

$$(4) \qquad N_i = \frac{2\pi}{l} \mathfrak{N}_i S, \quad T_i = \frac{2\pi}{l} \mathfrak{C}_i S,$$

où S, $\mathfrak{N}_i$, $\mathfrak{C}_i$ sont les expressions

$$(5) \begin{cases} S = \omega \sin 2\pi \left(\frac{t}{\tau} - \frac{q}{l} \right), \\[2mm] \mathfrak{N}_i = (m A_i + n F_i + p E_i)\xi \qquad \mathfrak{C}_i = (m \mathcal{A}_i + n \mathfrak{F}_i + p \mathcal{E}_i)\xi \\[1mm] \qquad + (m F_i + n B_i + p D_i)\eta \qquad\quad + (m \mathfrak{F}_i + n \mathfrak{B}_i + p \Delta_i)\eta \\[1mm] \qquad + (m E_i + n D_i + p C_i)\zeta, \qquad\quad + (m \mathcal{E}_i + n \Delta_i + p \Gamma_i)\zeta; \end{cases}$$

et la vérification nécessaire des équations (1) conduit aux relations

$$(6) \begin{cases} m \mathfrak{N}_1 + n \mathfrak{C}_3 + p \mathfrak{C}_2 = \dfrac{\rho l^2}{\tau^2} \xi, \\[3mm] m \mathfrak{C}_3 + n \mathfrak{N}_2 + p \mathfrak{C}_1 = \dfrac{\rho l^2}{\tau^2} \eta, \\[3mm] m \mathfrak{C}_2 + n \mathfrak{C}_1 + p \mathfrak{N}_3 = \dfrac{\rho l^2}{\tau^2} \zeta; \end{cases}$$

si on les ajoute après les avoir respectivement multipliées par (m, n, p), on obtient une équation dont le second membre est nul, puisque

$$(7) \qquad\qquad m\xi + n\eta + p\zeta = 0,$$

et dont le premier membre est une fonction linéaire des (ξ, η, ζ), comme les $\mathfrak{K}_i$, $\mathfrak{C}_i$ (5); cette équation peut donc se mettre sous la forme

$$(8) \qquad\qquad M\xi + N\eta + P\zeta = 0.$$

Si les deux équations (7) et (8) ne sont pas identiques entre elles, l'onde plane, dont la normale est déterminée par les cosinus (m, n, p), ne pourra propager qu'une seule vibration. En effet, si l'on prend

$$\xi = \cos\varphi \cos\psi, \quad \eta = \cos\varphi \sin\psi, \quad \zeta = \sin\varphi,$$

les équations (7) et (8) deviennent

$$(m\cos\psi + n\sin\psi)\cos\varphi + p\sin\varphi = 0,$$
$$(M\cos\psi + N\sin\psi)\cos\varphi + P\sin\varphi = 0;$$

d'où l'on conclut

$$(9) \quad \begin{cases} -\tan\varphi = \dfrac{m\cos\psi + n\sin\psi}{p} = \dfrac{M\cos\psi + N\sin\psi}{P}, \\[2mm] \tan\psi = \dfrac{pM - mP}{nP - pN}; \end{cases}$$

l'angle ψ, et par suite φ, étant ainsi donnés par leurs tangentes trigonométriques, la direction (φ, ψ) sera unique et déterminée. De là résulte que l'onde plane donnée ne pourra propager, dans le milieu cristallisé, que des vibra-

tions d'une seule direction ; c'est ce qui a lieu, comme on
le sait, pour certaines tourmalines. Mais, hormis ce cas
particulier, pour tout cristal biréfringent, à une onde plane
donnée doivent correspondre deux directions différentes de
la vibration qu'elle peut propager.

Il faut donc que la valeur (9) de tang ψ soit indéterminée, ou que l'on ait

$$(10) \qquad \frac{M}{m} = \frac{N}{n} = \frac{P}{p},$$

et cela identiquement, c'est-à-dire quels que soient (m, n, p).
L'identification de ce groupe (10) conduit aux relations
cherchées : pour y parvenir, on peut représenter la valeur
commune des rapports (10) par

$$(11) \qquad \mathcal{R} = m^2\alpha + n^2\beta + p^2\gamma + np\delta + pm\varepsilon + mn\varphi,$$

$\alpha, \beta, \ldots, \varphi$ étant six constantes indéterminées, ce qui
donne.

$$(12) \qquad M = m\mathcal{R}, \quad N = n\mathcal{R}, \quad P = p\mathcal{R};$$

puis, par la substitution des $\mathcal{K}_i$, $\mathfrak{E}_i$ (5) dans les relations (6), et par le mode de combinaison qui conduit à
l'équation (8), on détermine facilement les polynômes
(M, N, P), lesquels sont du troisième degré en (m, n, p) ;
ces polynômes étant respectivement identifiés avec les
produits $(m\mathcal{R}, n\mathcal{R}, p\mathcal{R})$, on obtient des relations entre
les coefficients des N_i, T_i, et ceux de $\mathcal{R}$ (11) ; éliminant
ces derniers, on a les valeurs des trente-six coefficients,
à l'aide de douze d'entre eux, lesquels restent indéterminés.

§ 93. — Enfin, substituant les valeurs trouvées dans
les N_i, T_i (2), ces composantes des forces élastiques de-

Équations qui
régissent
les vibrations
lumineuses.

viennent

$$(13)\begin{cases} N_1 = A\theta - 2\,\mathcal{F}\dfrac{dv}{dy} - 2\,\mathcal{E}\dfrac{dw}{dz} + 2D\left(\dfrac{dv}{dz} + \dfrac{dw}{dy}\right), \\[2mm] N_2 = B\theta - 2\Delta\dfrac{dw}{dz} - 2\,\mathcal{F}\dfrac{du}{dx} + 2E\left(\dfrac{dw}{dx} + \dfrac{du}{dz}\right), \\[2mm] N_3 = C\theta - 2\,\mathcal{E}\dfrac{du}{dx} - 2\Delta\dfrac{dv}{dy} + 2F\left(\dfrac{du}{dy} + \dfrac{dv}{dx}\right), \\[2mm] T_1 = \mathcal{A}\theta + 2D\dfrac{du}{dx} + \Delta\left(\dfrac{dv}{dz} + \dfrac{dw}{dy}\right) \\[2mm] \qquad - F\left(\dfrac{dw}{dx} + \dfrac{du}{dz}\right) - E\left(\dfrac{du}{dy} + \dfrac{dv}{dx}\right), \\[2mm] T_2 = \mathcal{B}\theta + 2E\dfrac{dv}{dy} - F\left(\dfrac{dv}{dz} + \dfrac{dw}{dy}\right) \\[2mm] \qquad + \mathcal{E}\left(\dfrac{dw}{dx} + \dfrac{du}{dz}\right) - D\left(\dfrac{du}{dy} + \dfrac{dv}{dx}\right), \\[2mm] T_3 = \Gamma\theta + 2F\dfrac{dw}{dz} - E\left(\dfrac{dv}{dz} + \dfrac{dw}{dy}\right) \\[2mm] \qquad - D\left(\dfrac{dw}{dx} + \dfrac{du}{dz}\right) + \mathcal{F}\left(\dfrac{du}{dy} + \dfrac{dv}{dx}\right), \end{cases}$$

et ne contiennent plus que douze constantes. Comme il ne s'agit ici que de vibrations transversales, lesquelles ont lieu sans que la densité soit altérée, nous supprimerons les termes en θ, puisque cette fonction sera toujours nulle; il ne restera plus que les six constantes $(D, E, F, \Delta, \mathcal{E}, \mathcal{F})$. Par ces valeurs (13), les équations (1) deviennent, quand $\theta = 0$,

$$(14)\begin{cases} \theta = \dfrac{du}{dx} + \dfrac{dv}{dy} + \dfrac{dw}{dz} = 0, \\[2mm] \dfrac{dW}{dy} - \dfrac{dV}{dz} = \rho\,\dfrac{d^2u}{dt^2}, \\[2mm] \dfrac{dU}{dz} - \dfrac{dW}{dx} = \rho\,\dfrac{d^2v}{dt^2}, \\[2mm] \dfrac{dV}{dx} - \dfrac{dU}{dy} = \rho\,\dfrac{d^2w}{dt^2}, \end{cases}$$

où (U, V, W) sont, pour simplifier, les fonctions

$$
(15)\begin{cases}
\Delta\left(\dfrac{dv}{dz}-\dfrac{dw}{dy}\right)+F\left(\dfrac{dw}{dx}-\dfrac{du}{dz}\right)+E\left(\dfrac{du}{dy}-\dfrac{dv}{dx}\right)=U,\\[2ex]
F\left(\dfrac{dv}{dz}-\dfrac{dw}{dy}\right)+\mathcal{C}\left(\dfrac{dw}{dx}-\dfrac{du}{dz}\right)+D\left(\dfrac{du}{dy}-\dfrac{dv}{dx}\right)=V,\\[2ex]
E\left(\dfrac{dv}{dz}-\dfrac{dw}{dy}\right)+D\left(\dfrac{dw}{dx}-\dfrac{du}{dz}\right)+\mathcal{F}\left(\dfrac{du}{dy}-\dfrac{dv}{dx}\right)=W.
\end{cases}
$$

Ces équations (14) doivent représenter les mouvements vibratoires du milieu solide cristallisé, d'où naîtraient toutes ses propriétés optiques, suivant l'idée préconçue que nous voulons juger.

Il est évident que tout autre système d'axes coordonnés, rectilignes et rectangulaires, conduirait à des équations de même forme pour représenter les mouvements intérieurs dont il s'agit; c'est-à-dire qu'on aurait

$$
(16)\begin{cases}
\theta=\dfrac{du'}{dx'}+\dfrac{dv'}{dy'}+\dfrac{dw'}{dz'}=0,\\[2ex]
\dfrac{dW'}{dy'}-\dfrac{dV'}{dz'}=\rho\,\dfrac{d^2u'}{dt^2},\\[2ex]
\dfrac{dU'}{dz'}-\dfrac{dW'}{dx'}=\rho\,\dfrac{d^2v'}{dt^2},\\[2ex]
\dfrac{dV'}{dx'}-\dfrac{dU'}{dy'}=\rho\,\dfrac{d^2w'}{dt^2},
\end{cases}
$$

où (U', V', W') seraient, pour simplifier, les fonctions

$$
(17)\begin{cases}
\Delta'\left(\dfrac{dv'}{dz'}-\dfrac{dw'}{dy'}\right)+F'\left(\dfrac{dw'}{dx'}-\dfrac{du'}{dz'}\right)+E'\left(\dfrac{du'}{dy'}-\dfrac{dv'}{dx'}\right)=U',\\[2ex]
F'\left(\dfrac{dv'}{dz'}-\dfrac{dw'}{dy'}\right)+\mathcal{C}'\left(\dfrac{dw'}{dx'}-\dfrac{du'}{dz'}\right)+D'\left(\dfrac{du'}{dy'}-\dfrac{dv'}{dx'}\right)=V',\\[2ex]
E'\left(\dfrac{dv'}{dz'}-\dfrac{dw'}{dy'}\right)+D'\left(\dfrac{dw'}{dx'}-\dfrac{du'}{dz'}\right)+\mathcal{F}'\left(\dfrac{du'}{dy'}-\dfrac{dv'}{dx'}\right)=W'.
\end{cases}
$$

Mais, s'il s'agit du même milieu cristallisé, les groupes (16) et (17) doivent se déduire des groupes (14) et (15) par la simple transformation des coordonnées. Si l'on adopte, pour cette transformation, le tableau (1) et les formules (2), (3), (4), (5) et (7) du § 18 de la quatrième Leçon, on trouve que les six nouveaux coefficients $(D', E', F'; \Delta', \mathcal{E}', \mathcal{F}')$ des fonctions (U', V', W') (17) doivent s'exprimer à l'aide des anciens coefficients $(D, E, F; \Delta, \mathcal{E}, \mathcal{F})$ des fonctions (U, V, W) (15), et à l'aide des cosinus (m_i, n_i, p_i), de la manière suivante :

$$(18) \begin{cases} \Delta' = m_1^2 \Delta + n_1^2 \mathcal{E} + p_1^2 \mathcal{F} + 2n_1 p_1 D + 2p_1 m_1 E + 2m_1 n_1 F, \\ \mathcal{E}' = m_2^2 \Delta + n_2^2 \mathcal{E} + p_2^2 \mathcal{F} + 2n_2 p_2 D + 2p_2 m_2 E + 2m_2 n_2 F, \\ \mathcal{F}' = m_3^2 \Delta + n_3^2 \mathcal{E} + p_3^2 \mathcal{F} + 2n_3 p_3 D + 2p_3 m_3 E + 2m_3 n_3 F, \\ D' = m_2 m_3 \Delta + n_2 n_3 \mathcal{E} + p_2 p_3 \mathcal{F} + (n_2 p_3 + n_3 p_2) D \\ \qquad + (p_2 m_3 + p_3 m_2) E + (m_2 n_3 + m_3 n_2) F, \\ E' = m_3 m_1 \Delta + n_3 n_1 \mathcal{E} + p_3 p_1 \mathcal{F} + (n_3 p_1 + n_1 p_3) D \\ \qquad + (p_3 m_1 + p_1 m_3) E + (m_3 n_1 + m_1 n_3) F, \\ F' = m_1 m_2 \Delta + n_1 n_2 \mathcal{E} + p_1 p_2 \mathcal{F} + (n_1 p_2 + n_2 p_1) D \\ \qquad + (p_1 m_2 + p_2 m_1) E + (m_1 n_2 + m_2 n_1) F. \end{cases}$$

Ces relations sont les mêmes que celles (11), § 18, qui lient les N'_i, T'_i aux N_i, T_i; et, dans ce rapprochement, les $(\Delta, \mathcal{E}, \mathcal{F})$ ainsi que les $(\Delta', \mathcal{E}', \mathcal{F}')$ remplacent les N_i et les N'_i, tandis que les (D, E, F) ainsi que les (D', E', F') remplacent les T_i et les T'_i. Or, on sait qu'il existe un système d'axes des (x', y', z') tel, que les composantes tangentielles T'_i sont égales à zéro; il existera donc, pareillement, un système d'axes des (x', y', z') tel, que les (D', E', F') seront nuls. Rapportons les équations (14) à ce système particulier; en posant

$$(19) \quad D = 0, \quad E = 0, \quad F = 0, \quad \Delta = \rho a^2, \quad \mathcal{E} = \rho b^2, \quad \mathcal{F} = \rho c^2,$$

elles deviennent

$$(20) \begin{cases} c^2 \dfrac{d\left(\dfrac{du}{dy} - \dfrac{dv}{dx}\right)}{dy} - b^2 \dfrac{d\left(\dfrac{dw}{dx} - \dfrac{du}{dz}\right)}{dz} = \dfrac{d^2 u}{dt^2}, \\[4mm] a^2 \dfrac{d\left(\dfrac{dv}{dz} - \dfrac{dw}{dy}\right)}{dz} - c^2 \dfrac{d\left(\dfrac{du}{dy} - \dfrac{dv}{dx}\right)}{dx} = \dfrac{d^2 v}{dt^2}, \\[4mm] b^2 \dfrac{d\left(\dfrac{dw}{dx} - \dfrac{du}{dz}\right)}{dx} - a^2 \dfrac{d\left(\dfrac{dv}{dz} - \dfrac{dw}{dy}\right)}{dy} = \dfrac{d^2 w}{dt^2}, \\[4mm] \theta = \dfrac{du}{dx} + \dfrac{dv}{dy} + \dfrac{dw}{dz} = 0. \end{cases}$$

Telle est la forme la plus simple que doivent avoir les équations qui représentent, dans l'hypothèse posée, les vibrations lumineuses du milieu cristallisé et biréfringent. On remarquera qu'en supposant $a = b = c = \sqrt{\dfrac{\mu}{\rho}}$, ces équations (20) se réduisent à celles que nous avons obtenues, dans notre onzième Leçon, pour représenter les vibrations, sans changement de densité, des milieux solides homogènes et d'élasticité constante.

§ 94. — Mais il est nécessaire de vérifier que les équations (20) comprennent ou reproduisent le fait général de la double réfraction, énoncé au § 91. Pour cela, substituons directement, dans ces équations, les valeurs (3) des (u, v, w); V représentant actuellement la vitesse de propagation $\dfrac{l}{\tau}$ de l'onde plane, nous obtenons les trois relations

Équations aux vitesses des ondes planes.

$$(21) \begin{cases} (c^2 n^2 + b^2 p^2 - V^2)\xi - c^2 mn.\eta - b^2 pm.\zeta = 0, \\ - c^2 mn.\xi + (a^2 p^2 + c^2 m^2 - V^2).\eta - a^2 np.\zeta = 0, \\ - b^2 pm.\xi - a^2 np.\eta + (b^2 m^2 + a^2 n^2 - V^2).\zeta = 0; \end{cases}$$

éliminant les rapports $\frac{\xi}{\zeta}, \frac{\eta}{\zeta}$, on a pour équation finale,

$$(22)\begin{cases} (c^2 n^2 + b^2 p^2 - V^2)(a^2 p^2 + c^2 m^2 - V^2)(b^2 m^2 + a^2 n^2 - V^2) \\ - a^4 n^2 p^2 (c^2 n^2 + b^2 p^2 - V^2) \\ - b^4 p^2 m^2 (a^2 p^2 + c^2 m^2 - V^2) \\ - c^4 m^2 n^2 (b^2 m^2 + a^2 n^2 - V^2) - 2 a^2 b^2 c^2 m^2 n^2 p^2 = 0. \end{cases}$$

Posons

$$(23) \qquad b^2 c^2 m^2 + c^2 a^2 n^2 + a^2 b^2 p^2 = \mathrm{P},$$

on trouve successivement

$$(24)\begin{cases} (c^2 n^2 + b^2 p^2)(a^2 p^2 + c^2 m^2)(b^2 m^2 + a^2 n^2) \\ = \dfrac{(\mathrm{P} - b^2 c^2 m^2)(\mathrm{P} - c^2 a^2 n^2)(\mathrm{P} - a^2 b^2 p^2)}{a^2 b^2 c^2} \\ = \mathrm{P}(a^2 n^2 p^2 + b^2 p^2 m^2 + c^2 m^2 n^2) - a^2 b^2 c^2 m^2 n^2 p^2 \\ = 2 a^2 b^2 c^2 m^2 n^2 p^2 + a^4 n^2 p^2 (c^2 n^2 + b^2 p^2) \\ \quad + b^4 p^2 m^2 (a^2 p^2 + c^2 m^2) + c^4 m^2 n^2 (b^2 m^2 + a^2 n^2); \end{cases}$$

et l'égalité du premier membre et du quatrième (24) démontre que le terme indépendant de V^2, dans l'équation (22), est nul; on a, en outre,

$$(25)\begin{cases} (a^2 p^2 + c^2 m^2)(b^2 m^2 + a^2 n^2) - a^4 n^2 p^2 = m^2 \mathrm{P}, \\ (b^2 m^2 + a^2 n^2)(c^2 n^2 + b^2 p^2) - b^4 p^2 m^2 = n^2 \mathrm{P}, \\ (c^2 n^2 + b^2 p^2)(a^2 p^2 + c^2 m^2) - c^4 m^2 n^2 = p^2 \mathrm{P}; \end{cases}$$

et le coefficient de $- V^2$, somme des trois premiers membres (25), se réduit à P.

D'après cela, l'équation (22) développée, réduite et divisée par $- V^2$, est simplement

$$(26)\begin{cases} V^4 - [(b^2 + c^2) m^2 + (c^2 + a^2) n^2 + (a^2 + b^2) p^2] V^2 \\ \quad + (b^2 c^2 m^2 + c^2 a^2 n^2 + a^2 b^2 p^2) = 0; \end{cases}$$

ou bien, donnant $(m^2 + n^2 + p^2)$, ou l'unité, pour coefficient à V^4, mettant les (m^2, n^2, p^2) en facteurs communs,

$$(27) \quad \begin{cases} m^2 (V^2 - b^2) (V^2 - c^2) + n^2 (V^2 - c^2) (V^2 - a^2) \\ \qquad + p^2 (V^2 - a^2) (V^2 - b^2) = 0; \end{cases}$$

ou encore, divisant par le produit des trois facteurs en V^2,

$$(28) \quad \frac{m^2}{V^2 - a^2} + \frac{n^2}{V^2 - b^2} + \frac{p^2}{V^2 - c^2} = 0.$$

L'équation (26) donnera deux valeurs de V^2; à chacune d'elles correspondra, par les relations (21), un seul système de valeurs de (ξ, η, ζ). Ainsi l'onde plane, dont la normale fait, avec les axes, des angles dont les cosinus sont (m, n, p), peut propager, avec des vitesses différentes, des vibrations de deux directions déterminées, dans un milieu cristallisé, dont les états vibratoires, sans changement de densité, sont représentés par les équations (20). Le fait principal de la double réfraction étant ainsi vérifié, nous déduirons, dans la prochaine Leçon, d'autres conséquences des mêmes formules, afin de reconnaître si elles s'accordent avec les faits, si elles sont autant de propriétés optiques des milieux biréfringents.

Formules et notations.

§ 95. — Mais il importe d'établir d'abord des formules, une notation et un genre de calcul qui faciliteront les recherches dont il s'agit. Supposons $a > b > c$. Désignons par V_1^2, V_2^2 ($V_1 > V_2$), les deux racines de l'équation (26); on pourra poser les trois relations

$$(29) \quad \begin{cases} m^2 + n^2 + p^2 = 1, \\ (b^2 + c^2) m^2 + (c^2 + a^2) n^2 + (a^2 + b^2) p^2 = V_1^2 + V_2^2, \\ b^2 c^2 m^2 + c^2 a^2 n^2 + a^2 b^2 p^2 = V_1^2 V_2^2; \end{cases}$$

d'où l'on conclut, par une élimination facile,

$$(30) \quad \begin{cases} m^2 = \dfrac{(a^2 - V_1^2)(a^2 - V_2^2)}{(a^2 - b^2)(a^2 - c^2)}, \\[2ex] n^2 = \dfrac{(V_1^2 - b^2)(b^2 - V_2^2)}{(b^2 - c^2)(a^2 - b^2)}, \\[2ex] p^2 = \dfrac{(V_1^2 - c^2)(V_2^2 - c^2)}{(a^2 - c^2)(b^2 - c^2)}, \end{cases}$$

valeurs qui donnent les cosinus (m, n, p) en fonction de deux paramètres V_1, V_2, dont les limites, assignées par la condition de la réalité, sont telles que

$$(31) \qquad a > V_1 > b > V_2 > c;$$

c'est-à-dire que V_1 ne peut surpasser a ni être inférieur à b, que V_2 ne peut surpasser b ni être inférieur à c. Il sera plus commode de mettre les valeurs (30) sous la forme symétrique

$$(32) \quad \begin{cases} m^2 = -\dfrac{(V_1^2 - a^2)(V_2^2 - a^2)}{(c^2 - a^2)(a^2 - b^2)}, \\[2mm] n^2 = -\dfrac{(V_1^2 - b^2)(V_2^2 - b^2)}{(a^2 - b^2)(b^2 - c^2)}, \\[2mm] p^2 = -\dfrac{(V_1^2 - c^2)(V_2^2 - c^2)}{(b^2 - c^2)(c^2 - a^2)}. \end{cases}$$

Une grande simplicité résultera, pour les calculs que nous devons faire, de la considération du tableau

$$(33) \begin{cases} x, & \xi, & a^2, & (b^2 - c^2), & b^2 c^2, & a^4, & (b^4 - c^4), \dots, \\ y, & \eta, & b^2, & (c^2 - a^2), & c^2 a^2, & b^4, & (c^4 - a^4), \dots, \\ z, & \zeta, & c^2, & (a^2 - b^2), & a^2 b^2, & c^4, & (a^4 - b^4), \dots, \end{cases}$$

où toutes les quantités qui entrent dans nos formules se trouvent rangées, de telle sorte que chaque colonne verticale contient des symétriques, et chaque ligne horizontale des cosymétriques. Pour indiquer la somme de trois termes symétriques, nous emploierons le signe S devant un seul de ces termes; ainsi, on a

$$(34) \quad S(b^2 - c^2) = 0, \quad S a^2 (b^2 - c^2) = 0, \quad S(b^4 - c^4) = 0;$$

et si l'on désigne par A le produit

$$(35) \qquad (b^2 - c^2)(c^2 - a^2)(a^2 - b^2) = A,$$

on vérifie aisément que

$$(36) \; S b^2 c^2 (b^2 - c^2) = S a^4 (b^2 - c^2) = -A, \quad S a^2 (b^4 - c^4) = A.$$

Puisque V_1^2 et V_2^2 sont les racines de l'équation (26) ou (28), on a les trois relations

$$(37) \qquad \begin{cases} S\dfrac{m^2}{V_1^2 - a^2} = 0, \qquad S\dfrac{m^2}{V_2^2 - a^2} = 0, \\[2mm] S\dfrac{m^2}{(V_1^2 - a^2)(V_2^2 - a^2)} = 0, \end{cases}$$

la dernière résultant de la soustraction des deux autres. Si l'on pose

$$(38) \qquad (V_i^2 - a^2)(V_i^2 - b^2)(V_i^2 - c^2) = \Pi_i,$$

on a aussi les formules

$$(39) \quad S\frac{m^2}{(V_1^2 - a^2)^2} = \frac{V_2^2 - V_1^2}{\Pi_1}, \quad S\frac{m^2}{(V_2^2 - a^2)^2} = \frac{V_1^2 - V_2^2}{\Pi_2}.$$

En effet, on trouve successivement, par les valeurs (32), par les relations (34), (35) et (36),

$$S\frac{m^2}{(V_1^2 - a^2)^2} = -\frac{1}{A} S\frac{(b^2 - c^2)(V_2^2 - a^2)}{V_1^2 - a^2}$$

$$= -\frac{1}{A} S\frac{(b^2 - c^2)[(V_2^2 - V_1^2) + V_1^2 - a^2]}{V_1^2 - a^2}$$

$$= -\frac{V_2^2 - V_1^2}{A} S\frac{(b^2 - c^2)}{V_1^2 - a^2}$$

$$= -\frac{V_2^2 - V_1^2}{A\Pi_1} S(b^2 - c^2)[V_1^4 - (b^2 + c^2)V_1^2 + b^2 c^2]$$

$$= \frac{V_2^2 - V_1^2}{\Pi_1},$$

ce qui donne un exemple de la simplification que l'emploi du signe S peut apporter dans le calcul.

DIX-HUITIÈME LEÇON.

Directions des vibrations. — Équation de la surface des ondes. — Points conjugués. — Relations symétriques.

––––––

§ 96. — Dans cette Leçon et celles qui la suivent, nous laissons de côté la théorie de l'élasticité, pour rechercher toutes les conséquences qui résultent de la double vitesse de propagation des ondes planes, telle que l'analyse nous l'a donnée; pour définir les propriétés optiques que ces conséquences assignent aux milieux biréfringents; enfin, pour exposer les règles capables de déterminer à priori la marche de la lumière dans ces corps diaphanes. Quand cette théorie analytique sera aussi complète que possible, nous la rapprocherons de la théorie physique des faits connus, et scrutant avec soin leurs concordances, leurs désaccords, nous essayerons d'en déduire des réponses aux diverses questions posées, savoir : si ce sont les molécules pondérables d'un cristal qui exécutent et communiquent les vibrations lumineuses; si les coefficients des N_i, T_i sont constants ou variables; et, en outre, si l'approximation qui limite l'influence des déplacements à leurs premières dérivées est réellement suffisante.

Cherchons d'abord quelle direction de la vibration correspond à chacune des deux vitesses de propagation d'une même onde plane. Désignons par (ξ_i, n_i, ζ_i) les valeurs de (ξ, n, ζ) pour $V = V_i$. La première des relations (21), § 94, donne

$$(c^2 n^2 + b^2 p^2 - V_i^2)\xi_i = m(c^2 n n + b^2 p \zeta);$$

multipliant par a^2, ajoutant, de part et d'autre, le terme $b^2 c^2 m \zeta$, il vient

$$(1) \qquad (S b^2 c^2 m^2 - a^2 V_1^2) \xi_1 = m . S b^2 c^2 m \xi_1;$$

et, si l'on observe que $S b^2 c^2 m^2 = V_1^2 V_2^2$, si l'on pose, en outre,

$$(2) \qquad S b^2 c^2 m \xi_i = \varphi_i,$$

on aura la première des équations du groupe suivant :

$$(3) \qquad \begin{cases} \xi_1 = \dfrac{\varphi_1}{V_1^2} \dfrac{m}{V_2^2 - a^2}, & \xi_2 = \dfrac{\varphi_2}{V_2^2} \dfrac{m}{V_1^2 - a^2}, \\[2mm] n_1 = \dfrac{\varphi_1}{V_1^2} \dfrac{n}{V_2^2 - b^2}, & n_2 = \dfrac{\varphi_2}{V_2^2} \dfrac{n}{V_1^2 - b^2}, \\[2mm] \zeta_1 = \dfrac{\varphi_1}{V_1^2} \dfrac{p}{V_2^2 - c^2}, & \zeta_2 = \dfrac{\varphi_2}{V_2^2} \dfrac{p}{V_1^2 - c^2}, \end{cases}$$

les autres s'obtenant par le même procédé. Ces équations, rapprochées des trois relations (37), § 95, donnent

$$(4) \qquad S m \xi_1 = 0, \quad S m \xi_2 = 0, \quad S \xi_1 \xi_2 = 0;$$

ce qui constate que les deux vibrations sont parallèles à l'onde plane, et démontre, en outre, qu'elles sont perpendiculaires entre elles.

La somme des carrés des cosinus des angles qu'une même droite fait avec les axes, étant égale à l'unité, on déduit des deux parties du groupe (3),

$$\left(\frac{\varphi_1}{V_1^2}\right)^2 S \frac{m^2}{(V_2^2 - a^2)^2} = 1, \qquad \left(\frac{\varphi_2}{V_2^2}\right)^2 S \frac{m^2}{(V_1^2 - a^2)^2} = 1,$$

et, d'après les formules (39), § 95,

$$(5) \qquad \frac{\varphi_1}{V_1^2} = \sqrt{\frac{\Pi_2}{V_1^2 - V_2^2}}, \qquad \frac{\varphi_2}{V_2^2} = \sqrt{\frac{\Pi_1}{V_2^2 - V_1^2}},$$

ce qui transforme le groupe (3) en celui-ci :

$$(6)\begin{cases}
\xi_1^2 = -\dfrac{V_1^2 - a^2}{V_1^2 - V_2^2} \cdot \dfrac{V_2^2 - b^2 \cdot V_2^2 - c^2}{c^2 - a^2 \cdot a^2 - b^2}, \\[2ex]
\eta_1^2 = -\dfrac{V_1^2 - b^2}{V_1^2 - V_2^2} \cdot \dfrac{V_2^2 - c^2 \cdot V_2^2 - a^2}{a^2 - b^2 \cdot b^2 - c^2}, \\[2ex]
\zeta_1^2 = -\dfrac{V_1^2 - c^2}{V_1^2 - V_2^2} \cdot \dfrac{V_2^2 - a^2 \cdot V_2^2 - b^2}{b^2 - c^2 \cdot c^2 - a^2}, \\[2ex]
\xi_2^2 = -\dfrac{V_2^2 - a^2}{V_2^2 - V_1^2} \cdot \dfrac{V_1^2 - b^2 \cdot V_1^2 - c^2}{c^2 - a^2 \cdot a^2 - b^2}, \\[2ex]
\eta_2^2 = -\dfrac{V_2^2 - b^2}{V_2^2 - V_1^2} \cdot \dfrac{V_1^2 - c^2 \cdot V_1^2 - a^2}{a^2 - b^2 \cdot b^2 - c^2}, \\[2ex]
\zeta_2^2 = -\dfrac{V_2^2 - c^2}{V_2^2 - V_1^2} \cdot \dfrac{V_1^2 - a^2 \cdot V_1^2 - b^2}{b^2 - c^2 \cdot c^2 - a^2}.
\end{cases}$$

A chaque groupe de valeurs des paramètres V_1 et V_2 correspondent des valeurs particulières (30), § 95, de (m, n, p); et par suite une onde plane ; les formules (6) donnent alors immédiatement les directions des vibrations propagées par cette onde.

On a, par exemple, le triple tableau suivant :

$$(7)\begin{cases}
\begin{array}{|c|}
\hline
m^2 = 1, \quad n = 0, \quad p = 0. \\
V_1^2 = b^2, \quad V_2^2 = c^2. \\
\begin{array}{l|l}
\xi_1 = 0 & \xi_2 = 0 \\
\eta_1 = 0 & \eta_2^2 = 1 \\
\zeta_1^2 = 1 & \zeta_2 = 0
\end{array} \\
\hline
\end{array} \\[4ex]
\begin{array}{|c|}
\hline
m = 0, \quad n^2 = 1, \quad p = 0. \\
V_1^2 = a^2, \quad V_2^2 = c^2. \\
\begin{array}{l|l}
\xi_1 = 0 & \xi_2^2 = 1 \\
\eta_1 = 0 & \eta_2 = 0 \\
\zeta_1^2 = 1 & \zeta_2 = 0
\end{array} \\
\hline
\end{array}
\end{cases}$$

16

$$m = 0, \quad n = 0, \quad p^2 = 1.$$

$$\mathrm{V}_1^2 = a^2, \quad \mathrm{V}_2^2 = b^2.$$

(7)

$\xi_1 = 0$	$\xi_2^2 = 1$
$\eta_1^2 = 1$	$\eta_2 = 0$
$\zeta_1 = 0$	$\zeta_2 = 0$

qui donne très-nettement la définition des constantes (a, b, c), lesquelles ne sont autres que les vitesses de propagation particulières aux ondes planes parallèles aux plans coordonnés, ou perpendiculaires aux axes que nous appellerons *axes d'élasticité.* L'inspection des tableaux (7) conduit au résumé suivant : la vitesse $(a, b,$ ou $c)$ cosymétrique de $(x, y,$ ou $z)$ appartient à l'onde plane perpendiculaire, aux $(y, z,$ ou $x)$ quand la vibration est parallèle aux $(z, x,$ ou $y)$, aux $(z, x,$ ou $y)$ quand la vibration est parallèle aux $(y, z,$ ou $x)$. Ou autrement, la vitesse cosymétrique d'un premier axe appartient à l'onde plane perpendiculaire à un deuxième axe, quand les vibrations sont parallèles au troisième axe.

Équation de la surface des ondes.

§ 97. — Supposons qu'une suite d'ébranlements périodiques ait lieu en un point du milieu biréfringent pris pour origine, et que τ soit la durée de la période ; le mouvement vibratoire se propagera dans toutes les directions. Au bout de l'unité de temps, le premier ébranlement sera parvenu sur une certaine surface qu'on appelle *surface des ondes,* et qui n'est autre que la surface enveloppée par toutes les ondes planes, concordantes et possibles, une unité de temps après leur passage simultané par l'origine. Soient (m, n, p) les cosinus des angles de direction de la normale à l'une des ondes planes ; lorsqu'elle touchera la surface cherchée, cette onde sera représentée par l'équation

(8) $$mx + ny + pz = \mathrm{V}_1,$$

où l'on peut regarder (m, n, p) comme des fonctions (32), § 95, des paramètres V_1 et V_2. D'après une règle connue, on obtiendra l'équation de la surface enveloppée en éliminant ces deux paramètres entre l'équation (8) et les deux dérivées

$$x \frac{dm}{dV_1} + y \frac{dn}{dV_1} + z \frac{dp}{dV_1} = 1,$$

$$x \frac{dm}{dV_2} + y \frac{dn}{dV_2} + z \frac{dp}{dV_2} = 0,$$

ou, par les différentielles logarithmiques des fonctions (m, n, p), entre les trois équations

$$(9) \quad S\, mx = V_1, \quad S \frac{mx}{V_1^2 - a^2} = \frac{1}{V_1}, \quad S \frac{mx}{V_2^2 - a^2} = 0,$$

que l'on peut remplacer par celles-ci :

$$(10) \quad \begin{cases} x = \psi_1 \dfrac{m}{V_1^2 - a^2} + m V_1, \\[2mm] y = \psi_1 \dfrac{n}{V_1^2 - b^2} + n V_1, \\[2mm] z = \psi_1 \dfrac{p}{V_1^2 - c^2} + p V_1, \end{cases}$$

pourvu que l'on prenne ψ_1 tel que

$$(11) \quad \psi_1 . S \frac{m^2}{(V_1^2 - a^2)^2} = \frac{1}{V_1}, \quad \text{d'où} \quad \psi_1 = \frac{\Pi_1}{V_1 (V_2^2 - V_1^2)}$$

d'après l'une des formules (39), § 95. Car (x, y, z) ayant les valeurs (10), on aura, d'après les formules du § 95,

$$S\, mx = \psi_1 S \frac{m^2}{V_1^2 - a^2} + V_1 S m^2 = V_1,$$

$$S \frac{mx}{V_2^2 - a^2} = \psi_1 S \frac{m^2}{(V_1^2 - a^2)(V_2^2 - a^2)} + V_1 S \frac{m^2}{V_2^2 - a^2} = 0,$$

$$S \frac{mx}{V_1^2 - a^2} = \psi_1 S \frac{m^2}{(V_1^2 - a^2)^2} + V_1 S \frac{m^2}{V_1^2 - a^2} = \frac{1}{V_1},$$

c'est-à-dire les équations (9).

Les nouvelles équations (10), entre lesquelles doit être faite l'élimination de V_1 et V_2, donnent d'abord.

$$S\, x^2 = \psi_1^2\, S\, \frac{m^2}{(V_1^2 - a^2)^2} + V_1^2 = \frac{\psi_1}{V_1} + V_1^2,$$

d'où l'on conclut

$$(12) \qquad\qquad \psi_1 = V_1\,(S\, x^2 - V_1^2).$$

On a. donc, en égalant les deux valeurs trouvées pour ψ_1, (11) et (12),

$$(13) \qquad\qquad \Pi_1 = V_1^2\,(S\, x^2 - V_1^2)(V_2^2 - V_1^2).$$

Cela posé, la première valeur (10) peut s'écrire ainsi :

$$x = \frac{m\, V_1}{V_1^2 - a^2}\left(\frac{\psi_1}{V_1} + V_1^2 - a^2\right) = \frac{m\, V_1}{V_1^2 - a^2}(S\, x^2 - a^2);$$

élevant au carré, on a

$$\frac{x^2}{S\, x^2 - a^2} = V_1^2\,\frac{m^2}{(V_1^2 - a^2)^2}(S\, x^2 - V_1^2 + V_1^2 - a^2);$$

d'où l'on conclut, en prenant la somme symétrique, ayant égard aux relations du § 95, et à la valeur (13),

$$S\,\frac{x^2}{S\, x^2 - a^2} = V_1^2\, S\,\frac{m^2}{(V_1^2 - a^2)^2}(S\, x^2 - V_1^2)$$

$$= \frac{V_1^2\,(S\, x^2 - V_1^2)(V_2^2 - V_1^2)}{\Pi_1} = 1;$$

ce qui donne enfin, pour l'équation de la surface cherchée,

$$(14) \qquad \frac{x^2}{S\, x^2 - a^2} + \frac{y^2}{S\, x^2 - b^2} + \frac{z^2}{S\, x^2 - c^2} = 1.$$

Remarquons que, d'après la théorie des surfaces enveloppées, les valeurs (10) sont les coordonnées du point où l'onde plane (8), qui se propage avec la vitesse V_1, touche

la surface (14); c'est-à-dire de l'extrémité du demi-diamètre auquel on donne le nom de *rayon lumineux* dans la
théorie physique que nous développerons plus tard, et où
se trouvera justifié le nom même de la surface des ondes.
Or, si l'on rapproche le groupe (3) des valeurs (10), on reconnaît que

$$(15) \qquad S x \xi_1 = 0,$$

en vertu des formules souvent citées. La vibration propagée
par l'onde plane avec la vitesse V_1 est donc perpendiculaire au rayon lumineux correspondant. Cette conséquence
importante établit, comme on le verra, une différence
essentielle entre la théorie de Fresnel et celle que nous
exposons.

L'équation (14) peut se mettre sous une autre forme.
Soit $S x^2 = S$; on a, en chassant les dénominateurs,

$$x^2 [S^2 - (b^2 + c^2) S + b^2 c^2]$$
$$+ y^2 [S^2 - (c^2 + a^2) S + c^2 a^2]$$
$$+ z^2 [S^2 - (a^2 + b^2) S + a^2 b^2]$$
$$= S^3 - (a^2 + b^2 + c^2) S^2$$
$$+ (b^2 c^2 + c^2 a^2 + a^2 b^2) S - a^2 b^2 c^2,$$

et, en réduisant,

$$(16) \quad \begin{cases} (x^2 + y^2 + z^2)(a^2 x^2 + b^2 y^2 + c^2 z^2) \\ - [a^2 (b^2 + c^2) x^2 + b^2 (c^2 + a^2) y^2 + c^2 (a^2 + b^2) z^2] \\ + a^2 b^2 c^2 = 0. \end{cases}$$

C'est là la forme que nous emploierons le plus souvent. Pour
simplifier son écriture et d'autres calculs, nous posons

$$(17) \quad \begin{cases} S x^2 = R, & S a^2 x^2 = P, & S a^2 (b^2 + c^2) x^2 = Q, \\ S a^2 = r, & S b^2 c^2 = p, & a^2 b^2 c^2 = q, \end{cases}$$

et l'équation (16) devient

$$(18) \qquad RP - Q + q = 0.$$

Cette notation est fort commode, malgré son défaut d'homogénéité. On remarquera que R et r sont de deux dimensions, P et p de quatre, Q et q de six.

§ 98. — La recherche de l'équation de la surface des ondes peut être abordée d'une autre manière. Le problème consiste à trouver la surface enveloppée par le plan dont l'équation est

$$(19) \qquad mx + ny + pz = V,$$

les quatre paramètres (m, n, p, V) étant liés par les deux relations

$$(20) \qquad \begin{cases} m^2 + n^2 + p^2 = 1, \\ V^4 - V^2 S(b^2 + c^2) m^2 + S b^2 c^2 m^2 = 0. \end{cases}$$

On donne plus de simplicité et un caractère nouveau à cet énoncé, en posant

$$(21) \qquad \frac{m}{V} = \frac{x'}{bc}, \quad \frac{n}{V} = \frac{y'}{ca}, \quad \frac{p}{V} = \frac{z'}{ab};$$

la première donne alors

$$(22) \qquad \frac{1}{V^2} = \frac{S a^2 x'^2}{q};$$

la seconde, dans laquelle on élimine V, devient

$$S x'^2 . S a^2 x'^2 - S a^2 (b^2 + c^2) x'^2 + q = 0,$$

et en posant, comme au groupe (17),

$$(23) \qquad \begin{cases} S x'^2 = R', \\ S a^2 x'^2 = P', \\ S a^2 (b^2 + c^2) x'^2 = Q', \end{cases}$$

se réduit à

$$(24) \qquad R'P' - Q' + q = 0.$$

Enfin, l'équation (19) du plan générateur, quand on y substitue les valeurs (21), prend la forme

$$(25) \qquad \frac{x'x}{bc} + \frac{y'y}{ca} + \frac{z'z}{ab} = 1.$$

Alors le problème consiste à trouver la surface enveloppée par le plan (25), (x', y', z') étant les coordonnées d'un point M' de la surface auxiliaire (24).

Or, d'après la première solution, cette surface auxiliaire (24) n'est autre que la surface cherchée elle-même. De là résulte une propriété géométrique remarquable de la surface des ondes, qui facilite singulièrement son étude. Le point M, aux coordonnées (x, y, z), est celui où le plan (25) touche la surface enveloppée. Le point auxiliaire M' est le pôle du plan (25) relativement à l'ellipsoïde

$$(26) \qquad \frac{x^2}{bc} + \frac{y^2}{ca} + \frac{z^2}{ab} = 1.$$

Or, la symétrie complète des équations (18), (24), (25) prouve que ces deux points M et M' peuvent changer de rôles. Ces deux points, appartenant à la surface des ondes, sont donc *conjugués*, en ce sens, que chacun d'eux est le pôle, relativement à l'ellipsoïde (26), du plan tangent à la surface mené par l'autre. Cette propriété conduit très-simplement aux valeurs des (x, y, z) en (x', y', z'), et réciproquement.

On sait que le pôle d'un plan donné par l'équation

$$fx + gy + hz = 1,$$

relativement à l'ellipsoïde (26), est le point dont les coordonnées (x_1, y_1, z_1) permettent d'écrire l'équation de ce plan sous la forme

$$\frac{x_1 x}{bc} + \frac{y_1 y}{ca} + \frac{z_1 z}{ab} = 1;$$

d'où l'on conclut

$$(27) \qquad x_1 = bcf, \quad y_1 = cag, \quad z_1 = abh.$$

Cela posé, l'équation du plan tangent en M′, à la surface (24), est

$$(28) \quad \begin{cases} \dfrac{x'[P' + a^2 R' - a^2(b^2 + c^2)]}{D'} x \\[2mm] + \dfrac{y'[P' + b^2 R' - b^2(c^2 + a^2)]}{D'} y \\[2mm] + \dfrac{z'[P' + c^2 R' - c^2(a^2 + b^2)]}{D'} z = 1, \end{cases}$$

où le dénominateur D′ est

$$(29) \qquad D' = 2R'P' - Q' = R'P' - q.$$

Or, le point M, aux coordonnées (x, y, z), est le pôle de ce plan (28); les formules (27) donnent donc immédiatement

$$(30) \quad \begin{cases} x = bcx' \dfrac{P' + a^2 R' - a^2(b^2 + c^2)}{D'}, \\[2mm] y = cay' \dfrac{P' + b^2 R' - b^2(c^2 + a^2)}{D'}, \\[2mm] z = abz' \dfrac{P' + c^2 R' - c^2(a^2 + b^2)}{D'}, \end{cases}$$

et l'on démontre, par le même procédé, les formules inverses

$$(31) \quad \begin{cases} x' = bcx \dfrac{P + a^2 R - a^2(b^2 + c^2)}{D}, \\[2mm] y' = cay \dfrac{P + b^2 R - b^2(c^2 + a^2)}{D}, \\[2mm] z' = abz \dfrac{P + c^2 R - c^2(a^2 + b^2)}{D}, \end{cases}$$

où $D = RP - q$, et qui donnent les coordonnées du point conjugué M', lorsque l'on connaît celle du point M.

§ 99. — Les premières équations des deux groupes (30) et (31), multipliées l'une par l'autre, donnent

$$(32) \begin{cases} b^2 c^2 [P + a^2 R - a^2 (b^2 + c^2)] [P' + a^2 R' - a^2 (b^2 + c^2)] \\ \qquad = (RP - q)(R'P' - q'); \end{cases}$$

développant, remplaçant $(b^2 + c^2)$ par $(r - a^2)$, $a^2(b^2 + c^2)$ par $(p - b^2 c^2)$, conséquemment $a^2(b^2 + c^2)^2$ par $(rp - a^2 p - b^2 c^2 r + q)$, puis ordonnant, on a

$$(33) \begin{cases} \qquad b^2 c^2 [PP' + q(R + R') - qr] \\ \qquad + q a^2 [RR' + (P + P') - p] \\ = RR' . PP' - q(R + R' - r)(P + P' - p). \end{cases}$$

Enfin, si l'on pose

$$(34) \begin{cases} RR' + (P + P') - p = \mathfrak{M}, \\ PP' + q(R + R') - qr = \mathfrak{N}, \\ RR' . PP' - q(R + R' - r)(P + P' - p) = L, \end{cases}$$

la relation (33) donne la première des trois relations

$$q a^2 \mathfrak{M} + b^2 c^2 \mathfrak{N} = L,$$
$$q b^2 \mathfrak{M} + c^2 a^2 \mathfrak{N} = L,$$
$$q c^2 \mathfrak{M} + a^2 b^2 \mathfrak{N} = L;$$

les deux autres résulteraient du produit des deux secondes équations des groupes (30) et (31), puis du produit des deux troisièmes. Par l'élimination de L, il vient

$$(b^2 - c^2)(q\mathfrak{M} - a^2 \mathfrak{N}) = 0,$$
$$(c^2 - a^2)(q\mathfrak{M} - b^2 \mathfrak{N}) = 0,$$
$$(a^2 - b^2)(q\mathfrak{M} - c^2 \mathfrak{N}) = 0;$$

et, comme les vitesses (a, b, c) sont supposées inégales, il faut que l'on ait

$$\mathfrak{M} = b^2 c^2 \mathfrak{N} = c^2 a^2 \mathfrak{N} = a^2 b^2 \mathfrak{N};$$

d'où $\mathfrak{M} = 0$, puis $\mathfrak{N} = 0$; c'est-à-dire

$$(35) \quad \begin{cases} RR' + (P + P') = p, \\ PP' + q(R + R') = qr; \end{cases}$$

d'où résulte évidemment que L (34) est aussi nul. Au moyen de ces deux relations (35), on peut déterminer R et P en fonction de R' et P', et l'on trouve

$$(36) \quad \begin{cases} R = \dfrac{q(R' - r) - P'(P' - p)}{D'}, \\ P = q\,\dfrac{(P' - p) - R'(R' - r)}{D'}. \end{cases}$$

On a ainsi deux équations (35) symétriques en (x, y, z) et (x', y', z'). On peut facilement en obtenir trois autres : d'abord l'équation (25), que nous mettrons sous la forme

$$ax'x + by'y + cz'z = abc;$$

et si l'on remarque que

$$S\,b^2 c^2 x'^2 = pR' - Q',$$
$$S\,a^4 x'^2 = rP' - Q',$$
$$q - Q' = -R'P',$$

le groupe (30) donne

$$S\,bcx'x = R'\,\frac{q(R' - r) - P'(P' - p)}{D'} = R'R,$$
$$S\,a^3 x'x = abc\,P'\,\frac{(P' - p) - R'(R' - r)}{D'} = \frac{P'P}{abc},$$

d'après les valeurs (36). On a donc, entre les coordonnées de deux points conjugués de la surface des ondes, le groupe de relations symétriques

$$(37) \begin{cases} ax'x + by'y + cz'z = abc, \\ bcx'x + cay'y + abz'z = \mathrm{R'R}, \\ a^3x'x + b^3y'y + c^3z'z = \dfrac{\mathrm{P'P}}{abc}; \\ \mathrm{R'R} + (\mathrm{P'} + \mathrm{P}) = p, \\ \mathrm{P'P} + q(\mathrm{R'} + \mathrm{R}) = qr. \end{cases}$$

Si on éliminait (x', y', z') entre elles, on retomberait sur l'équation (18), si (x, y, z) sur l'équation (24). Le groupe (37), même surabondant, pourra donc remplacer l'équation de la surface des ondes ; on aura ainsi un nouvel exemple du procédé fréquemment employé dans les recherches analytiques sur les courbes et sur les surfaces, lequel consiste à représenter un lieu géométrique par plusieurs équations au lieu d'une, en introduisant des paramètres auxiliaires ; ce qui permet de diminuer le degré ou l'ordre des équations.

La théorie des points conjugués de la surface des ondes étant nécessaire à notre analyse, nous avons préféré la donner tout de suite, et en quelque sorte tout d'un trait, les calculs qui s'y rapportent se simplifiant par leur condensation même. La considération des points conjugués nous paraît remplir, dans l'étude de la surface des ondes, un rôle analogue et tout aussi important que la théorie partielle des diamètres conjugués, dans l'étude des courbes et des surfaces du second ordre. Nous verrons, dans la prochaine Leçon, que cette association des points conjugués conduit très-naturellement aux propriétés les plus importantes de la surface dont il s'agit, sans qu'il soit nécessaire de faire usage du calcul infinitésimal. Cette surface mérite d'être étudiée pour elle-même, et doit occuper une place importante parmi les surfaces du quatrième ordre. On peut l'ex-

plorer, pour ainsi dire géométriquement, en s'appuyant
sur la théorie des pôles et polaires, empruntée aux surfaces
et aux courbes du second degré, comme l'indique la Leçon
actuelle; et en se servant des coniques sphériques et ellipsoïdales, qui la découpent en éléments rectangulaires,
comme nous le démontrerons. On ne saurait trouver un
exemple meilleur et plus utile, pour appliquer les belles
méthodes enseignées dans le *Cours de Géométrie supérieure*, créé si près de nous par M. Chasles; et pour vérifier
les propriétés nouvelles des lignes de nature diverse tracées
sur des surfaces quelconques, que les travaux et les Cours
de M. Liouville ont si bien fait connaître.

Il importe de rappeler que l'équation (22), où

$$(38) \qquad\qquad V^2 = \frac{q}{P'},$$

donne le carré de la vitesse de l'onde plane dont le rayon
lumineux est $\overline{OM}$ ou $\sqrt{R}$; pareillement $\frac{q}{P}$ est le carré de la
vitesse de l'onde plane dont le rayon lumineux est $\overline{OM'}$
ou $\sqrt{R'}$. Ou, en d'autres termes, $\frac{q}{P}$ est le carré de la vitesse
de l'onde plane *conjuguée au point* M, ou dont le point M
est le pôle, relativement à l'ellipsoïde (26). Nous dirons
aussi que les deux plans tangents en M et en M' sont deux
ondes planes conjuguées; et que chacun d'eux est l'onde
plane *conjuguée au rayon lumineux* qui aboutit à son pôle.

DIX-NEUVIÈME LEÇON.

Propriétés géométriques de la surface des ondes. — Axes optiques. — Cercles
de contact et ombilics. — Courbes sphériques et courbes ellipsoïdales. —
Cônes orthogonaux. — Variétés de la surface des ondes.

§ 100. — Avant de parler des propriétés optiques assi- Sections principales.
gnées aux cristaux biréfringents par la surface des ondes,
il importe de bien connaître la forme de cette surface et
ses variétés. Elle jouit d'abord de cette propriété remarquable, que ses trois sections principales se composent chacune d'un cercle et d'une ellipse; en effet, son équation (16),
§ 97, devient

$$(1) \begin{cases} \text{pour } x = 0, & (y^2 + z^2 - a^2)(b^2 y^2 + c^2 z^2 - b^2 c^2) = 0, \\ \text{pour } y = 0, & (z^2 + x^2 - b^2)(c^2 z^2 + a^2 x^2 - c^2 a^2) = 0, \\ \text{pour } z = 0, & (x^2 + y^2 - c^2)(a^2 x^2 + b^2 y^2 - a^2 b^2) = 0. \end{cases}$$

D'après l'ordre décroissant $a > b > c$ des trois vitesses
principales, le cercle est extérieur à l'ellipse sur le plan
des yz, intérieur sur celui des xy, et les deux courbes se
coupent en quatre points sur le plan des zx. Essayons de
définir la forme que doit avoir la surface, en nous bornant
à l'angle trièdre des coordonnées positives.

A partir de l'origine O, on prendra deux lignes propor-
tionnelles ou égales à a, l'une $\overline{OA}$ sur l'axe des y, l'autre $\overline{OA'}$
sur l'axe des z; deux lignes égales à b, l'une $\overline{OB}$ sur l'axe
des z, l'autre $\overline{OB'}$ sur l'axe des x; enfin deux lignes égales
à c, l'une $\overline{OC}$ sur l'axe des x, l'autre $\overline{OC'}$ sur l'axe des y.
On tracera, sur le plan des yz, le quart de cercle AA', le

quart d'ellipse BC'; sur le plan des zx, le quart de cercle BB', le quart d'ellipse CA'; enfin sur le plan des xy, le quart de cercle CC', le quart d'ellipse AB'; toutes ces courbes ayant O pour centre et leurs axes sur les arêtes de l'angle trièdre. Soit, sur le plan des zx, Φ le point d'intersection des deux courbes tracées; la section compl:te donnera trois autres points semblables, ou quatre en tout, symétriquement placés sur deux diamètres de la surface. Ainsi qu'il va être démontré, ces quatre points sont seuls communs aux deux nappes qui constituent la surface, l'une extérieure ou enveloppante, dont la trace, sur les plans de l'angle trièdre choisi, est Φ·A'AB'Φ; l'autre intérieure ou enveloppée, dont la trace est ΦBC'CΦ.

Pour obtenir une représentation sensible de la surface des ondes, le procédé suivant est encore le meilleur. Imaginons que l'angle trièdre des coordonnées positives soit coupé suivant l'axe des y; que le plan des zy tourne autour de OZ pour se rabattre sur le plan des zx; qu'enfin ce dernier plan tourne autour de OX pour se coucher sur celui des xy. On pourra dessiner avec exactitude, sur l'unique plan qui contient ce double rabattement, les différentes traces de la surface, telles que nous venons de les définir. On aura ainsi, sur une échelle aussi grande qu'on voudra, la *fig.* 6. Si l'on rétablit ensuite les trois plans dans leurs positions primitives, et si l'on se place de manière à les voir sous un même angle, on se formera une première idée, exacte et simple, de la surface qui doit réunir les traces dessinées. Enfin, c'est en imaginant les mêmes choses répétées dans les huit angles trièdres des plans coordonnés, que l'on peut se figurer la forme complète de la surface des ondes.

Axes optiques.

§ 101. — Pour constater l'existence des deux nappes, et leur mode de liaison, soient: ρ un rayon vecteur, et (f, g, h)

les cosinus des angles qu'il fait avec les axes, d'où

$$(2) \qquad x = f\rho, \quad y = g\rho, \quad z = h\rho, \quad \mathrm{S}f^2 = 1;$$

l'équation (16), § 97, deviendra

$$(3) \qquad \rho^4 \mathrm{S} a^2 f^2 - \rho^2 . \mathrm{S} a^2 (b^2 + c^2) f^2 + a^2 b^2 c^2 . \mathrm{S} f^2 = 0;$$

multipliant par $4 . \mathrm{S} a^2 f^2$, et résolvant, on a

$$(4) \qquad 2\rho^2 \mathrm{S} a^2 f^2 - \mathrm{S} a^2 (b^2 + c^2) f^2 = \pm \mathrm{W};$$

ce qui donne en général deux rayons vecteurs pour chaque
direction; et l'équation (4), suivant que le radical W sera
affecté du signe + ou du signe —, donnera le plus grand
ou le plus petit de ces rayons vecteurs, lesquels ne pourraient être égaux que si W était nul. Or on a

$$(5) \left\{ \begin{aligned}
\mathrm{W}^2 &= a^4 (b^2 - c^2)^2 f^4 + 2 b^2 c^2 (a^2 - b^2)(a^2 - c^2) g^2 h^2 \\
&\quad + b^4 (a^2 - c^2)^2 g^4 - 2 c^2 a^2 (a^2 - b^2)(b^2 - c^2) h^2 f^2 \\
&\quad + c^4 (a^2 - b^2)^2 h^4 + 2 a^2 b^2 (a^2 - c^2)(b^2 - c^2) f^2 g^2;
\end{aligned} \right.$$

les facteurs des différents termes étant tous positifs; cette
valeur de W² peut se mettre sous les formes suivantes :

$$\begin{aligned}
\mathrm{W}^2 &= [a^2 (b^2 - c^2) f^2 + b^2 (a^2 - c^2) g^2 + c^2 (a^2 - b^2) h^2]^2 \\
&\quad - 4 b^2 c^2 (a^2 - b^2)(b^2 - c^2) h^2 f^2 \\
&= [b^2 (a^2 - c^2) g^2 + (a \sqrt{b^2 - c^2} . f + c \sqrt{a^2 - b^2} . h)^2] \\
&\quad \times [b^2 (a^2 - c^2) g^2 + (a \sqrt{b^2 - c^2} . f - c \sqrt{a^2 - b^2} . h)^2];
\end{aligned}$$

et l'on voit qu'elle ne peut s'annuler que si

$$g = 0, \quad \text{et } a^2 (b^2 - c^2) f^2 = c^2 (a^2 - b^2) h^2.$$

Ces deux relations, jointes à la quatrième (2), donnent

$$(6) \quad f^2 = \frac{c^2 (a^2 - b^2)}{b^2 (a^2 - c^2)}, \quad g^2 = 0, \quad h^2 = \frac{a^2 (b^2 - c^2)}{b^2 (a^2 - c^2)},$$

ou les directions de deux diamètres situés dans le plan de

zx; d'où résulte

$$(7) \quad x_0 = \pm \frac{c\sqrt{a^2-b^2}}{\sqrt{a^2-c^2}}, \quad y_0 = 0, \quad z_0 = \pm \frac{a\sqrt{b^2-c^2}}{\sqrt{a^2-c^2}},$$

pour les coordonnées des quatre points $\mathscr{P}$, les seuls qui soient communs aux deux nappes de la surface.

On donne aux deux diamètres qui aboutissent à ces quatre points le nom d'*axes optiques*; nous les distinguerons par les cosinus

$$(8) \quad \begin{cases} f_0 = \dfrac{c}{b}\dfrac{\sqrt{a^2-b^2}}{\sqrt{a^2-c^2}}, & g_0 = 0, & h_0 = \dfrac{a}{b}\dfrac{\sqrt{b^2-c^2}}{\sqrt{a^2-c^2}}, \\[2ex] f_{00} = \dfrac{c}{b}\dfrac{\sqrt{a^2-b^2}}{\sqrt{a^2-c^2}}, & g_{00} = 0, & h_{00} = -\dfrac{a}{b}\dfrac{\sqrt{b^2-c^2}}{\sqrt{a^2-c^2}}. \end{cases}$$

Désignons par U et U' les angles que le rayon vecteur ρ fait avec ces deux axes; on aura

$$\cos U = \frac{c\sqrt{a^2-b^2}\cdot f + a\sqrt{b^2-c^2}\cdot h}{b\sqrt{a^2-c^2}},$$

$$\cos U' = \frac{c\sqrt{a^2-b^2}\cdot f - a\sqrt{b^2-c^2}\cdot h}{b\sqrt{a^2-c^2}};$$

d'où l'on conclut, sans difficulté,

$$(1 - \cos^2 U)(1 - \cos^2 U')\,b^4(a^2-c^2)^2$$
$$= [b^2(a^2-c^2)\,S\,f^2 - c^2(a^2-b^2)f^2 - a^2(b^2-c^2)h^2]^2$$
$$- 4a^2c^2(a^2-b^2)(b^2-c^2)h^2f^2$$
$$= [a^2(b^2-c^2)f^2 + b^2(a^2-c^2)g^2 + c^2(a^2-b^2)h^2]^2$$
$$- 4a^2c^2(a^2-b^2)(b^2-c^2)h^2f^2 = W^2;$$

ce qui donne au radical W la forme très-simple

$$(9) \qquad W = b^2(a^2-c^2)\sin U \sin U',$$

et à l'équation (4), celle-ci,

$$2\rho^2.S\,a^2 f^2 - S\,a^2(b^2+c^2)f^2 = \pm\, b^2(a^2-c^2)\sin U \sin U',$$

ou, puisque d'après l'équation (3),

$$\rho^2 \, S \, a^2 f^2 - S \, a^2 (b^2 + c^2) f^2 = -\frac{a^2 b^2 c^2}{\rho^2},$$

autrement

$$(10) \qquad S \, a^2 f^2 - \frac{a^2 b^2 c^2}{\rho^4} = \pm \frac{b^2 (a^2 - c^2)}{\rho^2} \sin U \sin U';$$

c'est-à-dire que, si ρ_1 est le plus grand et ρ_2 le plus petit des deux rayons de même direction, on aura simultanément

$$(11) \qquad \begin{cases} S \, a^2 f^2 - \dfrac{a^2 b^2 c^2}{\rho_1^4} = \dfrac{b^2 (a^2 - c^2)}{\rho_1^2} \sin U \sin U', \\[3mm] \dfrac{a^2 b^2 c^2}{\rho_2^4} - S \, a^2 f^2 = \dfrac{b^2 (a^2 - c^2)}{\rho_2^2} \sin U \sin U', \end{cases}$$

et, par addition, en divisant par $a^2 b^2 c^2 \left(\dfrac{1}{\rho_1^2} + \dfrac{1}{\rho_2^2} \right)$,

$$(12) \qquad \frac{1}{\rho_2^2} - \frac{1}{\rho_1^2} = \left(\frac{1}{c^2} - \frac{1}{a^2} \right) \sin U \sin U';$$

équation fondamentale dans la théorie physique des cristaux à deux axes, et qui établit une relation entre les vitesses des deux rayons lumineux de même direction.

Reprenons la notation employée aux §§ 97 et 98, dans la théorie des points conjugués de la surface des ondes, et désignons par (x_1, y_1, z_1), (x_2, y_2, z_2) les coordonnées des points M_1, M_2, dont les rayons vecteurs sont ρ_1, ρ_2; nous aurons le tableau

$$(13) \qquad \begin{cases} x_1 = f \rho_1, \quad y_1 = g \rho_1, \quad z_1 = h \rho_1, \\ x_2 = f \rho_2, \quad y_2 = g \rho_2, \quad z_2 = h \rho_2; \\ \quad x_1^2 + y_1^2 + z_1^2 = R_1 = \rho_1^2, \\ \quad x_2^2 + y_2^2 + z_2^2 = R_2 = \rho_2^2; \\ a^2 x_1^2 + b^2 y_1^2 + c^2 z_1^2 = P_1 = R_1 S a^2 f^2, \\ a^2 x_2^2 + b^2 y_2^2 + c^2 z_2^2 = P_2 = R_2 S a^2 f^2. \end{cases}$$

Maintenant, l'équation (3) donne, par son dernier terme,

$$\rho_1^2 \rho_2^2 = R_1 R_2 = \frac{q}{S a^2 f^2},$$

ou bien, d'après le tableau (13), l'une ou l'autre des deux relations

$$(14) \qquad R_1 = \frac{q}{P_2}, \quad R_2 = \frac{q}{P_1}.$$

Mais, d'après le § 99, $\frac{q}{P_1}$ est le carré de la vitesse de l'onde plane dont M_1 est le pôle ; $\frac{q}{P_2}$ est le carré de la vitesse de l'onde plane conjuguée au point M_2. On a donc ce théorème remarquable : *La vitesse de chacun des deux rayons lumineux d'une même direction est égale à la vitesse de l'onde plane conjuguée à l'autre rayon.*

Cercles
de contact et
ombilics.

§ 102. — Proposons-nous de trouver le point conjugué de l'extrémité M_0 d'un axe optique ; prenons pour M_0 le point $\mathcal{P}$, § 100, situé dans l'angle trièdre des coordonnées positives ; puisqu'il est à l'intersection des deux courbes qui composent la section principale des zx, ses coordonnées vérifieront les trois équations

$$(15) \quad y = 0, \quad x^2 + z^2 = b^2 = R, \quad a^2 x^2 + c^2 z^2 = a^2 c^2 = P,$$

et seront conséquemment

$$(16) \quad x = c \frac{\sqrt{a^2 - b^2}}{\sqrt{a^2 - c^2}}, \quad y = 0, \quad z = a \frac{\sqrt{b^2 - c^2}}{\sqrt{a^2 - c^2}}.$$

On sait que, les coordonnées (x, y, z) d'un point M étant connues, celles (x', y', z') de son conjugué M' sont données par les formules (31), § 98 ; mais il y a une exception à cette règle, c'est lorsque le point M est M_0; car les valeurs citées se présentent sous la forme $\frac{o}{o}$, ou restent indéterminées, puisque les valeurs (15) donnent

$$(17) \begin{cases} R = b^2, \quad P = a^2c^2, \\ D = RP - q = o, \quad y = o, \\ P + a^2 R - a^2 (b^2 + c^2) = o, \\ P + c^2 R - c^2 (a^2 + b^2) = o. \end{cases}$$

Il faut donc se servir d'une autre méthode pour trouver le conjugué M'_0 de M_0.

A cet effet, substituons les valeurs (16) et (15) aux (x, y, z, P, R) du groupe (37), § 99; il en résultera entre (x', y', z') les quatre équations

$$(18) \begin{cases} x' \sqrt{a^2 - b^2} + z' \sqrt{b^2 - c^2} = b \sqrt{a^2 - c^2}, \\ c^2 x' \sqrt{a^2 - b^2} + a^2 z' \sqrt{b^2 - c^2} = b R' \sqrt{a^2 - c^2}, \\ a^2 x' \sqrt{a^2 - b^2} + c^2 z' \sqrt{b^2 - c^2} = \frac{P'}{b} \sqrt{a^2 - c^2}, \\ P' + b^2 R' - b^2 (c^2 + a^2) = o; \end{cases}$$

car les deux dernières des cinq équations du groupe cité n'en donnent qu'une seule, et même la dernière (18); mais cette dernière (18) n'est qu'une conséquence des trois premières, puisqu'on peut l'obtenir en additionnant la deuxième et la troisième, et retranchant la première multipliée par $(c^2 + a^2)$. La première (18) représente un plan, la seconde une sphère, la troisième un ellipsoïde, surfaces qui doivent comprendre le point M'_0 que nous cherchons.

Or il arrive que les points communs au plan et à la sphère sont aussi, et tous, situés sur l'ellipsoïde : en effet, les équations de la sphère et de l'ellipsoïde peuvent se mettre sous la forme

$$(19) \begin{cases} c^2 x' \sqrt{a^2 - b^2} + a^2 z' \sqrt{b^2 - c^2} \\ = \dfrac{\sqrt{a^2 - c^2}}{b} (b^2 x'^2 + b^2 y'^2 + b^2 z'^2), \\[2mm] a^2 x' \sqrt{a^2 - b^2} + c^2 z' \sqrt{b^2 - c^2} \\ = \dfrac{\sqrt{a^2 - c^2}}{b} (a^2 x'^2 + b^2 y'^2 + c^2 z'^2); \end{cases}$$

si l'on retranche la première de la seconde, on a

$$b \sqrt{a^2 - c^2} \left(x' \sqrt{a^2 - b^2} - z' \sqrt{b^2 - c^2} \right)$$
$$= (a^2 - b^2) x'^2 - (b^2 - c^2) z'^2,$$

ou, réunissant dans le deuxième membre,

$$(20) \begin{cases} 0 = \left(x' \sqrt{a^2 - b^2} - z' \sqrt{b^2 - c^2} \right) \\ \times \left(x' \sqrt{a^2 - b^2} + z' \sqrt{b^2 - c^2} - b \sqrt{a^2 - c^2} \right); \end{cases}$$

c'est-à-dire que l'intersection de la sphère et de l'ellipsoïde
(19) se compose de deux courbes planes ; et puisque le plan
de l'une de ces courbes n'est autre que le plan (18), il en
résulte le fait énoncé.

D'où l'on conclut que tous les points de la circonférence
de cercle, intersection du plan et de la sphère (18), sont autant de points M'_0 ou de points conjugués de M_0, extrémité
d'un axe optique. Mais tout point M est le pôle, relativement à l'ellipsoïde (26), § 98, du plan tangent dont son
conjugué M' est le point de contact ; tous les conjugués M'
de M_0 sont donc autant de points de contact d'un seul et
même plan ; c'est-à-dire que le plan (18) est tangent à la
surface des ondes suivant toute l'étendue de la circonférence
du cercle, représenté par les deux premières équations (18),
et que nous appellerons *cercle de contact*. Mais tout conjugué M'_0 est le pôle d'un plan tangent en M_0 ; il y a donc,

en M_0, une infinité de plans tangents ayant leurs pôles situés sur le cercle de contact; c'est-à-dire que M_0, ou l'extrémité d'un axe optique, est un *ombilic* de la surface des
ondes. Cette surface a donc quatre cercles de contact et
quatre ombilics.

Cette double propriété achève de définir la forme de la
surface que nous étudions. Les tangentes communes au cercle de rayon b, et à l'ellipse d'axes a et c, dans la section
des zx, déterminent les diamètres des quatre cercles de
contact. Les deux nappes n'ont d'autres points communs
que les quatre ombilics. Si on les détachait en ces points,
la nappe externe ou enveloppante figurerait une sorte de
coussin ayant pour section moyenne l'ellipse d'axes a et b,
et quatre coins rentrants; tandis que la nappe interne ou
enveloppée présenterait la forme d'une outre, ayant pour
section moyenne le cercle de rayon c, et quatre nœuds en
saillie. Pour l'œil placé au loin sur l'axe des y, le contour
apparent de la nappe externe est une sorte d'octogone,
ayant quatre côtés linéaires et non adjacents, réunis ou séparés par deux arcs de cercle et par deux arcs d'ellipse auxquels ils sont tangents; tandis que le contour apparent de
la nappe interne est un quadrilatère convexe, à côtés courbes, deux circulaires et deux elliptiques, formant angles
aux quatre sommets. Les contours des mêmes nappes, pour
l'œil placé au loin sur l'axe des z ou sur l'axe des x, ne
présentent aucune discontinuité du même genre; ils sont
ou complétement circulaires, ou complétement elliptiques.

§ 103. — Il est une autre manière de représenter la surface des ondes, qui conduit à de nouvelles propriétés.
L'équation de cette surface étant

Courbes
sphériques et
courbes
ellipsoïdales.

(21)

$$Q = RP + q,$$

on a le groupe des trois équations

$$(22)\begin{cases} x^2 + y^2 + z^2 = R, \\ a^2 x^2 + b^2 y^2 + c^2 z^2 = P, \\ a^2(b^2 + c^2)x^2 + b^2(c^2 + a^2)y^2 + c^2(a^2 + b^2)z^2 = RP + q; \end{cases}$$

et si l'on regarde R et P comme deux paramètres auxiliaires, ce groupe représente aussi la surface. Les limites des valeurs que l'on peut donner à ces paramètres se déduisent de la réalité nécessaire des (x, y, z). Si l'on ajoute trois fois les équations (22), après les avoir respectivement multipliées, une première fois par $(-b^2 c^2, -a^2, +1)$; une seconde par $(-c^2 a^2, -b^2, +1)$; une troisième par $(-a^2 b^2, -c^2, +1)$, on isole successivement le carré de chaque coordonnée; et l'on a

$$(23)\begin{cases} x^2 = \dfrac{(R - a^2)(P - b^2 c^2)}{(c^2 - a^2)(a^2 - b^2)}, \\[2mm] y^2 = \dfrac{(R - b^2)(P - c^2 a^2)}{(a^2 - b^2)(b^2 - c^2)}, \\[2mm] z^2 = \dfrac{(R - c^2)(P - a^2 b^2)}{(b^2 - c^2)(c^2 - a^2)}; \end{cases}$$

ou bien, en composant les dénominateurs de facteurs positifs, vu l'ordre décroissant $a > b > c$,

$$(24)\begin{cases} x^2 = -\dfrac{(R - a^2)(P - b^2 c^2)}{(a^2 - c^2)(a^2 - b^2)}, \\[2mm] y^2 = \dfrac{(R - b^2)(P - c^2 a^2)}{(a^2 - b^2)(b^2 - c^2)}, \\[2mm] z^2 = -\dfrac{(R - c^2)(P - a^2 b^2)}{(b^2 - c^2)(a^2 - c^2)}. \end{cases}$$

Pour que y soit réel, il faut que $(R - b^2)$ et $(P - c^2 a^2)$ soient de même signe. Si ces deux facteurs sont positifs, ou si l'on prend $R > b^2 > c^2$, $P > c^2 a^2 > b^2 c^2$, la réalité de x et de z exige que R ne surpasse pas a^2; et que P ne surpasse pas $a^2 b^2$. Si les deux facteurs du numérateur de y^2 sont négatifs, ou si l'on prend $a^2 > b^2 > R$, $a^2 b^2 > c^2 a^2 > P$, la réalité de x et de z exige que P surpasse $b^2 c^2$, que R surpasse c^2. Ce qui donne les deux séries d'inégalités

$$(25) \qquad \begin{cases} a^2 > R > b^2 > c^2 \\ a^2 b^2 > P > c^2 a^2 > b^2 c^2; \end{cases}$$

$$(26) \qquad \begin{cases} a^2 > b^2 > R > c^2 \\ a^2 b^2 > c^2 a^2 > P > b^2 c^2. \end{cases}$$

Ainsi les deux paramètres sont liés l'un à l'autre, de telle sorte que si R est compris entre a^2 et b^2, P doit l'être entre $a^2 b^2$ et $c^2 a^2$, et que si R est compris entre b^2 et c^2, P doit l'être entre $c^2 a^2$ et $b^2 c^2$. Les inégalités (25) ont lieu sur la nappe externe, les inégalités (26) sur la nappe interne.

Si l'on fait usage du tableau de symétrie, des formules et du genre de calcul du § 95, on déduit facilement du groupe (23),

$$S \frac{x^2}{P - b^2 c^2} = S \frac{R - a^2}{(c^2 - a^2)(a^2 - b^2)} = \frac{1}{A} S(b^2 - c^2)(R - a^2) = 0,$$

$$S \frac{a^2 x^2}{R - a^2} = S \frac{a^2 P - q}{(c^2 - a^2)(a^2 - b^2)} = \frac{1}{A} S(b^2 - c^2)(a^2 P - q) = 0;$$

ce qui montre que l'équation de la surface des ondes peut se mettre sous les deux formes

$$(27) \qquad \begin{cases} \dfrac{x^2}{P - b^2 c^2} + \dfrac{y^2}{P - c^2 a^2} + \dfrac{z^2}{P - a^2 b^2} = 0, \\ \\ \dfrac{a^2 x^2}{R - a^2} + \dfrac{b^2 y^2}{R - b^2} + \dfrac{c^2 z^2}{R - c^2} = 0. \end{cases}$$

Toute sphère dont l'équation est

$$(28) \qquad x^2 + y^2 + z^2 = R_1,$$

coupe la surface des ondes suivant une *courbe sphérique,*

qui est en même temps sur le cône

$$(29) \qquad S \frac{a^2 x^2}{R_1 - a^2} = 0.$$

Tout ellipsoïde dont l'équation est

$$(30) \qquad a^2 x^2 + b^2 y^2 + c^2 z^2 = P_1,$$

trace sur la même surface une *courbe ellipsoïdale* qui est en même temps sur le cône

$$(31) \qquad S \frac{x^2}{P_1 - b^2 c^2} = 0.$$

Ainsi, chaque point de la surface des ondes est déterminé par l'intersection d'une courbe sphérique et d'une courbe ellipsoïdale. Il s'agit de faire voir que ces courbes se coupent à angle droit. Soient $(x_1,\ y_1,\ z_1)$ les coordonnées du point M_1, où les paramètres R et P ont pour valeurs R_1, P_1; les deux cônes (29) et (31) ont pour plans tangents, en ce point,

$$S \frac{a^2 x_1 x}{R_1 - a^2} = 0, \qquad S \frac{x_1 x}{P_1 - b^2 c^2} = 0;$$

et le cosinus de l'angle compris entre ces plans a pour facteur

$$S \frac{a^2 x^2}{(R_1 - a^2)(P_1 - b^2 c^2)} = S \frac{a^2}{(c^2 - a^2)(a^2 - b^2)} = \frac{1}{A} S a^2 (b^2 - c^2) = 0.$$

Ainsi les deux cônes se coupent orthogonalement. Or la tangente à la courbe sphérique en M_1 est perpendiculaire au rayon de la sphère (28) ou à l'arête commune des deux cônes; elle est donc perpendiculaire au cône (31), et, par suite, à la tangente à la courbe ellipsoïdale.

§ 104. — Le cône qui coupe une des deux nappes de la surface, suivant une courbe sphérique, coupe l'autre nappe sui-

Cônes orthogonaux.

vant une courbe-ellipsoïdale. En effet, d'après les équations (14), § 101, si R_1 et R_2 sont les carrés de deux rayons vecteurs de même direction, on a

$$P_1 R_2 = P_2 R_1 = q;$$

or, sur le cône (29) R_1 est constant, donc $P_2 = \dfrac{q}{R_1}$ l'est aussi ; c'est-à-dire que ce cône trace une courbe ellipsoïdale sur la seconde nappe. Pareillement, sur le cône (31) P_1 est constant, donc $R_2 = \dfrac{q}{P_1}$ l'est aussi ; c'est-à-dire que ce cône trace une courbe sphérique sur la seconde nappe. D'après cela, si nous appelons *cône* R_1 celui qui est représenté par l'équation (29), nous pourrons appeler *cône* R_2 celui que représente l'équation (31), ou celle-ci

$$(32) \qquad S \frac{a^2 x^2}{R_2 - a^2} = 0,$$

qui s'obtient en substituant $\dfrac{q}{R_2}$ à P_1, dans cette même équation (31).

Les deux cônes R_1 et R_2, qui se coupent à angle droit, suivant une arête commune, sont tels, que si R_1 surpasse b^2, nécessairement R_2 lui est inférieur. En effet, pour que y^2 (24) soit positif, si l'on a $R_1 > b^2$, il faut que $P_1 > c^2 a^2$; mais on doit avoir $R_2 P_1 = a^2 b^2 c^2$, donc $R_2 < b^2$. Nous supposerons que R_1 est toujours supérieur à b^2, et R_2 inférieur. D'après cela, tout cône R_1 trace une courbe sphérique sur la nappe externe, et une courbe ellipsoïdale sur la nappe interne ; l'inverse a lieu pour un cône R_2. Les équations (29) et (32) de ces deux familles de cônes peuvent se mettre sous la forme

$$(33) \qquad \begin{cases} b^2 y^2 = (R_1 - b^2)\left(\dfrac{a^2 x^2}{a^2 - R_1} - \dfrac{c^2 z^2}{R_1 - c^2} \right), \\[2mm] b^2 y^2 = (b^2 - R_2)\left(\dfrac{c^2 z^2}{R_2 - c^2} - \dfrac{a^2 x^2}{a^2 - R_2} \right). \end{cases}$$

Aux limites extrêmes, R_1 peut prendre sa moindre valeur b^2, R_2 sa plus grande qui est aussi b^2; mais la nécessité que γ^2 soit toujours positif, quoique infiniment petit, exige

que pour $R_1 = b^2$ on ait $\dfrac{a^2 x^2}{a^2 - b^2} > \dfrac{c^2 z^2}{b^2 - c^2}$,

que pour $R_2 = b^2$ on ait $\dfrac{c^2 z^2}{b^2 - c^2} > \dfrac{a^2 x^2}{a^2 - b^2}$;

d'où l'on voit que les cônes limites, $R_1 = b^2$, $R_2 = b^2$, se réduisent aux plaques angulaires comprises entre les deux axes optiques, § 101, et dont les bissectrices sont, l'axe des x pour le cône $R_1 = b^2$, l'axe des z pour le cône $R_2 = b^2$. En général, tout cône R_1 entoure l'axe des x, tout cône R_2 l'axe des z.

On peut encore mettre les équations (29) et (32) des deux familles de cônes R_1 et R_2 sous une autre forme qui précise mieux leurs liaisons et leurs différences. Cette transformation s'opère en posant

$$(34) \quad \begin{cases} \dfrac{1}{R_1} - \dfrac{1}{a^2} = \dfrac{\rho^2}{k}, & \dfrac{1}{b^2} - \dfrac{1}{a^2} = \dfrac{\beta^2}{k}, \\[2ex] \dfrac{1}{R_2} - \dfrac{1}{a^2} = \dfrac{\nu^2}{k}, & \dfrac{1}{c^2} - \dfrac{1}{a^2} = \dfrac{\gamma^2}{k}, \end{cases}$$

k étant une constante quelconque, ρ et ν deux paramètres nouveaux, la constante γ surpassant β. Les équations (29) et (32), que l'on peut écrire ainsi,

$$\frac{x^2}{\dfrac{1}{R_1} - \dfrac{1}{a^2}} + \frac{y^2}{\dfrac{1}{R_1} - \dfrac{1}{b^2}} + \frac{z^2}{\dfrac{1}{R_1} - \dfrac{1}{c^2}} = 0,$$

$$\frac{x^2}{\dfrac{1}{R_2} - \dfrac{1}{a^2}} + \frac{y^2}{\dfrac{1}{R_2} - \dfrac{1}{b^2}} + \frac{z^2}{\dfrac{1}{R_2} - \dfrac{1}{c^2}} = 0,$$

deviennent, par la substitution des valeurs (34),

$$(35) \quad \begin{cases} \dfrac{x^2}{\rho^2} - \dfrac{y^2}{\beta^2 - \rho^2} - \dfrac{z^2}{\gamma^2 - \rho^2} = 0, \\[3mm] \dfrac{x^2}{\nu^2} + \dfrac{y^2}{\nu^2 - \beta^2} - \dfrac{z^2}{\gamma^2 - \nu^2} = 0, \end{cases}$$

et représentent des cônes homofocaux, ou les cônes asymptotes à deux familles d'hyperboloïdes à une et à deux nappes, dont les sections principales ont les mêmes foyers.

§ 105. — Pour compléter l'étude purement géométrique de la surface des ondes, il nous reste à dire quelques mots sur les variétés de cette surface. Lorsque deux des trois vitesses principales (a, b, c) sont égales, la surface se décompose en deux autres, une sphère et un ellipsoïde de révolution. En effet, son équation (16), § 97, devient

(en marge : Variétés de la surface des ondes.)

$$(36) \quad (x^2 + y^2 + z^2 - a^2)[a^2(x^2 + y^2) + c^2 z^2 - a^2 c^2] = 0,$$

si $b = a$; et

$$(37) \quad (x^2 + y^2 + z^2 - b^2)[a^2 x^2 + b^2(y^2 + z^2) - a^2 b^2] = 0,$$

si $c = b$. Dans le premier cas, la sphère enveloppe l'ellipsoïde, lequel est allongé; dans le second, l'ellipsoïde est aplati et enveloppe la sphère. Dans les deux cas, les deux surfaces se touchent aux deux pôles de l'ellipsoïde ou aux deux extrémités de son axe de révolution. Enfin, lorsque les trois vitesses principales sont égales, la surface des ondes se réduit à une sphère; ou plutôt à deux sphères égales et qui se superposent; car, si l'on fait $a = b = c$ dans l'équation (16), § 97, ou $c = a$ dans l'équation (36), ou $b = a$ dans l'équation (37), on obtient

$$(x^2 + y^2 + z^2 - a^2)^2 = 0.$$

Quand la surface des ondes devient une sphère et un ellipsoïde, par l'égalité de deux des vitesses principales, deux points conjugués l'un de l'autre sont situés sur une même perpendiculaire à l'axe. Ces deux points se confondent lorsque les trois vitesses sont égales. Mais la considération des points conjugués est inutile, pour ces variétés de la surface des ondes.

VINGTIÈME LEÇON.

Ondes circulaires à la surface d'un liquide. — Ondes linéaires composées. — Ondes sphériques. — Construction d'Huyghens. — Théorie de la double réfraction de Fresnel.

§ 106. — Dans les deux dernières Leçons sur les propriétés purement géométriques de la surface des ondes, nous avons supprimé les définitions et les développements qui concernent la théorie physique où cette surface joue un rôle important. Nous allons combler cette lacune dans la Leçon actuelle, et nous essayerons d'abandonner un instant le langage des géomètres, pour employer celui des physiciens. Notre but est d'exposer la suite des idées qui ont amené la théorie de la double réfraction au point où elle se trouve aujourd'hui, en laissant à ces idées tout ce qu'elles ont de hardi, de hasardé, de peu rigoureux quelquefois. Ce sont précisément ces défauts, ou plutôt ces qualités, que nous cherchons, puisqu'il s'agit de donner un exemple du pouvoir que possède l'analyse, d'apprécier la valeur des idées préconçues. Commençons par dire d'où viennent les idées d'*onde*, d'*ondulation*, d'*onde plane*, de *surface des ondes*, de toutes les expressions que nous avons employées sans définition suffisante. Empruntées pour la plupart à la théorie physique des liquides, elles ont servi à l'acoustique, et une analogie encore plus grande les a étendues aux phénomènes lumineux.

Lorsqu'un corps pesant, d'un certain volume et d'une densité plus grande que l'unité, tombe verticalement sur la surface d'une nappe d'eau tranquille, on sait qu'il se forme des rides circulaires et mobiles, dont le lieu de la chute est le centre. Ce sont là des ondes circulaires. On se rend compte de ce phénomène en remarquant que les molécules d'eau, brusquement abaissées au centre d'ébranlement, oscillent verticalement avant de revenir au repos; ce mouvement oscillatoire se communique de proche en proche avec une certaine vitesse de propagation, la même dans toutes les directions. Si l'on peut faire en sorte que la colonne centrale ne fasse qu'une oscillation, il n'y aura qu'une ride circulaire qui se propagera, en s'agrandissant quant à son rayon, et en s'effaçant par la diminution graduelle de sa hauteur ou de l'amplitude de l'oscillation. En général, il résulte de la chute du corps pesant plusieurs oscillations décroissantes, au centre de l'ébranlement, et par suite plusieurs rides ou ondes circulaires qui se propagent à la suite les unes des autres.

Ondes linéaires composées.

§ 107. — Si une oscillation unique, produite au centre, a une amplitude assez grande pour que l'onde circulaire soit encore sensible à une très-grande distance de ce centre, on pourra la considérer, à cette distance, comme formant une *onde linéaire* sur une assez grande étendue; mais, dans certaines circonstances, il peut se former à la surface d'une grande masse d'eau tranquille des *ondes linéaires composées*, qui partent des centres d'ébranlement eux-mêmes, ou qu'il n'est pas nécessaire d'aller chercher loin de ces centres. Par exemple, imaginons, *fig.* 7, des boules $(b, b', b'', \ldots, b^{(n)})$, suspendues par des fils métalliques très-minces à une barre horizontale $\overline{BH}$, mais à des hauteurs différentes, sur une même ligne $b^{(n)} b$ inclinée à l'horizon; soit $\overline{EA}$ la surface d'une eau tranquille, $\overline{E'A'}$ un plan horizontal rencontrant tous les fils de suspension un peu au-dessous de la barre $\overline{BH}$; un mécanisme fait descendre tout l'appareil, d'un mouvement uniforme, de $\overline{E'A'}$ en $\overline{EA}$.

L'immersion rapide de chaque boule produit un système d'ondes circulaires ; tous les systèmes d'ondes coexistent ou se superposent ; d'après la disposition des boules, et l'uniformité de la descente, ils sont en retard les uns sur les autres : quand celui de la boule la plus élevée $b^{(n)}$ commence, celui de la boule b s'est déjà étendu jusqu'en β, celui de b' jusqu'en β', celui de b'' jusqu'en β'', etc. A ce moment, les effets des ondes circulaires, en leurs points d'intersection, sont *concordants* ; la suite de tous ces points d'intersection forme une ligne droite $\overline{EF}$, où les hauteurs des rides sont plus que doublées, et il en résulte l'apparence d'une onde linéaire, se propageant d'ailleurs avec la même vitesse que les ondes circulaires.

Pour tracer la direction de cette onde linéaire composée, il suffit de décrire le cercle dont le lieu de la chute de b est le centre, et qui a pour rayon l'espace parcouru par son système d'ondes avant la chute de $b^{(n)}$, puis de mener par le lieu de cette dernière chute une tangente au cercle décrit. On voit facilement que $\overline{EF}$ fera un angle d'autant moindre avec $\overline{EA}$ que la ligne des boules sera plus voisine de l'horizon ; si cette ligne des boules était horizontale, tous les systèmes d'ondes circulaires commenceraient en même temps, et l'onde linéaire composée serait parallèle à EA. De l'autre côté de $\overline{EA}$, il existera un système d'ondes linéaires semblable et symétrique ; ce qui formera une sorte d'onde, angulaire d'abord, puis composée de deux côtés non parallèles qui ne se rencontreraient sur EA que si on les prolongeait. S'il n'y a que deux ou trois boules, la partie active de l'onde linéaire composée aura fort peu de largeur, car elle se réduira au lieu des contacts de deux ou de trois cercles tangents ; on aura ainsi des *rayons ondulatoires* composés, perpendiculaires aux ondes linéaires dont il vient d'être question.

Voici la définition d'un rayon ondulatoire : Supposons une seule boule tombée; les molécules d'eau, primitivement situées à la surface du liquide sur une droite partant du lieu de la chute, formeront au bout d'un certain temps une ligne sinueuse, et plus tard encore une autre ligne sinueuse en tout semblable à la première, mais dont la forme sera déplacée, comme si, de la première époque à la seconde, la ligne avait glissé avec la vitesse de propagation; c'est là *un rayon ondulatoire*. La distance entre les tangentes horizontales d'une même sinuosité est l'*amplitude de l'ondulation*; cette amplitude va en diminuant à mesure que l'ondulation est plus éloignée du centre. La distance entre les verticales passant par les points de contact de deux tangentes horizontales successives, du même côté d'une sinuosité, est la *largeur d'onde*, ou la *longueur d'ondulation*; elle ne varie pas dans le mouvement général. Si l'on revient au cas de trois boules tombées successivement, on verra que la suite des points de concordance des trois systèmes d'ondes circulaires forme deux rayons ondulatoires composés, dont l'amplitude est au moins double de celle d'un rayon ondulatoire simple.

* Si l'on voulait établir, en chacun des centres d'ébranlement, une suite d'oscillations d'égale amplitude, il faudrait disposer sur les mêmes fils verticaux plusieurs rangées de boules parallèles à $b^{(n)} b$, et équidistantes entre elles; leur intervalle vertical étant dans un certain rapport avec la vitesse uniforme de la descente. On pourrait laisser tomber, d'une même hauteur, des boules ou de simples gouttes, s'échappant par les trous d'un tamis, lesquels ne seraient ouverts que successivement. De quelque manière que ce soit, l'expérience est évidemment réalisable. Voici, d'ailleurs, une circonstance où des ondes linéaires composées se produisent naturellement. Lors de la marche régulière d'un bateau à vapeur d'une grande force, sur un fleuve peu profond, l'immersion successive des palettes occasionne un effet du même genre que celui de notre appareil à boules; on voit, à une certaine distance en avant, deux ondes linéaires inclinées sur l'axe, une de chaque côté; elles marchent avec la même vitesse que le bateau, et comme si elles lui étaient invariablement unies. Ces deux vagues linéaires s'étendent, en divergeant à l'arrière, jusqu'aux deux rives du fleuve, où elles agitent convulsivement les batelets qui y stationnent. L'angle qu'elles forment est d'autant moindre que le bateau va plus vite. Leur hauteur est d'autant plus grande que l'eau est moins profonde. Ce phénomène est surtout sensible sur la basse Seine, entre Rouen et le Havre.

§ 108. — Pour expliquer, dans la théorie physique des ondes lumineuses, les phénomènes de la réfraction simple et de la réflexion, on admet que les molécules de la surface de tout milieu diaphane d'élasticité constante, atteintes par la lumière, entrent en vibration et deviennent les centres d'autant de systèmes d'ondes sphériques, qui donnent lieu à des ondes planes composées de deux sortes : les unes se propageant dans le milieu extérieur, d'où la lumière réfléchie; les autres dans le milieu diaphane lui-même, d'où la lumière réfractée. Soient, *fig.* 8, AB la face plane d'entrée du milieu diaphane; IL un rayon lumineux incident situé dans le plan de la figure, que nous appellerons plan d'incidence; soit PL perpendiculaire à IL : si le point lumineux est très-éloigné, on pourra regarder le phénomène comme produit par une onde plane ayant LP pour trace, et se propageant normalement ou suivant IL, avec une vitesse de propagation que nous prendrons pour l'unité. Tous les rayons il, $i'l'$, $i''l''$, etc., parallèles à IL, seront concordants en L, l, l', l'', etc.; c'est-à-dire qu'ils y seront constamment aux mêmes époques de leurs mouvements vibratoires. Ils atteindront respectivement des molécules m, m', m'', etc.,

Ondes sphériques.

18

de la surface du milieu diaphane, lesquelles entreront en vibration et deviendront les centres de systèmes sphériques d'ondes lumineuses, mais d'autant plus tard que ces points sont plus éloignés de L.

Pour trouver l'onde plane composée, de lumière réfractée, qui résultera du concours de tous ces systèmes d'ondes sphériques, inscrivons dans l'angle PAL une ligne PA, parallèle à IL, et égale à l'unité ou à la vitesse de propagation de l'onde plane incidente. Tous les points de la perpendiculaire au plan d'incidence, dont A est la projection, commenceront à s'ébranler en même temps ; mais, à cette époque, le centre L aura étendu son système d'ondes sphériques à une distance a, vitesse de propagation de la lumière dans le nouveau milieu. Or, si l'on mène, par la perpendiculaire en A, un plan tangent à la sphère de centre L et de rayon a, on aura évidemment l'onde plane composée, où tous les systèmes sphériques de centres L, m, m', m'', etc., seront concordants. Si l'onde plane incidente LP n'est active que sur une étendue $\overline{L\lambda}$, la surface AB ne sera ébranlée que sur une étendue correspondante $\overline{L\mu}$, et l'onde plane réfractée que sur une étendue $\overline{R\rho}$, où se trouvent les contacts des ondes sphériques concordantes, dont les centres sont entre L et μ. Alors, au faisceau incident (IL $\varepsilon\mu$) correspondra le faisceau réfracté (LR $\mu\rho$) ; ou bien, au rayon incident $\overline{IL}$, le rayon réfracté $\overline{LR}$. En outre, les centres d'ébranlement L, m, m', m'', donneront lieu à des ondes hémisphériques dans le premier milieu ; elles seront concordantes sur le plan mené, par la perpendiculaire en A, tangentiellement à la demi-sphère décrite de L comme centre, avec un rayon égal à AP, vitesse de la lumière dans ce premier milieu. Si l'onde plane incidente n'est active que sur $\overline{L\lambda}$, au faisceau incident (IL $\varepsilon\mu$) correspondra le faisceau réfléchi (LI'$\mu\varepsilon'$) ; I'ε' étant, sur l'onde plane réfléchie, le lieu des contacts des ondes concordantes dont les centres sont sur $\overline{L\mu}$; ou bien, au rayon incident IL correspondra le rayon réfléchi $\overline{LI'}$.

Voici les conséquences mathématiques de cette théorie : Les points de contact R et I' des plans tangents aux deux sphères, par suite le rayon réfléchi LI' et le rayon réfracté LR, seront dans le plan d'incidence. Soient $\overline{NLN'}$ normale à $\overline{AB}$, l'angle d'incidence $\widehat{ILN} = i$, l'angle de réfraction $\widehat{N'LR} = r$; on aura

$$\widehat{PLA} = i, \quad \widehat{LAR} = r, \quad \text{et} \quad \frac{1}{AL} = \frac{\sin i}{1} = \frac{\sin r}{a};$$

puis le triangle

$$LAI' = ALP, \quad \text{d'où} \quad \widehat{I'AL} = i = \widehat{I'LN},$$

angle de réflexion. D'où l'on conclut : 1° que pour tout milieu diaphane uni-réfringent, le rayon réfléchi et le rayon réfracté sont dans le plan d'incidence; 2° que l'angle de réflexion est égal à l'angle d'incidence; 3° que le sinus de l'angle d'incidence, divisé par le sinus de l'angle de réfraction, donne un rapport constant appelé *indice de réfraction*, et égal au rapport direct des vitesses de la lumière dans les deux milieux. Et ce sont effectivement là les lois de la réflexion et de la réfraction simple, qui ont été si souvent vérifiées.

§ 109. — Pour expliquer de la même manière les phénomènes optiques des cristaux biréfringents, à un seul axe optique, il suffit d'admettre, avec Huyghens, que chacun des points L, m, m', m'', etc., qui sont successivement atteints par l'onde plane incidente, devient le centre d'un double système d'ondes, les unes sphériques, les autres ellipsoïdales et de révolution autour d'un *axe* dit *de double*

Construction d'Huyghens.

18.

réfraction, ayant la même direction dans tout le milieu. De là résulte, par réfraction, deux ondes planes composées, passant par la perpendiculaire en A, et tangentes à deux ondes, l'une sphérique, l'autre ellipsoïdale, ayant L pour centre, et un même diamètre parallèle à l'axe; ces deux ondes étant les limites atteintes par les deux systèmes émanés du centre L, quand l'onde plane incidente arrive en A.

Si l'onde plane incidente n'est active que sur l'étendue $\overline{L\lambda}$, *fig.9*, l'onde plane tangente à la sphère de centre L ne sera active que sur l'étendue $R\rho$, lieu des contacts des ondes sphériques concordantes dont les centres sont situés entre L et μ, et aussi l'onde plane tangente à l'ellipsoïde de révolution ne sera active que sur l'étendue $R'p'$, lieu des contacts des ondes ellipsoïdales concordantes dont les centres sont sur $L\mu$; c'est-à-dire qu'au seul rayon incident $\overline{IL}$ correspondent les deux rayons réfractés $\overline{LR}$, $\overline{LR'}$. Telle est, en effet, la construction d'Huyghens pour les cristaux biréfringents à un axe, construction qui, énoncée empiriquement, a été vérifiée par l'observation jusque dans ses dernières conséquences.

Ainsi, il résulte de cette construction que le rayon réfracté $\overline{LR}$ suit complétement les *lois* de la réfraction simple; c'est le *rayon ordinaire*. Le rayon réfracté $\overline{LR'}$, dit *extraordinaire*, suit des lois plus compliquées; il n'est dans le plan d'incidence : 1° que si ce plan est parallèle à l'axe de double réfraction, et alors le rapport du sinus d'incidence au sinus de réfraction n'est pas constant; 2° ou, quand la face $\overline{AB}$ est parallèle à l'axe, que si le plan d'incidence lui est perpendiculaire; et alors le rayon $\overline{LR'}$, sans se confondre avec $\overline{LR}$, suit comme lui les lois de la réfraction simple. Enfin, si la face $\overline{AB}$ est perpendiculaire à l'axe, et que le rayon incident soit normal, il n'y a qu'un seul rayon réfracté, normal aussi. Toutes ces conséquences de

la conception d'Huyghens, et d'autres encore, se vérifient
complétement. Mais cette conception hardie, si bien justi-
fiée par les faits, laisse en dehors la cause même de la double
réfraction et de la polarisation qui accompagne ce phénomène; aussi la construction d'Huyghens n'a-t-elle été regardée, pendant longtemps, que comme une règle empiri-
que, due à un heureux hasard. C'était méconnaître un trait
de génie, et Fresnel ne s'y est pas trompé. Le fait de la
double réfraction du verre comprimé lui fit penser que la
bifurcation de la lumière réfractée et sa polarisation dé-
pendaient d'une différence d'élasticité dans des directions
diverses. Et c'est en poursuivant cette idée, en l'étudiant
avec le concours de l'analyse, que Fresnel a été conduit
à sa principale découverte. Voici la marche de son invention.

§ 110. — La théorie physique des ondes lumineuses ne
peut expliquer la double réfraction qu'en partant du principe employé pour la réfraction simple, mais en le généralisant, savoir : que les molécules de la surface d'un milieu
biréfringent, successivement atteintes par la lumière, entrent en vibration, et deviennent chacune le centre d'une
onde multiple à deux nappes, d'une forme qu'il faut chercher. Une première conséquence de cette extension du principe primitif, c'est qu'à l'onde plane incidente LP corres-
pondent deux ondes planes réfractées $\overline{AR_1}$, $\overline{AR_2}$, *fig.* 10, passant par la perpendiculaire A, et tangentes aux deux nappes
de l'onde multiple dont L est le centre; cette onde multiple
conservant la même forme et la même position, tandis que
l'onde plane incidente prendrait toutes les positions possibles, à chacune de ces positions de l'onde incidente correspondront deux ondes planes réfractées tangentes à la même
surface; c'est-à-dire que l'onde multiple dont L est le centre
sera nécessairement enveloppée par toutes les ondes planes

Théorie
de la double
réfraction
de Fresnel.

pouvant se propager dans le nouveau milieu, quand elles auront quitté le centre L depuis l'unité de temps, ou quand la perpendiculaire abaissée de L sur chacune d'elles sera égale à la vitesse de propagation qui correspond à cette onde plane. On est ainsi conduit, pour trouver la surface de l'onde multiple, à chercher la loi des vitesses de propagation des ondes planes.

Or une seconde conséquence de la même extension, c'est qu'une onde plane peut se propager avec deux vitesses différentes dans le milieu nouveau : en effet, considérons, dans la construction générale, les deux ondes planes réfractées $\overline{AR_1}$, $\overline{AR_2}$, qui correspondent à l'onde plane incidente LP ; l'une de ces ondes planes, AR_1 par exemple, touche la nappe interne de l'onde multiple inconnue. Imaginons que l'on mène à la nappe externe un plan tangent $\rho\,A'$ parallèle à $\overline{AR_1}$; ce plan $\rho A'$ sera une des deux ondes planes réfractées qui correspondraient à une autre onde plane incidente $\overline{LP'}$, facile à déterminer. Donc l'onde plane de direction $\overline{R_1\,A}$ peut avoir deux vitesses différentes, lesquelles seront égales aux deux perpendiculaires abaissées de L sur $\overline{AR_1}$, sur $\overline{A'\rho}$. Partant de cette conséquence, qu'une onde plane doit pouvoir se propager avec deux vitesses différentes, et des phénomènes de la polarisation qui démontrent qu'à chacune de ces vitesses correspond une direction différente de la vibration propagée, on cherche de quelle manière l'élasticité doit varier autour de chaque point du milieu homogène cristallisé, pour que chaque onde plane admette deux vitesses ; ce qui conduit, comme nous l'avons vu, à la loi de ces vitesses. Puis, ces vitesses et leur mode de variation étant connus, on doit chercher quelle est la surface enveloppée par toutes les ondes planes passant en L, une unité de temps après ce passage. Cette surface enveloppée sera l'onde multiple de centre L, à laquelle les deux ondes planes réfractées $\overline{AR_1}$, $\overline{AR_2}$ sont tangentes. Telle est la marche de l'invention de Fresnel, et celle que nous avons suivie synthétiquement.

Fresnel n'avait pour but que d'expliquer, par la théorie physique des ondes lumineuses, la construction d'Huyghens, qui coordonnait les faits optiques des cristaux biréfringents à un axe, seuls connus à cette époque. Il s'attendait donc à trouver, pour les deux nappes de l'onde multiple déduite de la théorie mathématique, une sphère et un ellipsoïde de révolution ayant l'axe commun de double réfraction. Il trouva une surface du quatrième degré qui ne se décomposait, de manière à donner la sphère et l'ellipsoïde, que dans des cas particuliers; il conclut de là que le fait général de la double réfraction n'était encore qu'imparfaitement connu, et qu'il devait exister des milieux cristallisés où l'onde multiple serait indécomposable, comme dans sa formule. L'expérience est venue justifier cette prévision hardie : les phénomènes optiques de la topaze, et d'autres cristaux biréfringents, dits à deux axes, découverts par Fresnel, ont donné à sa théorie de la double réfraction une réalité incontestable, que sont venues confirmer avec éclat les découvertes faites par Hamilton, et vérifiées par Lloyd, des réfractions coniques et cylindriques dont nous parlerons dans la Leçon suivante.

* Il est à désirer, pour les progrès de la Physique, que les savants et les professeurs qui s'occupent de cette science, considèrent et présentent de deux manières différentes les théories partielles résumant un ensemble de faits connus, sans jamais faire entrevoir aucun autre fait; et celles qui, nées d'une idée nouvelle sur la cause d'une classe de phénomènes, ont indiqué ou prévu l'existence d'autres phénomènes du même genre que l'expérience a confirmée. Les premières s'appuient sur une hypothèse, très-utile comme moyen de coordination, mais stérile, impuissante, et

n'ayant le plus souvent aucune réalité. Les secondes partent d'une hypothèse d'un caractère tout opposé, car non-seulement elle explique, mais encore elle complète le groupe de phénomènes qu'elle a en vue; à cette hypothèse, dont la fécondité est ainsi constatée, on devrait donner un autre nom, et l'appeler *principe*. Mais comme cette hypothèse-principe ne régit avec perfection qu'un groupe assez restreint, on lui préfère une hypothèse purement coordinatrice, plus générale mais qui ne devine rien; on conserve toutefois les résultats nouveaux, trouvés par la première, en les présentant comme des lois empiriques. C'est ce que l'on a fait pour la conception d'Huyghens; c'est ce que l'on fera peut-être un jour pour la théorie de Fresnel, à cause de certaines anomalies, de certains faits nouveaux qu'elle n'explique pas, ou dont elle ne tient pas compte. Singulière illusion, que l'on retrouve souvent, en Physique et ailleurs: on exalte une science, une doctrine qui n'explique rien, qui ne devine rien, mais qui range, classe, coordonne assez bien les matières dont elle s'occupe; et si une théorie véritable surgit sur quelque point, qui explique admirablement une des parties, mais non les autres, cette imperfection de son travail naissant est le motif même qui la fait déprécier, rejeter, puis oublier.

VINGT ET UNIÈME LEÇON.

Généralisation de la construction d'Huyghens. — Faisceau conique réfracté.
— Faisceau conique émergent. — Rayons réfractés pour une incidence
donnée. — Cas de l'incidence normale. — Forces élastiques développées
lors des vibrations lumineuses.

§ 111. — La forme générale de la surface des ondes dans les cristaux biréfringents à deux axes, découverte par Fresnel, étant maintenant parfaitement connue (19ᵉ Leçon), on doit obtenir les deux ondes planes réfractées, correspondant à une onde plane incidente donnée, en modifiant, ou plutôt en généralisant la construction d'Huyghens, par la substitution de la surface trouvée au système de la sphère et de l'ellipsoïde de révolution; en mettant son centre en L, et plaçant ses trois axes dans les directions fixes qui appartiennent à la masse cristalline. Les ondes planes réfractées étant ainsi déterminées, si l'onde plane incidente n'est active que sur une petite étendue, les parties actives des ondes planes réfractées seront limitées dans le voisinage de leurs contacts avec la surface des ondes; c'est-à-dire qu'au faisceau incident correspondront deux faisceaux réfractés dirigés suivant les rayons vecteurs allant de L à ces deux contacts. Ensuite, si l'on veut connaître la direction de la vibration propagée par chaque rayon réfracté, on projettera ce rayon sur l'onde plane correspondante, et sur cette onde plane même on mènera une perpendiculaire à la projection obtenue, § 97. Cette construction générale, ou cette règle, doit s'appliquer à toutes les positions de la surface du cristal, du plan d'incidence, et du rayon incident, relativement aux axes d'élasticité.

Généralisation de la construction d'Huyghens.

Si le plan d'incidence se trouve perpendiculaire à l'un des axes d'élasticité, auquel la surface du cristal sera conséquemment parallèle, il résulte de la construction générale, de la symétrie de la surface des ondes, et de la nature de ses sections principales, que les deux rayons réfractés seront dans le plan d'incidence, et que l'un d'eux seul satisfera à la loi des sinus, ou donnera un indice de réfraction constant, lequel sera $\frac{1}{a}$, $\frac{1}{b}$, $\frac{1}{c}$, suivant l'axe d'élasticité choisi ; ce qui donne un moyen de déterminer a, b, c, en mesurant ces trois indices. Dans cette circonstance du plan d'incidence perpendiculaire à l'un des axes d'élasticité, ce plan contient l'une des sections principales de la surface des ondes, c'est-à-dire un cercle et une ellipse ; le rayon réfracté $\overline{LE}$ allant à l'ellipse, propagera nécessairement des vibrations perpendiculaires au plan d'incidence, et conséquemment le rayon réfracté $\overline{LO}$ allant au cercle, propagera des vibrations situées dans ce plan d'incidence même. A chaque rayon réfracté correspondra un seul rayon incident, et une seule direction de la vibration qu'il propage.

§ 112. — Ces règles conduisent à deux exceptions remarquables. Si l'axe d'élasticité perpendiculaire au plan des axes optiques l'est aussi au plan d'incidence, ce plan contiendra la section principale de l'onde multiple qui se compose du cercle de rayon b, et de l'ellipse ayant pour axes a et c, lesquelles courbes se coupent. Imaginons leur tangente commune prolongée jusqu'en $\mathcal{A}$, sur la face du cristal ; cette tangente sera la trace unique des ondes planes réfractées, correspondant à une onde plane incidente qu'il sera facile de déterminer. Mais cette onde plane réfractée aura une infinité de contacts avec la surface des ondes, tous situés sur une circonférence de cercle, § 102 ; d'où il suit que les faisceaux réfractés correspondant au

Faisceau conique réfracté. (marginal note)

faisceau incident, se transformeront en un faisceau conique ayant L pour sommet, et le cercle des contacts pour base. Si la face de sortie du cristal est parallèle à la face d'entrée, ce faisceau conique réfracté produira, à l'émergence, un faisceau annulaire cylindrique, parallèle au rayon incident.

Cette conséquence, signalée par Hamilton, a été vérifiée par Lloyd; un écran recevant le faisceau émergent, présente un anneau lumineux dont la forme et les dimensions restent les mêmes, à quelque distance que l'on place l'écran. Chacun des rayons du faisceau conique propage une vibration particulière; on remarquera que celui de ces rayons $\overline{LO}$ qui aboutit au cercle de la section principale, est perpendiculaire au plan du cercle des contacts; en sorte que le cône oblique dont ce cercle est la base, a une de ses arêtes perpendiculaire au plan de cette base. Il s'ensuit que les projections des autres arêtes passent toutes par le point O, et conséquemment que la vibration propagée par une arête oblique sera dirigée, dans le plan du cercle des contacts, de la trace de cette arête oblique à la trace E du rayon lumineux allant à l'ellipse de la section principale. Les phénomènes connus de la polarisation vérifient ces conséquences. Telle est la première exception.

Ainsi on peut, dans un cristal à deux axes, trouver un rayon incident auquel correspond un faisceau conique d'une infinité de rayons réfractés, propageant tous des vibrations de directions différentes. Et comme il y a deux directions distinctes d'ondes planes tangentes suivant des cercles, ce problème peut être résolu de deux manières. Les perpendiculaires (LO) à ces ondes planes particulières peuvent être appelées *axes de la réfraction conique*. Quand la face du cristal est taillée parallèlement au plan d'un des cercles de contact, il faut que le faisceau incident tombe normalement à la face pour se résoudre dans le faisceau réfracté, conique à l'intérieur, cylindrique annulaire à l'émergence. Avant que cette propriété eût été signalée, on croyait ne voir dans ce système, du rayon normal incident, du faisceau conique réfracté, et du faisceau annulaire émergent, qu'un seul rayon traversant normalement le cristal, sans se diviser et sans se polariser; c'était alors un véritable axe de double réfraction, et comme le cristal en offrait deux semblables, on l'appelait *cristal à deux axes*. On voit que les rayons normaux incidents, qui présentent ce phénomène, sont parallèles aux axes de réfraction conique, et non aux axes optiques que nous avons définis géométriquement, § 101.

§ 113. — Voici maintenant la seconde exception. On a vu que chaque rayon de la surface des ondes est l'un des deux rayons réfractés correspondant à un seul rayon incident, et qu'il propage des vibrations d'une seule direction; cette détermination complète résulte de ce qu'à chaque rayon de la surface des ondes ne correspond qu'une seule onde plane ou qu'un seul plan tangent. Les rayons du faisceau conique ci-dessus étudié, ne font pas exception, car chacun d'eux ne provient que d'un seul rayon incident, et ne propage qu'une seule espèce de vibration; mais le rayon dirigé suivant une des lignes que nous avons appelées axes optiques, fait au contraire exception, puisqu'il correspond à une infinité de plans tangents; d'où il résulte qu'il peut être l'un des deux rayons réfractés, pour une infinité de rayons incidents situés sur un certain cône oblique, et qu'il peut conséquemment propager des vibrations de toute direction.

Cette exception, encore signalée par Hamilton, a pareillement été vérifiée par Lloyd. Après avoir déterminé dans un cristal la direction d'un axe optique, on taille, si l'on veut, deux faces parallèles entre elles perpendiculairement à cet axe; on recouvre ces faces de feuilles opaques percées de

(marginal note: Faisceau conique émergent.*)*

deux petits trous dont les centres sont sur la même normale; on concentre sur l'un d'eux un faisceau de lumière, en le plaçant au foyer principal d'une lentille convergente; le faisceau incident, conique et plein, qui se concentre en ce foyer, fournit le faisceau conique annulaire qui se réfracte suivant le seul axe optique ; toute la lumière réfractée suivant cette direction unique, émerge seule par le trou de la face opposée, et par la réfraction à la sortie, se transforme en un faisceau conique annulaire, dont les arêtes sont respectivement parallèles à celles du faisceau conique annulaire incident. Un écran qui reçoit ce faisceau émergent présente un anneau brillant, dont les dimensions augmentent à mesure qu'on éloigne l'écran. Tels sont les phénomènes des réfractions conique et cylindrique. La vérification complète de ces conséquences extrêmes donne à la réalité de la théorie de Fresnel, une certitude qu'aucune théorie mathématique de phénomènes naturels n'a certainement point dépassée.

§ 114. — Quelques théorèmes importants résultent de l'application de l'analyse à la construction d'Huyghens, généralisée par Fresnel. Le problème consiste à déterminer les rayons réfractés correspondant à une incidence donnée. Imaginons la surface des ondes dont le centre est au point O, où le rayon incident $\overline{LO}$ rencontre la face FF' du cristal ; prenons pour axes coordonnés ceux d'élasticité; désignons respectivement par (A, B, C), (A₁, B₁, C₁), (A', B', C') les cosinus des angles que font, avec ces axes, la normale en O au plan d'incidence, la normale NON' à la face du cristal, la trace FF' du plan d'incidence sur la même face, lignes qui forment un angle trièdre trirectangle; ces neuf cosinus vérifieront les relations connues de tout système orthogonal. Menons OP perpendiculaire à OL, et inscrivons la droite PF parallèle à OL, et égale à la vitesse u de la lu-

Rayons réfractés pour une incidence donnée.

mière incidente; i étant l'angle d'incidence LON, représentons par k le rapport

$$(1) \qquad \frac{\sin i}{u} = k;$$

soient (x_1, y_1, z_1) les coordonnées du point M_1, où l'un des rayons réfractés perce la surface des ondes, (x', y', z') celles du point M' conjugué de M_1.

L'onde plane réfractée, tangente en M_1, aura pour équation, § 98,

$$(2) \qquad ax'x + by'y + cz'z = abc;$$

la vitesse de cette onde plane, ou la perpendiculaire OP', est, § 99,

$$(3) \qquad V = \frac{abc}{\sqrt{P'}} = \sqrt{\frac{q}{P'}};$$

cette perpendiculaire fait avec les axes des angles dont les cosinus sont

$$\frac{ax'}{\sqrt{P'}}, \quad \frac{by'}{\sqrt{P'}}, \quad \frac{cz'}{\sqrt{P'}},$$

et, puisqu'elle est située dans le plan d'incidence, elle fait un angle droit avec la droite aux cosinus (A, B, C); on a donc

$$(4) \qquad A\,ax' + B\,by' + C\,cz' = 0,$$

équation qui démontre ce théorème remarquable, que les rayons conjugués à tous les rayons réfractés pour un même plan d'incidence, sont situés dans un même plan diamétral de la surface des ondes. On a $\frac{1}{OF} = \frac{\sin i}{u} = \frac{\cos FOP'}{V}$, d'où l'on conclut $\cos FOP' = k \sqrt{\frac{q}{P'}}$, ou

$$(5) \qquad A'\,ax' + B'\,by' + C'\,cz' = k\sqrt{q}.$$

Autrement, soit l'angle $P'ON' = r$, on a

$$k = \frac{\sin i}{u} = \frac{\sin r}{V},$$

d'où

$$\frac{q}{P'} k^2 = 1 - \left(\frac{A_1 ax' + B_1 by' + C_1 cz'}{\sqrt{P'}} \right)^2,$$

ou bien, en résolvant

(6) $\qquad A_1 ax' + B_1 by' + C_1 cz' = \sqrt{P' - q k^2}.$

Les trois relations (4), (5) et (6) n'en comprennent réellement que deux qui soient distinctes; en effet, la sommation de leurs carrés donne immédiatement l'identité $P' = P'$.

Ces trois relations sont vérifiées par le groupe

(7) $\qquad \begin{cases} ax' = A' k \sqrt{q} + A_1 \omega, \quad by' = B' k \sqrt{q} + B_1 \omega, \\ cz' = C' k \sqrt{q} + C_1 \omega, \qquad \omega = \sqrt{P' - qk^2}; \end{cases}$

car on a

$$SAA_1 = 0, \quad SAA' = 0, \quad SA'A_1 = 0, \quad SA'^2 = 1, \quad SA_1^2 = 1.$$

Le point M' appartenant à la surface des ondes, on devra avoir $R'P' - Q' + q = 0$, ou, substituant les valeurs (7),

(8) $\qquad \begin{cases} (qk^2 + \omega^2) S \dfrac{1}{a^2} (A' k \sqrt{q} + A_1 \omega)^2 \\ -S (b^2 + c^2) (A' k \sqrt{q} + A_1 \omega)^2 + q = 0, \end{cases}$

équation d'où l'on déduira ω; ω étant connu, les valeurs (7) donneront les coordonnées du point conjugué M', et enfin les formules (30), § 98, détermineront les coordonnées du point M_1, et un rayon réfracté. L'équation (8) est du quatrième degré, ce qui donne quatre solutions, correspondant aux quatre plans tangents à la surface des ondes, que l'on

peut mener par la perpendiculaire eu F au plan d'incidence. Mais, de ces quatre solutions, deux seulement appartiennent à la question, et correspondent aux deux plans
tangents inférieurs à la face du cristal.

Cas
de l'incidence
normale.

§ 115. — Considérons le cas où le rayon incident est
normal à la face du cristal, on a alors

$$(9) \quad k = 0, \quad \omega = \sqrt{P'}, \quad x' = \frac{A_1 \sqrt{P'}}{a}, \quad y' = \frac{B_1 \sqrt{P'}}{b}, \quad z' = \frac{C_1 \sqrt{P'}}{c};$$

si l'on pose, pour simplifier,

$$(10) \quad S \frac{A_1^2}{a^2} = M, \quad S(b^2 + c^2) A_1^2 = N,$$

et qu'on remplace P' par $\frac{q_e}{V^2}$, l'équation (8) devient

$$(11) \quad V^4 - N V^2 + q M = 0,$$

et donnera les carrés des vitesses des deux ondes planes réfractées; désignons ces deux vitesses par V_1 et V_2, on aura

$$(12) \left\{ \begin{array}{c} 2 V_1^2 - N = N - 2 V_2^2 = \sqrt{N^2 - 4 q M} = V_1^2 - V_2^2, \\ V_1^2 + V_2^2 = N. \end{array} \right.$$

Cherchons quelle doit être la disposition de la face du cristal, par rapport aux axes d'élasticité, pour que les deux vitesses V_1 et V_2 soient égales. Il faut que $(N^2 - 4 q M)$ soit
égal à zéro; or on trouve successivement

$$(13) \left\{ \begin{array}{l} N^2 - 4 q M = [S(b^2 + c^2) A_1^2]^2 - 4 S b^2 c^2 A_1^2 . S A_1^2 \\ = [(b^2 - c^2) A_1^2 + (a^2 - c^2) B_1^2 + (a^2 - b^2) C_1^2]^2 \\ \qquad - 4(a^2 - b^2)(b^2 - e^2) A_1^2 C_1^2 \\ = [(a^2 - c^2) B_1^2 - (A_1 \sqrt{b^2 - c^2} + C_1 \sqrt{a^2 - b^2})^2] \\ \times [(a^2 - c^2) B_1^2 + (A_1 \sqrt{b^2 - c^2} - C_1 \sqrt{a^2 - b^2})^2] \end{array} \right.$$

et cette quantité ne peut être nulle que si

$$B_1 = 0, \quad A_1^2(b^2 - c^2) - C_1^2(a^2 - b^2) = 0, \quad A_1^2 + C_1^2 = 1,$$

d'où, résolvant,

$$(14) \quad A_1 = \frac{\sqrt{a^2 - b^2}}{\sqrt{a^2 - c^2}}, \quad B_1 = 0; \quad C_1 = \pm \frac{\sqrt{b^2 - c^2}}{\sqrt{a^2 - c^2}},$$

c'est-à-dire que si le rayon normal incident est parallèle à l'un des axes de la réfraction conique, ou si l'onde plane réfractée est parallèle au plan d'un des cercles de contact; ce qui donne un cône de rayons réfractés.

Désignons par η, η', les angles que le rayon normal incident fait avec les deux axes de réfraction conique; on aura

$$(15) \quad \begin{cases} \cos \eta = \dfrac{A_1\sqrt{a^2 - b^2} + C_1\sqrt{b^2 - c^2}}{\sqrt{a^2 - c^2}}, \\[2mm] \cos \eta' = \dfrac{A_1\sqrt{a^2 - b^2} - C_1\sqrt{b^2 - c^2}}{\sqrt{a^2 - c^2}}, \end{cases}$$

on en conclura, comme au § 101,

$$(16) \quad (a^2 - c^2)\sin \eta \sin \eta' = \sqrt{N^2 - 4qM},$$

et, par une simple multiplication,

$$(a^2 - c^2)\cos \eta \cos \eta' = A_1^2(a^2 - b^2) - C_1^2(b^2 - c^2);$$

en outre, la valeur (10) de N devient successivement

$$N = (b^2 + c^2)A_1^2 + (c^2 + a^2)(1 - A_1^2 - C_1^2) + (a^2 + b^2)C_1^2$$
$$= (a^2 + c^2) - (a^2 - c^2)\cos \eta \cos \eta'.$$

Les équations (12) prennent la forme

$$(17) \quad \begin{cases} V_1^2 + V_2^2 = (a^2 + c^2) - (a^2 - c^2)\cos \eta \cos \eta', \\ V_1^2 - V_2^2 = (a^2 - c^2)\sin \eta \sin \eta', \end{cases}$$

et donnent les formules usuelles

$$(18) \begin{cases} V_1^2 = \dfrac{(a^2 + c^2) - (a^2 - c^2)\cos(n + n')}{2}, \\[2mm] V_2^2 = \dfrac{(a^2 + c^2) - (a^2 - c^2)\cos(n - n')}{2}. \end{cases}$$

Pour chacune des valeurs de V (12), on aura

$$P' = \frac{q}{V^2}, \quad x' = \frac{A_1\, bc}{V}, \quad y' = \frac{B_1\, ca}{V}, \quad z' = \frac{C_1\, ab}{V}, \quad R' = S\, x'^2,$$

et les formules

$$R_1 = \frac{q(R' - r) - P'(P' - p)}{D'},$$

$$x_1 = bcx' \frac{P' + a^2 R' - a^2(b^2 + c^2)}{D'},$$

$$y_1 = cay' \frac{P' + b^2 R' - b^2(c^2 + a^2)}{D'},$$

$$z_1 = abz' \frac{P' + c^2 R' - c^2(a^2 + b^2)}{D'},$$

où $D' = R'P' - q$, donneront la vitesse du rayon réfracté correspondant, et les coordonnées d'un point de ce rayon ; ce qui complétera la solution du problème posé, pour le cas de l'incidence normale.

§ 116. — Revenons maintenant à la théorie de l'élasticité, et proposons-nous de trouver quelles sont les forces élastiques développées dans les milieux biréfringents, lors de la propagation des ondes lumineuses. Rappelons que les N_i, T_i sont données par les formules (13) de notre dix-septième Leçon, dans lesquelles il faut supprimer les termes en θ, et où les constantes $(\Delta, \mathcal{C}, \mathcal{F}, D, E, F)$ ont des valeurs déterminées appartenant à un premier système d'axes. Rap-

Forces élastiques développées lors des vibrations lumineuses.

pelons aussi que les six constantes $(\Delta', \mathcal{E}', \mathcal{F}', D', E', F')$ des N'_i, T'_i, qui se rapportent à un autre système, sont données par les formules (18), § 93, où les (m_i, n_i, p_i) sont les cosinus des angles de direction des nouveaux axes. Si les premiers axes sont ceux d'élasticité, on a (19), § 93,

(19) $\quad D = o, \quad E = o, \quad F = o, \quad \Delta = \rho a^2, \quad \mathcal{E} = \rho b^2, \quad \mathcal{F} = \rho c^2,$

et les formules citées donnent

(20) $\begin{cases} \Delta' = \rho S a^2 m_1^2, & \mathcal{E}' = \rho S a^2 m_2^2, & \mathcal{F}' = \rho S a^2 m_3^2, \\ D' = \rho S a^2 m_2 m_3, & E' = \rho S a^2 m_3 m_1, & F' = \rho S a^2 m_1 m_2. \end{cases}$

Supposons que le milieu cristallisé vibre actuellement, par suite de la propagation d'une seule onde plane. Soient (m, n, p) les cosinus appartenant à sa normale, on pourra prendre, § 95,

(21) $\begin{cases} m^2 = -\dfrac{(V_1^2 - a^2)(V_2^2 - a^2)}{(c^2 - a^2)(a^2 - b^2)}, \\[2mm] n^2 = -\dfrac{(V_1^2 - b^2)(V_2^2 - b^2)}{(a^2 - b^2)(b^2 - c^2)}, \\[2mm] p^2 = -\dfrac{(V_1^2 - c^2)(V_2^2 - c^2)}{(b^2 - c^2)(c^2 - a^2)}, \end{cases}$

V_1 et V_2 étant les deux vitesses de propagation que l'onde peut admettre; prenons cette normale pour axe des z', c'est-à-dire remplaçons (m_3, n_3, p_3) par (m, n, p).

Les vibrations propagées ne peuvent avoir que deux directions différentes, § 96, données par les cosinus

(22) $\begin{cases} \xi_1 = \psi_1 \dfrac{m}{V_2^2 - a^2}, & \xi_2 = \psi_2 \dfrac{m}{V_1^2 - a^2}, \\[2mm] \eta_1 = \psi_1 \dfrac{n}{V_2^2 - b^2}, & \eta_2 = \psi_2 \dfrac{n}{V_1^2 - b^2}, \\[2mm] \zeta_1 = \psi_1 \dfrac{p}{V_2^2 - c^2}, & \zeta_2 = \psi_2 \dfrac{p}{V_1^2 - c^2}, \end{cases}$

où l'on doit prendre

$$(23) \quad \begin{cases} \psi_1 = \sqrt{\dfrac{\Pi_2}{V_1^2 - V_2^2}}, \quad \psi_2 = \sqrt{\dfrac{\Pi_1}{V_2^2 - V_1^2}}, \\ \Pi_i = (V_i^2 - a^2)(V_i^2 - b^2)(V_i^2 - c^2). \end{cases}$$

Prenons ces directions pour celles des x' et des y'; c'est-à-dire remplaçons (m_1, n_1, p_1) par (ξ_1, η_1, ζ_1), (m_2, n_2, p_2) par (ξ_2, η_2, ζ_2); les constantes (20) sont alors

$$(24) \quad \begin{cases} \Delta' = \rho S\, a^2 \xi_1^2, \quad \mathcal{C}' = \rho S\, a^2 \xi_2^2, \quad \mathcal{F}' = \rho S\, a^2 m^2, \\ D' = \rho S\, a^2 m\, \xi_2, \quad E' = \rho S\, a^2 m\, \xi_1, \quad F' = \rho S\, a^2 \xi_1\, \xi_2; \end{cases}$$

et, si l'on calcule ces sommes symétriques, on trouve sans difficulté

$$(25) \quad \begin{cases} \Delta' = \rho V_2^2, \quad \mathcal{C}' = \rho V_1^2, \quad \mathcal{F}' = \rho(a^2 + b^2 + c^2 - V_1^2 - V_2^2), \\ D' = -\rho \psi_2, \quad E' = -\rho \psi_1, \quad F' = 0. \end{cases}$$

Enfin, pour obtenir les N_i', T_i', qui correspondent aux axes choisis, on accentuera toutes les lettres des formules (13), dix-septième Leçon, en supprimant toujours les termes en θ:

Imaginons que l'onde plane ne propage qu'une seule des deux vibrations, par exemple celle qui correspond à la vitesse V_1; c'est dire que la vibration s'opère partout parallèlement aux x', et se propage suivant les z'; on pourra prendre

$$(26) \quad u' = \sin 2\pi \frac{t - \dfrac{z'}{V_1}}{\mathcal{C}}; \quad v' = 0, \quad w' = 0,$$

et il n'y aura que

$$(27) \quad \frac{du'}{dz'} = -\frac{2\pi}{\mathcal{C} V_1} \cos 2\pi \frac{t - \dfrac{z'}{V_1}}{\mathcal{C}} = -\sigma.$$

qui restera des neuf dérivées $\dfrac{d\,(u',\,v',\,w')}{d\,(x',\,y',\,z')}$ que renferment les N'_i, T'_i; substituant cette unique dérivée et les constantes (25), on a définitivement

$$(28) \qquad \left\{ \begin{array}{lll} N'_1 = 0, & N'_2 = 2\,\rho\sigma\psi, & N'_3 = 0, \\ T'_1 = 0, & T'_2 = -\,\rho\sigma\,V_1^2, & T'_3 = -\,\rho\sigma\psi_2. \end{array} \right.$$

Cela posé, la force élastique exercée à l'époque t sur tout élément-plan parallèle à l'onde plane, a pour composantes $(T'_2,\,T'_1,\,N'_3)$ ou $(-\rho\sigma\,V_1^2,\,o,\,o)$; c'est-à-dire que cette force élastique est tangentielle, et dirigée dans le sens même de la vibration; son intensité est

$$\frac{2\,\pi\rho}{\mathfrak{E}}\,V_1 \cos 2\,\pi\,\frac{t - \dfrac{z'}{V_1}}{\mathfrak{E}};$$

il faut la prendre avec le signe — pour l'action de la partie la plus éloignée de l'origine sur la partie la plus voisine, avec le signe + pour l'action inverse. La résultante des forces élastiques exercées par tout le milieu vibrant sur la couche, d'épaisseur dz', comprise entre deux positions successives de l'onde plane, sera

$$-\frac{4\,\pi^2}{\mathfrak{E}}\,\rho\,dz'\,\sin 2\,\pi\,\frac{t - \dfrac{z'}{V_1}}{\mathfrak{E}}, \qquad \text{ou} \quad \rho\,dz\,\frac{d^2u'}{dt^2};$$

c'est l'accélération qui détermine le mouvement vibratoire.

La force élastique exercée à l'époque t, sur tout élément-plan perpendiculaire aux x' ou à la direction de la vibration, a pour composante

$$(N'_1,\,T'_3,\,T'_2) \quad \text{ou} \quad (o,\,-\rho\sigma\psi_2,\,-\rho\sigma\,V_1^2);$$

c'est-à-dire que cette force élastique est tangentielle. Soit

$F = -\rho\sigma T$ son intensité, on aura

$$\frac{T'_3}{F} = \frac{\psi_2}{T}, \quad \frac{T'_2}{F} = \frac{V_1^2}{T}.$$

pour les cosinus des angles que sa direction fait avec les axes des y' et des z'; or

$$T^2 = \psi_2^2 + V_1^4 = \frac{\Pi_1}{V_2^2 - V_1^2} + V_1^4,$$

et nous avons trouvé, § 97,

$$\Pi_1 = V_1^2 (V_2^2 - V_1^2) (Sx^2 - V_1^2);$$

Sx^2 étant le carré du rayon lumineux r_1, ou du rayon vecteur allant du centre de la surface des ondes au point de contact de l'onde plane, rayon qui est situé sur le plan de l'élément actuel; on a donc

$$\psi_2^2 = V_1^2 (r_1^2 - V_1^2), \quad T^2 = \psi_2^2 + V_1^4 = V_1^2 r_1^2;$$

d'où l'on conclut

$$F = \frac{2\pi\rho}{\mathfrak{E}} r_1 \cos 2\pi \frac{t - \dfrac{z'}{V_1}}{\mathfrak{E}},$$

$$\frac{T'_3}{F} = \sqrt{1 - \left(\frac{V_1}{r_1}\right)^2}, \quad \frac{T'_2}{F} = \frac{V_1}{r_1};$$

c'est-à-dire que *la direction de la force* F *est celle du rayon lumineux* r_1. La résultante des forces élastiques exercées par le milieu vibrant, sur la couche d'épaisseur dx' comprise entre deux plans infiniment voisins, perpendiculaires à la vibration, est nulle, puisque F ne contient pas x'.

VINGT-DEUXIÈME LEÇON.

Recherches sur la possibilité d'un seul centre d'ébranlement. — Conditions de cette possibilité. — Condition pour les ondes, vérifiée par les ondes progressives à deux nappes de Fresnel.

Ondes
progressives

§ 117. — L'explication des phénomènes optiques des cristaux biréfringents repose sur ce principe, qu'une molécule de la surface, atteinte par la lumière, devient le centre d'un système d'ondes à deux nappes. Il est donc nécessaire, pour la vérité de cette explication, qu'un pareil système puisse exister. Nous allons chercher les conditions que la théorie de l'élasticité impose à ce système isolé. La surface des ondes, dont l'équation est

$$(1) \qquad RP - Q + q = 0,$$

lorsque l'on pose

$$(2) \qquad \begin{cases} S\,x^2 = R, \quad S\,a^2 x^2 = P, \\ S\,a^2(b^2 + c^2)\,x^2 = Q, \quad a^2 b^2 c^2 = q, \end{cases}$$

est l'onde progressive après l'unité de temps; pour avoir sa position après le temps λ, il suffit de changer $(x,\ y,\ z)$ en $\left(\dfrac{x}{\lambda},\ \dfrac{y}{\lambda},\ \dfrac{z}{\lambda}\right)$, d'où $(R,\ P,\ Q)$ en $\left(\dfrac{R}{\lambda^2},\ \dfrac{P}{\lambda^2},\ \dfrac{Q}{\lambda^2}\right)$, comme pour obtenir des surfaces semblables dont le centre de similitude est à l'origine. On a ainsi l'équation

$$(3) \qquad q\,\lambda^4 - Q\lambda^2 + RP = 0,$$

laquelle représente toutes les positions de l'onde, en y faisant va rier le paramètre λ. Cette équation, résolue, donne

$$(4) \qquad \lambda^2 = \frac{Q \pm \sqrt{Q^2 - 4\,q\,RP}}{2\,q}.$$

Les deux valeurs positives de λ indiquent que, lors d'une seule onde progressive produite à l'origine des coordonnées, centre unique d'ébranlement, un point M dont les coordonnées sont (x, y, z) sera agité à deux époques différentes

$$(5) \qquad \begin{cases} \lambda_1 = \sqrt{\dfrac{Q - \sqrt{Q^2 - 4\,q\,RP}}{2\,q}}, \\[2em] \lambda_2 = \sqrt{\dfrac{Q + \sqrt{Q^2 - 4\,q\,RP}}{2\,q}}, \end{cases}$$

ou, autrement, que M sera successivement atteint par les deux nappes de l'onde progressive.

Conditions
de possibilité. § 118. — Si le centre d'ébranlement exécute une suite indéfinie de vibrations, le déplacement y sera représenté par les projections

$$(6) \quad u_0 = X_0 \cos 2\pi \frac{t}{\mathfrak{E}}, \quad v_0 = Y_0 \cos 2\pi \frac{t}{\mathfrak{E}}, \quad w_0 = Z_0 \cos 2\pi \frac{t}{\mathfrak{E}};$$

$\mathfrak{E}$ étant la durée d'une vibration complète. Le point M recevra chaque ébranlement central après deux retards différents λ_1 et λ_2; de là résulte que la loi de son déplacement sera exprimée par les projections

$$(7) \qquad \begin{cases} u = X_1 \cos 2\pi \dfrac{t - \lambda_1}{\mathfrak{E}} + X_2 \cos 2\pi \dfrac{t - \lambda_2}{\mathfrak{E}}, \\[1.5em] v = Y_1 \cos 2\pi \dfrac{t - \lambda_1}{\mathfrak{E}} + Y_2 \cos 2\pi \dfrac{t - \lambda_2}{\mathfrak{E}}, \\[1.5em] w = Z_1 \cos 2\pi \dfrac{t - \lambda_1}{\mathfrak{E}} + Z_2 \cos 2\pi \dfrac{t - \lambda_2}{\mathfrak{E}}, \end{cases}$$

(X_1, Y_1, Z_1), (X_2, Y_2, Z_2) étant des fonctions de (x, y, z)

qui devront donner, pour $(x = 0,\ y = 0,\ z = 0)$,

(8) $X_1 + X_2 = X_0,\quad Y_1 + Y_2 = Y_0,\quad Z_1 + Z_2 = Z_0.$

Ces fonctions doivent se déterminer par la condition que les valeurs (7), des projections de déplacement moléculaire, vérifient les équations

$$(9)\begin{cases} \dfrac{d.c^2\left(\dfrac{du}{dy} - \dfrac{dv}{dx}\right)}{dy} - \dfrac{d.b^2\left(\dfrac{dw}{dx} - \dfrac{du}{dz}\right)}{dz} = \dfrac{d^2u}{dt^2}, \\[3ex] \dfrac{d.a^2\left(\dfrac{dv}{dz} - \dfrac{dw}{dy}\right)}{dz} - \dfrac{d.c^2\left(\dfrac{du}{dy} - \dfrac{dv}{dx}\right)}{dx} = \dfrac{d^2v}{dt^2}, \\[3ex] \dfrac{d.b^2\left(\dfrac{dw}{dx} - \dfrac{du}{dz}\right)}{dx} - \dfrac{d.a^2\left(\dfrac{dv}{dz} - \dfrac{dw}{dy}\right)}{dy} = \dfrac{d^2w}{dt^2}, \end{cases}$$

qui contiennent implicitement la relation

(10) $\dfrac{du}{dx} + \dfrac{dv}{dy} + \dfrac{dw}{dz} = 0,$

et que nous avons trouvées pour représenter les petits mouvements intérieurs d'un milieu homogène biréfringent, lesquels n'altèrent pas sa densité.

Les équations (9) étant linéaires, il suffira de trouver des fonctions (X, Y, Z) de (x, y, z), telles que les projections

$$(11)\begin{cases} u = X \cos 2\pi \dfrac{t - \lambda}{\mathfrak{c}}, \\[2ex] v = Y \cos 2\pi \dfrac{t - \lambda}{\mathfrak{c}}, \\[2ex] w = Z \cos 2\pi \dfrac{t - \lambda}{\mathfrak{c}}, \end{cases}$$

vérifient ces équations, λ étant

(12) $\lambda = \sqrt{\dfrac{Q + \sqrt{Q^2 - 4qRP}}{2q}},$

ou λ_2; car, en changeant dans les résultats obtenus le signe du radical $\sqrt{Q^2 - 4qRP}$, on en déduira les autres termes des projections (7). Sans rien spécifier sur la nature de la fonction λ, cherchons à quelles conditions les valeurs (11) pourront vérifier les équations (9). On a

$$(13) \quad \begin{cases} \dfrac{du}{dx} + \dfrac{dv}{dy} + \dfrac{dw}{dz} = \left(\dfrac{dX}{dx} + \dfrac{dY}{dy} + \dfrac{dZ}{dz} \right) \cos 2\pi \dfrac{t-\lambda}{\mathfrak{C}} \\[3mm] \qquad + \dfrac{2\pi}{\mathfrak{C}} \left(X \dfrac{d\lambda}{dx} + Y \dfrac{d\lambda}{dy} + Z \dfrac{d\lambda}{dz} \right) \sin 2\pi \dfrac{t-\lambda}{\mathfrak{C}}, \end{cases}$$

et cette expression devant être nulle quel que soit t, il faudra que l'on ait

$$(14) \quad \begin{cases} \dfrac{dX}{dx} + \dfrac{dY}{dy} + \dfrac{dZ}{dz} = 0, \\[3mm] X \dfrac{d\lambda}{dx} + Y \dfrac{d\lambda}{dy} + Z \dfrac{d\lambda}{dz} = 0; \end{cases}$$

ce qui montre que la vibration doit s'exécuter sur le plan tangent à l'onde dont le paramètre est λ.

Quand on substituera les (u, v, w) (11) dans les équations (9), les seconds membres ne contiendront que des termes en $\cos 2\pi \dfrac{t-\lambda}{\mathfrak{C}}$; il devra en être de même des premiers membres. On empêchera d'abord que les premières différentiations en (x, y, z) ne doublent les termes, en prenant pour (X, Y, Z) les dérivées premières d'une même fonction φ; car, si l'on prend

$$(15) \quad \begin{cases} u = \dfrac{d\varphi}{dx} \cos 2\pi \dfrac{t-\lambda}{\mathfrak{C}}, \\[3mm] v = \dfrac{d\varphi}{dy} \cos 2\pi \dfrac{t-\lambda}{\mathfrak{C}}, \\[3mm] w = \dfrac{d\varphi}{dz} \cos 2\pi \dfrac{t-\lambda}{\mathfrak{C}}, \end{cases}$$

ce qui transformera les équations (14) en

$$(16) \quad \begin{cases} \dfrac{d^2\varphi}{dx^2} + \dfrac{d^2\varphi}{dy^2} + \dfrac{d^2\varphi}{dz^2} = 0; \\[2mm] \dfrac{d\varphi}{dx}\dfrac{d\lambda}{dx} + \dfrac{d\varphi}{dy}\dfrac{d\lambda}{dy} + \dfrac{d\varphi}{dz}\dfrac{d\lambda}{dz} = 0, \end{cases}$$

on aura

$$(17) \quad \begin{cases} \dfrac{d\wp}{dz} - \dfrac{dw}{dy} = \dfrac{2\pi}{\mathfrak{C}}\,U \cos 2\pi \cdot \dfrac{t-\lambda}{\mathfrak{C}}, \\[2mm] \dfrac{dw}{dx} - \dfrac{du}{dz} = \dfrac{2\pi}{\mathfrak{C}}\,V \cos 2\pi \cdot \dfrac{t-\lambda}{\mathfrak{C}}; \\[2mm] \dfrac{du}{dy} - \dfrac{d\wp}{dx} = \dfrac{2\pi}{\mathfrak{C}}\,W \cos 2\pi \cdot \dfrac{t-\lambda}{\mathfrak{C}}, \end{cases}$$

en posant, pour simplifier,

$$(18) \quad \begin{cases} \dfrac{d\varphi}{dy}\dfrac{d\lambda}{dz} - \dfrac{d\varphi}{dz}\dfrac{d\lambda}{dy} = U, \\[2mm] \dfrac{d\varphi}{dz}\dfrac{d\lambda}{dx} - \dfrac{d\varphi}{dx}\dfrac{d\lambda}{dz} = V, \\[2mm] \dfrac{d\varphi}{dx}\dfrac{d\lambda}{dy} - \dfrac{d\varphi}{dy}\dfrac{d\lambda}{dx} = W. \end{cases}$$

Ensuite, pour que les secondes différentiations en (x, y, z), lesquelles sont définitives, ne doublent pas non plus les termes, il suffit que $(a^2U,\ b^2V,\ c^2W)$ soient les dérivées premières d'une même fonction ψ, ou que l'on ait

$$(19) \qquad a^2U = \dfrac{d\psi}{dx}, \quad b^2V = \dfrac{d\psi}{dy}, \quad c^2W = \dfrac{d\psi}{dz}.$$

Ces conditions étant remplies, les substitutions faites, et les facteurs communs supprimés, les équations (9) seront vérifiées, si l'on a

$$(20) \quad \begin{cases} c^2 \mathrm{W} \dfrac{d\lambda}{dy} - b^2 \mathrm{V} \dfrac{d\lambda}{dz} = \dfrac{d\varphi}{dx}, \\[2ex] a^2 \mathrm{U} \dfrac{d\lambda}{dz} - c^2 \mathrm{W} \dfrac{d\lambda}{dx} = \dfrac{d\varphi}{dy}, \\[2ex] b^2 \mathrm{V} \dfrac{d\lambda}{dx} - a^2 \mathrm{U} \dfrac{d\lambda}{dy} = \dfrac{d\varphi}{dz}. \end{cases}$$

§ 119. — En résumé, il faut que les fonctions λ et φ vérifient : 1° les deux équations (16) ; 2° les équations (19) ; 3° les trois (20) : en tout huit. Parmi ces équations, la première (16) ne concerne que φ ; pour en obtenir une qui n'appartienne qu'à λ seul, il faut effectuer une élimination ; on y parvient de la manière suivante. La première (20) devient, par la substitution des W, V (18),

$$\left[c^2 \left(\frac{d\lambda}{dy} \right)^2 + b^2 \left(\frac{d\lambda}{dz} \right)^2 - 1 \right] \frac{d\varphi}{dx} = \left(c^2 \frac{d\varphi}{dy} \frac{d\lambda}{dy} + b^2 \frac{d\varphi}{dz} \frac{d\lambda}{dz} \right) \frac{d\lambda}{dx},$$

ou, multipliant par a^2, ajoutant aux deux membres $b^2 c^2 \left(\dfrac{d\lambda}{dx} \right)^2 \cdot \dfrac{d\varphi}{dx}$, et posant

$$(21) \qquad \mathrm{S}\, b^2 c^2 \left(\frac{d\lambda}{dx} \right)^2 = \mathrm{F}, \quad \mathrm{S}\, b^2 c^2 \frac{d\varphi}{dx} \frac{d\lambda}{dx} = \mathrm{G},$$

plus simplement

$$(\mathrm{F} - a^2) \frac{d\varphi}{dx} = \mathrm{G} \frac{d\lambda}{dx} ;$$

on aura donc, par cette relation, et par celles qu'on obtiendrait en transformant de la même manière la seconde et la troisième (20), le groupe suivant :

$$(22) \quad \frac{d\varphi}{dx} = \mathrm{G} \frac{\frac{d\lambda}{dx}}{\mathrm{F} - a^2}, \quad \frac{d\varphi}{dy} = \mathrm{G} \frac{\frac{d\lambda}{dy}}{\mathrm{F} - b^2}, \quad \frac{d\varphi}{dz} = \mathrm{G} \frac{\frac{d\lambda}{dz}}{\mathrm{F} - c^2}.$$

On élimine G et les dérivées de φ entre ces équations (22), en opérant sur les premiers membres comme pour former $S\, b^2 c^2 \dfrac{d\varphi}{dx}\dfrac{d\lambda}{dx}$ ou G, ce qui donne, en divisant par G,

$$(23) \qquad S\,\frac{b^2 c^2 \left(\dfrac{d\lambda}{dx}\right)^2}{F - a^2} = 1,$$

équation que l'on parvient à réduire à la forme plus simple

$$(24) \qquad S\,\frac{\left(\dfrac{d\lambda}{dx}\right)^2}{F - a^2} = 0,$$

qui s'obtient d'ailleurs directement par les relations (22), d'après la seconde (16).

L'une ou l'autre des deux équations (23) et (24) suffit donc pour caractériser la nature de la fonction λ. On établit l'identité de ces deux équations de la manière suivante : La seconde, ou (24), d'après F (21), peut se mettre sous la forme

$$F^2 S \left(\frac{d\lambda}{dx}\right)^2 - FS\,(b^2 + c^2)\left(\frac{d\lambda}{dx}\right)^2 + F = 0,$$

ou, en divisant par F qui ne saurait être nul, sous celle-ci,

$$(25) \quad S\left(\frac{d\lambda}{dx}\right)^2 . S\,b^2 c^2 \left(\frac{d\lambda}{dx}\right)^2 - S\,(b^2 + c^2)\left(\frac{d\lambda}{dx}\right)^2 + 1 = 0;$$

la première, ou (23), devient, en chassant les dénominateurs,

$$S\, b^2 c^2 \left(\frac{d\lambda}{dx}\right)^2 (F - b^2)(F - c^2) = (F - a^2)(F - b^2)(F - c^2),$$

et, en développant, ayant égard à la valeur F (21), et adoptant la notation des (r, p, q), § 97,

$$F^3 - FS\, b^2 c^2 (b^2 + c^2)\left(\frac{d\lambda}{dx}\right) + S\, b^4 c^4 \left(\frac{d\lambda}{dx}\right)^2 = F^3 - rF^2 + pF - q;$$

mais on a, identiquement,

$$(26) \quad \begin{cases} S\, b^2 c^2 \left(b^2 + c^2 \right) \left(\dfrac{d\lambda}{dx} \right)^2 = r\mathrm{F} - q\, S \left(\dfrac{d\lambda}{dx} \right)^2, \\ S\, b^4 c^4 \left(\dfrac{d\lambda}{dx} \right)^2 = p\mathrm{F} - q\, S\, (b^2 + c^2) \left(\dfrac{d\lambda}{dx} \right)^2, \end{cases}$$

on a donc, en substituant,

$$\mathrm{F}^3 - r\mathrm{F}^2 + q\, \mathrm{F}\mathrm{S} \left(\frac{d\lambda}{dx} \right)^2 + p\, \mathrm{F} - q\, S\, (b^2 + c^2) \left(\frac{d\lambda}{dx} \right)^2$$
$$= \mathrm{F}^3 - r\mathrm{F}^2 + p\mathrm{F} - q\,;$$

et, si l'on réduit, si l'on divise par q, on retombe sur l'équation (25). L'équation (24) peut donc être regardée comme une simplification de (23). Alors la seconde (16), qui résulte des valeurs (22), lorsqu'on a établi la relation (24), n'est elle-même qu'une conséquence de ces valeurs (22), ou des équations (20).

Vérification. § 120. — Il faut que la fonction λ (12) vérifie l'équation (24), ou (23), ou (25), sinon le mouvement général que nous avons défini comme provenant d'un seul centre d'ébranlement ne serait pas possible. Avant de faire le calcul de cette vérification, rappelons la notation des $(\mathrm{R}, \mathrm{P}, \mathrm{Q})$ et des (r, p, q), en y joignant les deux identités

$$(27) \qquad S\, b^2 c^2 x^2 = p\mathrm{R} - \mathrm{Q}, \quad S\, a^4 x^2 = r\mathrm{P} - \mathrm{Q};$$

rappelons aussi le tableau de symétrie du § 95 et le genre de sommation qui s'ensuit, à l'aide du signe S. La fonction λ vérifie le groupe

$$(28) \quad \begin{cases} q\lambda^4 - \mathrm{Q}\lambda^2 + \mathrm{RP} = 0, \quad 2q\lambda^2 = \mathrm{Q} + \sqrt{\mathrm{Q}^2 - 4q\,\mathrm{RP}}, \\ q\lambda^2 - \mathrm{Q} = -\dfrac{\mathrm{RP}}{\lambda^2}; \end{cases}$$

et, si l'on désigne le radical par D, on aura

$$(29) \qquad \sqrt{\mathrm{Q}^2 - 4q\,\mathrm{RP}} = \mathrm{D}, \quad q\lambda^4 - \mathrm{RP} = \lambda^2 \mathrm{D}.$$

La substitution de $\left(\dfrac{x}{\lambda}, \dfrac{y}{\lambda}, \dfrac{z}{\lambda}\right)$ aux (x, y, z) dans le groupe (23) de la dix-neuvième Leçon, donne le nouveau groupe

$$(30) \quad \begin{cases} \lambda^2 x^2 = \dfrac{(a^2 \lambda^2 - R)(b^2 c^2 \lambda^2 - P)}{(c^2 - a^2)(a^2 - b^2)}, \\[2mm] \lambda^2 y^2 = \dfrac{(b^2 \lambda^2 - R)(c^2 a^2 \lambda^2 - P)}{(a^2 - b^2)(b^2 - c^2)}, \\[2mm] \lambda^2 z^2 = \dfrac{(c^2 \lambda^2 - R)(a^2 b^2 \lambda^2 - P)}{(b^2 - c^2)(c^2 - a^2)}, \end{cases}$$

qui équivaut à la première équation (28) et qui donne facilement

$$(31) \qquad S \frac{x^2}{b^2 c^2 \lambda^2 - P} = 0,$$

autre forme de l'équation qui particularise la fonction λ. Enfin, complétons par H le groupe de simplification

$$(32) \qquad S\, b^2 c^2 \left(\frac{d\lambda}{dx}\right)^2 = F, \quad S\left(\frac{d\lambda}{dx}\right)^2 = H.$$

Toutes ces formules étant présentes, différentions par rapport à x la seconde (28), il vient successivement

$$2q\frac{d.\lambda^2}{dx} = \frac{dQ}{dx} + \frac{Q\dfrac{dQ}{dx} - 2q\dfrac{dRP}{dx}}{\sqrt{Q^2 - 4q\,RP}} = \frac{2q\lambda^2\dfrac{dQ}{dx} - 2q\dfrac{dRP}{dx}}{D},$$

$$D\frac{d.\lambda^2}{dx} = \lambda^2\frac{dQ}{dx} - \frac{dRP}{dx},$$

et, effectuant les dérivations indiquées, on a la première équation du groupe

$$(33) \quad \begin{cases} D\lambda\dfrac{d\lambda}{dx} = x[a^2(b^2 + c^2)\lambda^2 - P - a^2 R], \\[2mm] D\lambda\dfrac{d\lambda}{dy} = y[b^2(c^2 + a^2)\lambda^2 - P - b^2 R], \\[2mm] D\lambda\dfrac{d\lambda}{dz} = z[c^2(a^2 + b^2)\lambda^2 - P - c^2 R]; \end{cases}$$

les deux autres s'obtiennent de la même manière, en différentiant la seconde (28) par rapport à y, puis par rapport
à z. On déduit de ce groupe (33),

$$D\lambda S\, x\frac{d\lambda}{dx} = \lambda^2 Q - 2\,RP = q\,\lambda^4 - RP = \lambda^2 D,$$

d'après la première (28) et la seconde (29), ou définitivement

$$(34)\qquad\qquad S\, x\frac{d\lambda}{dx} = \lambda,$$

ce qui devait être : car la fonction λ (12) est une fonction
homogène de (x, y, z), dont le degré est *un* quand on l'é-
value comme on doit le faire, c'est-à-dire en tenant compte
des irrationnalités.

La première (33) prend les deux formes

$$(35)\quad\begin{cases}D\lambda\dfrac{d\lambda}{dx} = x\,[a^2\,(r\lambda^2 - R) - a^4\lambda^2 - P];\\[2mm] D\lambda\dfrac{d\lambda}{dx} = x\,[(p\lambda^2 - P) - b^2 c^2\lambda^2 - a^2 R].\end{cases}$$

Si l'on multiplie la première (35) par $b^2 c^2 x$, la seconde
par a^2, et que l'on opère sur chacune la sommation S, on
trouve, par les formules (27) et la troisième (28),

$$D\lambda.S\, b^2 c^2\, x\frac{d\lambda}{dx} = R\left[q\,(r\lambda^2 - R) - P\left(p - \frac{P}{\lambda^2}\right)\right],$$

$$D\lambda.S\, a^2\, x\frac{d\lambda}{dx} = P\left[(p\lambda^2 - P) - R\left(r - \frac{R}{\lambda^2}\right)\right],$$

ce qui donne les deux valeurs

$$(36)\quad\begin{cases}S\, b^2 c^2\, x\dfrac{d\lambda}{dx} = R\dfrac{[q\,\lambda^2\,(r\lambda^2 - R) - P\,(p\lambda^2 - P)]}{\lambda^3 D},\\[3mm] S\, a^2\, x\dfrac{d\lambda}{dx} = P\dfrac{[\lambda^2\,(p\lambda^2 - P) - R\,(r\lambda^2 - R)]}{\lambda^3 D}.\end{cases}$$

Si l'on multiplie la première (35) par $b^2 c^2 \left(\dfrac{d\lambda}{dx}\right)$, la se-

conde par $\left(\dfrac{d\lambda}{dx}\right)$, leur sommation S donnera, par l'équa-

tion (34) et les valeurs (32),

$$D\lambda F = q\lambda(r\lambda^2 - R) - \left(q\lambda^2 S\, a^2 x \frac{d\lambda}{dx} + PS\, b^2 c^2 x \frac{d\lambda}{dx}\right),$$

$$D\lambda H = \lambda(p\lambda^2 - P) - \left(\lambda^2 S\, b^2 c^2 x \frac{d\lambda}{dx} + RS\, a^2 x \frac{d\lambda}{dx}\right);$$

or, les formules (36) donnent aisément, d'après la seconde (29),

$$q\lambda^2 S\, a^2 x \frac{d\lambda}{dx} + PS\, b^2 c^2 x \frac{d\lambda}{dx} = \frac{P(p\lambda^2 - P)}{\lambda},$$

$$\lambda^2 S\, b^2 c^2 x \frac{d\lambda}{dx} + RS\, a^2 x \frac{d\lambda}{dx} = \frac{R(r\lambda^2 - R)}{\lambda};$$

substituant et résolvant, on a les valeurs

$$(37) \quad \begin{cases} F = \dfrac{q\lambda^2(r\lambda^2 - R) - P(p\lambda^2 - P)}{\lambda^2 D}, \\[2mm] H = \dfrac{\lambda^2(p\lambda^2 - P) - R(r\lambda^2 - R)}{\lambda^2 D}, \end{cases}$$

et les équations (36) peuvent s'écrire ainsi :

$$(38) \qquad \lambda . S\, b^2 c^2 x \frac{d\lambda}{dx} = RF, \quad \lambda . S\, a^2 x \frac{d\lambda}{dx} = PH.$$

On déduit des valeurs (37), en éliminant successivement
l'une des deux parenthèses qui figurent dans les numéra-
teurs, et ayant égard à la seconde des formules (29),

$$(39) \quad \lambda^2 F + PH = (r\lambda^2 - R), \quad RF + q\lambda^2 H = (p\lambda^2 - P);$$

par ces valeurs, les deux formes (35) donnent, sans difficulté,

$$D \lambda^2 \frac{d\lambda}{dx} = \lambda x [a^2 \lambda^2 (F - a^2) + P (a^2 H - 1)],$$

$$D \lambda^2 \frac{d\lambda}{dx} = \lambda x [R (F - a^2) + b^2 c^2 \lambda^2 (a^2 H - 1)],$$

et l'élimination succesive des deux parenthèses $(a^2 H - 1)$, $(F - a^2)$ conduit à

$$(40) \quad \begin{cases} (b^2 c^2 \lambda^2 - P) \dfrac{d\lambda}{dx} = \lambda x (F - a^2), \\[2mm] (\alpha^2 \lambda^2 - R) \dfrac{d\lambda}{dx} = \lambda x (a^2 H - 1), \end{cases}$$

d'après la seconde (29); ces équations, jointes à leurs symétriques, donnent le groupe suivant :

$$(41) \quad \begin{cases} \dfrac{\frac{d\lambda}{dx}}{F - a^2} = \dfrac{\lambda x}{b^2 c^2 \lambda^2 - P}, \quad \dfrac{\frac{d\lambda}{dx}}{a^2 H - 1} = \dfrac{\lambda x}{a^2 \lambda^2 - R}, \\[4mm] \dfrac{\frac{d\lambda}{dy}}{F - b^2} = \dfrac{\lambda y}{c^2 a^2 \lambda^2 - P}, \quad \dfrac{\frac{d\lambda}{dy}}{b^2 H - 1} = \dfrac{\lambda y}{b^2 \lambda^2 - R}, \\[4mm] \dfrac{\frac{d\lambda}{dz}}{F - c^2} = \dfrac{\lambda z}{a^2 b^2 \lambda^2 - P}, \quad \dfrac{\frac{d\lambda}{dz}}{c^2 H - 1} = \dfrac{\lambda z}{c^2 \lambda^2 - R}, \end{cases}$$

lequel conduit très-simplement à la vérification cherchée.

On a d'abord, par la multiplication des deux fractions qui ont pour numérateur $\left(\dfrac{d\lambda}{dx}\right)$, et d'après la première (30),

$$\frac{\left(\dfrac{d\lambda}{dx}\right)^2}{(F - a^2)(a^2 H - 1)} = \frac{\lambda^2 x^2}{(b^2 c^2 \lambda^2 - P)(a^2 \lambda^2 - R)}$$

$$= \frac{1}{(c^2 - a^2)(a^2 - b^2)},$$

ce qui donne la première valeur du nouveau groupe,

$$(42) \quad \begin{cases} \left(\dfrac{d\lambda}{dx}\right)^2 = \dfrac{(F - a^2)(a^2 H - 1)}{(c^2 - a^2)(a^2 - b^2)}, \\[2mm] \left(\dfrac{d\lambda}{dy}\right)^2 = \dfrac{(F - b^2)(b^2 H - 1)}{(a^2 - b^2)(b^2 - c^2)}, \\[2mm] \left(\dfrac{d\lambda}{dz}\right)^2 = \dfrac{(F - c^2)(c^2 H - 1)}{(b^2 - c^2)(c^2 - a^2)}; \end{cases}$$

les deux autres s'obtiennent de la même manière, en multi-pliant les deux fractions (41) qui ont pour numérateur $\left(\dfrac{d\lambda}{dy}\right)$, puis celles qui ont pour numérateur $\left(\dfrac{d\lambda}{dz}\right)$. On conclut, en-fin, des valeurs (42), et par les formules du § 95,

$$S \frac{b^2 c^2 \left(\dfrac{d\lambda}{dx}\right)^2}{F - a^2} = \frac{1}{A} S(b^2 - c^2)(q H - b^2 c^2) = 1,$$

$$S \frac{\left(\dfrac{d\lambda}{dx}\right)^2}{F - a^2} = \frac{1}{A} S(b^2 - c^2)(a^2 H - 1) = 0.$$

Donc la fonction λ (12) vérifie les équations (23) et (24).

§ 121. — Le groupe (41) conduit à une autre consé-quence, fort importante dans la question qui nous occupe; il donne $\qquad$ Perpen-dicularité de vibration.

$$S \frac{x \dfrac{d\lambda}{dx}}{F - a^2} = \lambda S \frac{x^2}{b^2 c^2 \lambda^2 - P} = 0,$$

d'après l'équation (31); or on a, par les relations (22),

$$S x \frac{d\varphi}{dx} = G S \frac{x \dfrac{d\lambda}{dx}}{F - a^2},$$

20.

donc la fonction φ, que nous chercherons dans la prochaine Leçon, doit vérifier l'équation

$$(43) \qquad x\frac{d\varphi}{dx} + y\frac{d\varphi}{dy} + z\frac{d\varphi}{dz} = 0,$$

laquelle démontre que la vibration de chaque point M s'exécute perpendiculairement au rayon, ou à la droite qui joint ce point au centre d'ébranlement.

VINGT-TROISIÈME LEÇON.

Suite des recherches sur la possibilité d'un seul centre d'ébranlement. — Détermination des projections de l'amplitude. — Lois de l'amplitude des vibrations.

§ 122. — L'explication des phénomènes optiques d'un milieu biréfringent supposant qu'une molécule de sa surface, atteinte par la lumière, devient le centre d'un système d'ondes progressives à deux nappes, nous avons pensé qu'il était nécessaire de rechercher si un pareil système, provenant d'un centre unique d'ébranlement, peut exister seul. Nous avons établi, dans la Leçon précédente, qu'il faut, pour cela, que les projections

Résumé des conditions de possibilité.

$$(1) \quad \begin{cases} u = X \cos 2\pi \dfrac{t-\lambda}{\mathfrak{C}}, \\[2mm] v = Y \cos 2\pi \dfrac{t-\lambda}{\mathfrak{C}}, \\[2mm] w = Z \cos 2\pi \dfrac{t-\lambda}{\mathfrak{C}}, \end{cases}$$

où $\mathfrak{C}$ est la durée d'une vibration complète, où λ, paramètre des ondes progressives, est tel que,

$$(2) \quad \lambda = \sqrt{\frac{Q + \sqrt{Q^2 - 4q\,RP}}{2q}},$$

et où (X, Y, Z) sont des fonctions de (x, y, z), puissent vérifier les équations aux différences partielles,

$$(3) \begin{cases} \dfrac{dc^2 \left(\dfrac{du}{dy} - \dfrac{dv}{dx} \right)}{dy} - \dfrac{db^2 \left(\dfrac{dw}{dx} - \dfrac{du}{dz} \right)}{dz} = \dfrac{d^2 u}{dt^2}, \\[4mm] \dfrac{da^2 \left(\dfrac{dv}{dz} - \dfrac{dw}{dy} \right)}{dz} - \dfrac{dc^2 \left(\dfrac{du}{dy} - \dfrac{dv}{dx} \right)}{dx} = \dfrac{d^2 v}{dt^2}, \\[4mm] \dfrac{db^2 \left(\dfrac{dw}{dx} - \dfrac{du}{dz} \right)}{dx} - \dfrac{da^2 \left(\dfrac{dv}{dz} - \dfrac{dw}{dy} \right)}{dy} = \dfrac{d^2 w}{dt^2}. \end{cases}$$

Nous avons vu que cette vérification aura lieu : 1° si (X, Y, Z) sont les dérivées partielles d'une même fonction φ, ou si l'on a

$$(4) \qquad X = \frac{d\varphi}{dx}, \quad Y = \frac{d\varphi}{dy}, \quad Z = \frac{d\varphi}{dz};$$

2° si les expressions

$$(5) \begin{cases} U = \left(\dfrac{d\varphi}{dy} \dfrac{d\lambda}{dz} - \dfrac{d\varphi}{dz} \dfrac{d\lambda}{dy} \right), \\[3mm] V = \left(\dfrac{d\varphi}{dz} \dfrac{d\lambda}{dx} - \dfrac{d\varphi}{dx} \dfrac{d\lambda}{dz} \right), \\[3mm] W = \left(\dfrac{d\varphi}{dx} \dfrac{d\lambda}{dy} - \dfrac{d\varphi}{dy} \dfrac{d\lambda}{dx} \right) \end{cases}$$

sont telles, que leurs produits respectifs par (a^2, b^2, c^2) soient les dérivées partielles d'une même fonction ψ, ou si l'on a

$$(6) \qquad a^2 U = \frac{d\psi}{dx}, \quad b^2 V = \frac{d\psi}{dy}, \quad c^2 W = \frac{d\psi}{dz};$$

3° enfin, si les fonctions φ et ψ satisfont aux trois relations

$$(7) \qquad \frac{d\varphi}{dx} = G\frac{\dfrac{d\lambda}{dx}}{F - a^2}, \quad \frac{d\varphi}{dy} = G\frac{\dfrac{d\lambda}{dy}}{F - b^2}, \quad \frac{d\varphi}{dz} = G\frac{\dfrac{d\lambda}{dz}}{F - c^2},$$

où G et F représentent, pour simplifier, les deux sommes symétriques

$$(8) \qquad G = S\, b^2 c^2 \frac{d\varphi}{dx}\frac{d\lambda}{dx}, \quad F = S\, b^2 c^2 \left(\frac{d\lambda}{dx}\right)^2.$$

L'élimination de G et des dérivées de φ, entre les relations (7), nous a donné l'équation

$$(9) \qquad S\frac{b^2 c^2 \left(\dfrac{d\lambda}{dx}\right)^2}{F - a^2} = 1, \quad \text{ou} \quad S\frac{\left(\dfrac{d\lambda}{dx}\right)^2}{F - a^2} = 0,$$

dont la seconde forme, rapprochée des mêmes relations (7), conduit à la condition

$$(10) \qquad \frac{d\varphi}{dx}\frac{d\lambda}{dx} + \frac{d\varphi}{dy}\frac{d\lambda}{dy} + \frac{d\varphi}{dz}\frac{d\lambda}{dz} = 0.$$

Enfin, nous avons vérifié que la fonction λ (2) satisfait à l'équation aux différences partielles (9), et qu'elle est telle, que les relations (7) donnent

$$(11) \qquad x\frac{d\varphi}{dx} + y\frac{d\varphi}{dy} + z\frac{d\varphi}{dz} = 0.$$

D'après cela, les équations (9), (10), (11) sont trois conséquences distinctes du groupe (7), et peuvent conséquemment le remplacer.

§ 123. — Ainsi, la fonction φ, qu'il s'agit de détermi- Détermination ner, doit satisfaire aux équations (10), (11), et aux condi- des projections de l'amplitude. tions (6) et (5), lorsqu'on y substituera les dérivées de la fonction λ (2), laquelle vérifie l'équation (9). On peut remplacer le système des deux équations (10) et (11) par les trois valeurs

$$(12) \quad \begin{cases} \dfrac{d\varphi}{dx} = \omega \left(y \dfrac{d\lambda}{dz} - z \dfrac{d\lambda}{dy} \right), \\[2mm] \dfrac{d\varphi}{dy} = \omega \left(z \dfrac{d\lambda}{dx} - x \dfrac{d\lambda}{dz} \right), \\[2mm] \dfrac{d\varphi}{dz} = \omega \left(x \dfrac{d\lambda}{dy} - y \dfrac{d\lambda}{dx} \right), \end{cases}$$

ω étant une nouvelle fonction : car, si l'on ajoute ces valeurs après les avoir respectivement multipliées par $\left(\dfrac{d\lambda}{dx}, \dfrac{d\lambda}{dy}, \dfrac{d\lambda}{dz} \right)$ ou par (x, y, z), on reproduit les équations (10) et (11), et cela quel que soit ω. Mais cette fonction ω doit être telle, que les valeurs (12) satisfassent aux conditions (6) et (7), et en outre aux conditions d'intégrabilité de φ.

Les valeurs (12), substituées dans la première des expressions (5), la transforment ainsi :

$$U = \omega \left\{ \frac{d\lambda}{dx} \left(y \frac{d\lambda}{dy} + z \frac{d\lambda}{dz} \right) - x \left[\left(\frac{d\lambda}{dy} \right)^2 + \left(\frac{d\lambda}{dz} \right)^2 \right] \right\};$$

ajoutant et retranchant, dans le second membre, le terme $\omega x \left(\dfrac{d\lambda}{dx} \right)^2$, et introduisant la notation des fonctions symétriques, il vient

$$U = \omega \left[\frac{d\lambda}{dx} \, \mathrm{S} x \frac{d\lambda}{dx} - x \, \mathrm{S} \left(\frac{d\lambda}{dx} \right)^2 \right];$$

nous avons représenté $\mathrm{S} \left(\dfrac{d\lambda}{dx} \right)^2$ par H, § **120**, et démontré que $\mathrm{S} x \dfrac{d\lambda}{dx}$ est égal à λ; on a donc, en multipliant par a^2, ajoutant et retranchant x,

$$a^2 U = \omega \left[a^2 \lambda \frac{d\lambda}{dx} - x (a^2 H - 1) - x \right],$$

ou, puisque l'équation (40) du § 120 donne

$$a^2 \lambda \frac{d\lambda}{dx} - x (a^2 H - 1) = \frac{R}{\lambda} \frac{d\lambda}{dx},$$

plus simplement,

(13) $$\qquad a^2 U = \omega \left(\frac{R}{\lambda} \frac{d\lambda}{dx} - x \right).$$

Maintenant, si l'on observe que $x = \frac{1}{2} \frac{dR}{dx}$, on aura successivement

$$\left(\frac{R}{\lambda} \frac{d\lambda}{dx} - x \right) = \frac{R}{\lambda} \frac{d\lambda}{dx} - \frac{1}{2} \frac{dR}{dx}$$

$$= \frac{R \frac{d.\lambda^2}{dx} - \lambda^2 \frac{dR}{dx}}{2\lambda^2} = \frac{R^2}{2\lambda^2} \cdot \frac{d \frac{\lambda^2}{R}}{dx},$$

et, en désignant $\frac{\lambda^2}{R}$ par α, ce qui donne

(14) $$\qquad \alpha = \frac{\lambda^2}{R}, \quad \frac{d\alpha}{dx} = \frac{2\lambda}{R^2} \left(R \frac{d\lambda}{dx} - \lambda x \right),$$

la valeur (13) devient la première du groupe suivant :

(15) $a^2 U = R\omega . \frac{1}{2\alpha} \frac{d\alpha}{dx}$, $\quad b^2 V = R\omega . \frac{1}{2\alpha} \frac{d\alpha}{dy}$, $\quad c^2 W = R\omega . \frac{1}{2\alpha} \frac{d\alpha}{dz}$;

les deux autres s'obtiendraient, de la même manière, en substituant les valeurs (12) dans la seconde et dans la troisième des expressions (5). D'après le groupe (15), pour satisfaire aux conditions (6), il faut et il suffit que $R\omega$ soit une fonction $f(\alpha)$ de α, ou de $\left(\dfrac{\lambda^2}{R}\right)$; on doit donc prendre

$$(16) \qquad \omega = \frac{1}{R} f(\alpha) = \frac{1}{R} f\left(\frac{\lambda^2}{R}\right);$$

et il ne reste plus qu'à déterminer la forme de la fonction f, de telle sorte que φ existe.

Avant d'entreprendre cette dernière recherche, remarquons que les valeurs (12) donnent identiquement

$$S \frac{d \dfrac{1}{\omega} \dfrac{d\varphi}{dx}}{dx} = 0,$$

et comme on a, en observant que ω (16) est fonction de λ et R seulement,

$$\frac{d \dfrac{1}{\omega} \dfrac{d\varphi}{dx}}{dx} = \frac{\omega \dfrac{d^2\varphi}{dx^2} - \dfrac{d\omega}{dx}\dfrac{d\varphi}{dx}}{\omega^2} \qquad \text{et} \quad \frac{d\omega}{dx} = \frac{d\omega}{d\lambda}\frac{d\lambda}{dx} + 2\frac{d\omega}{dR}x,$$

il s'ensuit nécessairement

$$\omega S \frac{d^2\varphi}{dx^2} = \frac{d\omega}{d\lambda} S \frac{d\varphi}{dx}\frac{d\lambda}{dx} + 2\frac{d\omega}{dR} Sx \frac{d\varphi}{dx} = 0$$

d'après les équations (10) et (11), ou définitivement

$$(17) \qquad \frac{d^2\varphi}{dx^2} + \frac{d^2\varphi}{dy^2} + \frac{d^2\varphi}{dz^2} = 0.$$

Ainsi, les équations (17) et (10) ont lieu nécessairement quand les projections (1) vérifient les équations (3); ce qui devait être, puisque ces équations (3) comprennent implicitement la relation

$$(18) \qquad \frac{du}{dx} + \frac{dv}{dy} + \frac{dw}{dz} = 0,$$

qui exprime que les vibrations dont il s'agit ici ont lieu sans changement de densité.

Voyons maintenant s'il existe une forme de la fonction f, telle que les valeurs (12), dans lesquelles on substituera ω (16), puissent être les dérivées d'une même fonction φ.

Soit posé, pour simplifier, $f(\alpha) = f$, $\dfrac{df}{d\varphi} = f'$. Si l'on égale les deux expressions que donnent les valeurs (12) pour $\dfrac{d^2\varphi}{dy\,dz}$, en déduisant $\dfrac{d\alpha}{dz}$, $\dfrac{d\alpha}{dy}$ de la seconde (14), on obtient un résultat dont les parenthèses secondaires deviennent des trinômes symétriques, par l'addition et la soustraction de termes égaux ; alors, en remplaçant $S x \dfrac{d\lambda}{dx}$ par λ, $S\left(\dfrac{d\lambda}{dx}\right)^2$ par H, on trouve

$$\frac{2\lambda}{R^2} f' \left[R\left(\lambda \frac{d\lambda}{dx} - Hx\right) - \lambda\left(R\frac{d\lambda}{dx} - \lambda x\right)\right]$$
$$- \frac{2f}{R}\left(R\frac{d\lambda}{dx} - \lambda x\right) + f\left(2\frac{d\lambda}{dx} - x S\frac{d^2\lambda}{dx^2}\right) = 0;$$

et, réduisant, divisant par x, il vient

$$(19) \qquad \frac{2\lambda}{R^2} f'(\lambda^2 - RH) + f\left(\frac{2\lambda}{R} - S\frac{d^2\lambda}{dx^2}\right) = 0.$$

On est conduit à la même équation (19), qui est symétrique, en égalant les deux expressions de $\dfrac{d^2\varphi}{dz\,dx}$, et celles de $\dfrac{d^2\varphi}{dx\,dy}$, déduites des valeurs (12) ; en sorte que cette équation (19) exprime à elle seule les conditions d'intégrabilité de la fonction φ.

Mais il faut que cette unique relation (19) ne contienne que la variable α. Or, si l'on calcule $S\dfrac{d^2\lambda}{dx^2}$ en différentiant les équations (33) de la Leçon précédente, si l'on prend la valeur (37), § 120, de H, et qu'on introduise α (14), on arrive aux deux valeurs

$$(20) \begin{cases} D\lambda \left(\dfrac{2\lambda}{R} - S\dfrac{d^2\lambda}{dx^2} \right) = R \left(2q\alpha^2 - p\alpha + \dfrac{1}{\alpha} \right), \\ D\lambda (\lambda^2 - RH) = \lambda R^2 \left(q\alpha^2 - p\alpha + r - \dfrac{1}{\alpha} \right); \end{cases}$$

d'où l'on déduit, en divisant la première par la seconde,

$$- R\lambda \frac{\left(\dfrac{2\lambda}{R} - S\dfrac{d^2\lambda}{dx^2} \right)}{(\lambda^2 - RH)} = \frac{2q\alpha^3 - p\alpha^2 + 1}{(1 - a^2\alpha)(1 - b^2\alpha)(1 - c^2\alpha)};$$

mais l'équation (19) peut s'écrire ainsi :

$$- R\lambda \frac{\left(\dfrac{2\lambda}{R} - S\dfrac{d^2\lambda}{dx^2} \right)}{(\lambda^2 - RH)} = \frac{2\alpha f'}{f};$$

on a donc, en α seul,

$$\frac{2\alpha f'}{f} = \frac{2q\alpha^3 - p\alpha^2 + 1}{(1 - a^2\alpha)(1 - b^2\alpha)(1 - c^2\alpha)};$$

ou bien, par une décomposition facile,

$$(21) \qquad \frac{2f'}{f} = \frac{1}{\alpha} + \frac{a^2}{1 - a^2\alpha} + \frac{b^2}{1 - b^2\alpha} + \frac{c^2}{1 - c^2\alpha}.$$

D'où l'on conclut, par une intégration immédiate, et en remplaçant ensuite α par $\dfrac{\lambda^2}{R}$,

$$(22) \begin{cases} f^2 = C\dfrac{\alpha}{(1 - a^2\alpha)(1 - b^2\alpha)(1 - c^2\alpha)} \\ = C\dfrac{R^2\lambda^2}{(R - a^2\lambda^2)(R - b^2\lambda^2)(R - c^2\lambda^2)}; \end{cases}$$

C étant une constante arbitraire de même signe que le dénominateur, afin que f^2 soit positif ou f réel.

Le radical $\sqrt{Q^2 - 4q\,RP} = D$ est pris positivement dans λ (2), et la seconde des formules (29) de la Leçon précédente établit l'inégalité

$$(23) \qquad\qquad q\,\lambda^4 > RP.$$

La valeur $\lambda^2 y^2$, § 120 (30), devant être positive, il faut, vu l'ordre décroissant $a > b > c$, que les deux facteurs $(b^2 \lambda^2 - R)$, $(c^2 a^2 \lambda^2 - P)$ soient de même signe, et l'inégalité (23) exige qu'ils soient positifs ; on a donc

$$a^2 > b^2 > \frac{R}{\lambda^2} > c^2;$$

alors, des trois facteurs du dénominateur de f^2 (22), les deux premiers sont négatifs, le dernier positif, et la constante C doit être positive, égale à $+\varepsilon^2$. Si, pour simplifier, on désigne par ϖ le radical

$$(24) \qquad \sqrt{(a^2 \lambda^2 - R)(b^2 \lambda^2 - R)(R - c^2 \lambda^2)} = \varpi,$$

on aura conséquemment

$$(25) \qquad\qquad f = \varepsilon\,\frac{\lambda R}{\varpi}, \quad \omega = \frac{f}{R} = \frac{\varepsilon\lambda}{\varpi}.$$

§ 124. — En résumé, les équations aux différences partielles (3) sont vérifiées par les valeurs (1), où λ a la valeur (2), quand on prend Valeur de l'amplitude.

$$(26) \qquad \begin{cases} X = \omega \left(y\,\dfrac{d\lambda}{dz} - z\,\dfrac{d\lambda}{dy} \right), \\[2mm] Y = \omega \left(z\,\dfrac{d\lambda}{dx} - x\,\dfrac{d\lambda}{dz} \right), \\[2mm] Z = \omega \left(x\,\dfrac{d\lambda}{dy} - y\,\dfrac{d\lambda}{dx} \right), \end{cases}$$

le coefficient ω étant la fonction (25). Soit U la demi-am-

plitude de la vibration en M; (X, Y, Z) en sont les projections, et l'on a

$$
(27) \quad
\begin{cases}
U^2 = X^2 + Y^2 + Z^2 \\
\qquad = \omega^2 \left[S(y^2 + z^2) \left(\dfrac{d\lambda}{dx} \right)^2 - 2\,S\,yz\,\dfrac{d\lambda}{dy}\,\dfrac{d\lambda}{dz} \right] \\
\qquad = \omega^2 \left[S x^2 . S \left(\dfrac{d\lambda}{dx} \right)^2 - \left(S\,x\,\dfrac{d\lambda}{dx} \right)^2 \right] = \omega^2 (RH - \lambda^2) ;
\end{cases}
$$

mais, d'après la seconde formule (20) et $\alpha\ (14)$,

$$
RH - \lambda^2 = \frac{R^2}{\alpha D} (1 - a^2 \alpha)(1 - b^2 \alpha)(1 - c^2 \alpha)
$$

$$
= \frac{(a^2 \lambda^2 - R)(b^2 \lambda^2 - R)(R - c^2 \lambda^2)}{D \lambda^2} = \frac{\varpi^2}{D \lambda^2}.
$$

Substituant cette valeur, et $\omega\ (25)$ dans $U^2\ (27)$, on a définitivement

$$
(28) \qquad U = \frac{\varepsilon}{\sqrt{D}} = \frac{\varepsilon}{\sqrt[4]{Q^2 - 4\,q\,RP}},
$$

pour représenter la loi des amplitudes des vibrations aux
différents points du milieu, agité par les ondes progressives
émanées de l'origine des coordonnées, centre unique d'ébranlement. Cette loi remarquable, et qu'il était difficile d'établir d'une autre manière, suffirait à elle seule pour justifier
la recherche analytique que nous avons entreprise. Mais,
avant d'interpréter cette loi, voyons quelle est la direction
de la vibration U.

Directions
des vibrations. § 125. — Rappelons ici les équations (33) de la Leçon
précédente, qui donnent les dérivées de λ; on en déduit

$$
y\,\frac{d\lambda}{dz} - z\,\frac{d\lambda}{dy} = \frac{yz\,(b^2 - c^2)\,(R - a^2 \lambda^2)}{D \lambda};
$$

et, les parenthèses des valeurs (26) de Y et de Z se calculant de la même manière, on a

$$(29) \quad \begin{cases} X = \dfrac{\varepsilon\, yz\,(b^2 - c^2)\,(R - a^2\lambda^2)}{D\,\varpi}, \\[2mm] Y = \dfrac{\varepsilon\, zx\,(c^2 - a^2)\,(R - b^2\lambda^2)}{D\,\varpi}, \\[2mm] Z = \dfrac{\varepsilon\, xy\,(a^2 - b^2)\,(R - c^2\lambda^2)}{D\,\varpi}. \end{cases}$$

Désignons par (ξ, η, ζ) les cosinus des angles de direction de la vibration. U, on aura, en remplaçant ϖ par sa valeur (24) et réduisant,

$$(30) \quad \begin{cases} \xi = \dfrac{X}{U} = -\dfrac{yz\,(b^2 - c^2)\sqrt{a^2\lambda^2 - R}}{\sqrt{(b^2\lambda^2 - R)(R - c^2\lambda^2)}\,\sqrt{Q^2 - q\,RP}} \\[4mm] = -\dfrac{\dfrac{y}{\lambda}\cdot\dfrac{z}{\lambda}\cdot(b^2 - c^2)\sqrt{a^2 - \dfrac{R}{\lambda^2}}}{\sqrt{\left(b^2 - \dfrac{R}{\lambda^2}\right)\left(\dfrac{R}{\lambda^2} - c^2\right)}\sqrt{\left(\dfrac{Q}{\lambda^2}\right)^2 - 4q\left(\dfrac{R}{\lambda^2}\right)\left(\dfrac{P}{\lambda^2}\right)}}; \end{cases}$$

η et ζ se mettent sous une forme semblable. Or, $\left(\dfrac{x}{\lambda}, \dfrac{y}{\lambda}, \dfrac{z}{\lambda}\right)$ sont les coordonnées du point où le rayon OM rencontre la nappe interne de la surface des ondes, ou de l'onde progressive dont le paramètre λ (2) est l'unité. Les cosinus (ξ, η, ζ) peuvent donc s'exprimer complétement en fonction des coordonnées de ce point. C'est dire que tous les points de $\overline{OM}$, sans exception, exécutent des vibrations parallèles entre elles. Et l'on voit facilement que le mouvement général sera défini, si l'on connaît le mouvement particulier des molécules situées sur la surface des ondes, ou sur l'onde progressive dont le paramètre est l'unité.

Les cosinus (ξ, η, ζ) (30), ainsi exprimés à l'aide des coordonnées du point M_2, où la droite $\overline{OM}$ rencontre la nappe interne de la surface des ondes, donnent une direction qui coïncide avec celle des vibrations appartenant à l'onde plane tangente en M_2. Pareillement, si, au lieu de prendre λ (2), on adoptait

$$\lambda = \lambda_1 = \sqrt{\frac{Q - \sqrt{Q^2 - 4\,q\,RP}}{2\,q}},$$

on trouverait des cosinus (ξ, η, ζ) exprimés à l'aide des coordonnées du point M_1, ou la droite $\overline{OM}$ rencontre la nappe externe de la surface des ondes, et qui définirait une nouvelle direction, coïncidant avec celle des vibrations que propagerait l'onde plane tangente en M_1. Pour constater ces coïncidences, il faudrait recourir à de nouvelles formules, qui donneraient trop d'extension au chapitre que nous traitons; d'ailleurs, la discussion qui va suivre peut se passer de ces résultats.

Lois de l'amplitude.

§ 126. — Soient toujours M_1 et M_2 les points où la ligne OM rencontre les deux nappes, enveloppante et enveloppée, de la surface des ondes; et représentons par (R_1, P_1, Q_1) et par (R_2, P_2, Q_2) les valeurs des (R, P, Q) pour ces deux points; λ_1 et λ_2 étant les deux retards $\sqrt{\dfrac{Q - D}{2\,q}}$ et $\sqrt{\dfrac{Q + D}{2\,q}}$, on aura

$$R = \lambda_1^2\,R_1 = \lambda_2^2\,R_2, \quad P = \lambda_1^2\,P_1 = \lambda_2^2\,P_2, \quad Q = \lambda_1^2\,Q_1 = \lambda_2^2\,Q_2,$$
$$D = \sqrt{Q^2 - 4\,q\,RP} = \lambda_1^2\sqrt{Q_1^2 - 4\,q\,R_1\,P_1} = \lambda_2^2\sqrt{Q_2^2 - 4\,q\,R_2\,P_2},$$

et en outre, par l'équation de la surface des ondes, et d'après le § 101,

$$Q_1 = R_1\,P_1 + q, \quad Q_2 = R_2\,P_2 + q, \quad q = R_1\,P_2 = R_2\,P_1, \quad R_1 > R_2.$$

On déduit de ces dernières relations,

$$Q_1^2 - 4q R_1 P_1 = (R_1 P_1 - q)^2 = P_1^2 (R_1 - R_2)^2 = q^2 \left(\frac{R_1 - R_2}{R_2}\right)^2,$$

$$Q_2^2 - 4q R_2 P_2 = (q - R_2 P_2)^2 = P_2^2 (R_1 - R_2)^2 = q^2 \left(\frac{R_1 - R_2}{R_1}\right)^2,$$

de telle sorte que D admet les valeurs suivantes :

$$D = \lambda_1^2 P_1 (R_1 - R_2) = \lambda_2^2 P_2 (R_1 - R_2) = P (R_1 - R_2)$$

$$= \lambda_1^2 q \left(\frac{R_1 - R_2}{R_2}\right)^2 = \lambda_2^2 q \left(\frac{R_1 - R_2}{R_1}\right)^2.$$

De là résulte, pour la demi-amplitude,

$$(31) \quad U_1 = \frac{\varepsilon_1}{\lambda_1 \, abc} \sqrt{\frac{R_2}{R_1 - R_2}}, \quad U_2 = \frac{\varepsilon_2}{\lambda_2 \, abc} \sqrt{\frac{R_1}{R_1 - R_2}},$$

qui appartiennent aux deux vibrations du point M, le retard de l'une de ces vibrations étant $\lambda_1 = \sqrt{\dfrac{Q - D}{2q}}$, celui de l'autre $\lambda_2 = \sqrt{\dfrac{Q + D}{2q}}$. Comme ces deux vibrations sont indépendantes, et que chacune pourrait exister seule, il n'y a aucune dépendance nécessaire entre les deux constantes ε_1, ε_2, lesquelles sont distinctes et quelconques.

Dans les valeurs (31), R_1 et R_2 sont deux paramètres, variables avec la direction de $\overline{OM}$, mais constants pour tous les points de cette ligne. Puisque $\lambda_1 = \sqrt{\dfrac{R}{R_1}}$, $\lambda_2 = \sqrt{\dfrac{R}{R_2}}$, et que R est le carré de la distance $\overline{OM} = r$, les deux valeurs (31) peuvent être réunies dans celle-ci,

$$(32) \qquad U = \frac{\varepsilon}{abc} \sqrt{\frac{R_1 R_2}{R_1 - R_2}} \cdot \frac{1}{r},$$

qui fait voir que l'amplitude des vibrations, de tous les

points d'une même direction, est en raison inverse de la distance au centre d'ébranlement. D'après une formule démontrée dans la dix-neuvième Leçon, la valeur (32) peut se mettre sous la forme

$$(33) \qquad U = \frac{\varepsilon}{b \sqrt{(a^2 - c^2) \sin i \sin i'}} \frac{1}{r};$$

i et i' étant les angles que la droite $\overline{OM}$ fait avec les deux axes optiques. Cette expression générale de l'amplitude devient infinie pour $i = 0$, $i' = 0$, $r = 0$, c'est-à-dire sur les axes optiques, et au centre même de l'ébranlement. Mais il faut se rappeler que les projections (u, v, w), § 118, se composent chacune de deux termes ayant respectivement pour facteurs $\cos 2\pi \frac{t - \lambda_1}{\varepsilon}$, $\cos 2\pi \frac{t - \lambda_2}{\varepsilon}$; or, lorsque $i = 0$, $i' = 0$, $r = 0$, ou lorsque le radical $\sqrt{Q^2 - 4qRP}$ est nul, on a $\lambda_1 = \lambda_2$, et les facteurs précédents sont égaux; ce qui fait rentrer ces cas extrêmes dans une question d'indétermination que nous traiterons dans la Leçon suivante.

VINGT-QUATRIÈME LEÇON.

Fin des recherches sur la possibilité d'un seul centre d'ébranlement. — Mouvement général des ondes progressives. — Nécessité d'admettre l'éther. — Conclusion. — Sur la constitution intérieure des corps solides.

§ 127. — Toutes les molécules de la surface des ondes reçoivent en même temps les ébranlements élémentaires venus du centre; leurs vibrations sont donc toujours concordantes, ou sans aucune différence de phase. De plus, ces vibrations s'exécutent sur les plans tangents à la surface, et perpendiculairement aux rayons; elles sont donc dirigées sur les courbes sphériques, § 103. Mais l'amplitude de la vibration n'est pas la même sur toute l'étendue d'une courbe sphérique : car U_1 ou U_2, (31) § 126, pour $\lambda_1 = 1$ ou pour $\lambda_2 = 1$, n'est pas constant avec R_1 ou avec R_2. On peut néanmoins représenter le mouvement de toutes les molécules situées sur une même courbe sphérique, par des oscillations périodiques de cette courbe, accompagnées de dilatations et de contractions linéaires dans les diverses parties. Et les oscillations de toutes les courbes sphériques, avec des amplitudes différentes, représenteront le mouvement qui a lieu sur toute la surface des ondes.

De cette manière, chaque point oscille ou vibre sur la courbe sphérique dont il fait partie. Mais l'extrémité d'un axe optique se trouvant à la fois sur deux courbes sphériques, son mouvement se distingue de celui de tout autre point : les deux courbes le contournent, en quelque sorte, par deux arcs opposés, par deux demi-cercles ou deux demi-

Mouvement à la surface des ondes.

21.

ellipses, dont les courbures sont extrêmement grandes. De là
résulte, pour le point singulier dont il s'agit, un mouvement
composé, circulaire ou elliptique. C'est ainsi que l'on peut
expliquer et faire disparaître l'indétermination apparente
du mouvement des points situés sur les axes optiques. En
résumé, dans le mouvement général que nous voulons définir, et qui provient d'un seul centre d'ébranlement,
parmi les points situés sur la surface des ondes, le plus
grand nombre exécutent des vibrations linéaires; d'autres
des oscillations curvilignes, et quatre seulement des rota-
tions autour de leurs positions d'équilibre. Maintenant que
le mode d'agitation de la surface des ondes est complète-
ment défini, il reste à en déduire le mouvement général
qui résulterait d'un système d'ondes progressives à deux
nappes, provenant d'un centre unique d'ébranlement.

Mouvement
général
des ondes
progressives.

§ 128. — Rappelons d'abord le genre de coordonnées
curvilignes qui appartient à la surface des ondes : nous
avons vu (dix-neuvième Leçon) qu'il existe deux familles de cônes, traçant sur cette surface des courbes
orthogonales, et que nous appelons les cônes R_1 et les cônes
R_2, un cône R_1 coupe la nappe enveloppante suivant une
courbe sphérique, et la nappe enveloppée suivant une
courbe ellipsoïdale; l'inverse a lieu pour un cône R_2. Ces
cônes, se conduisant de la même manière pour toute onde
progressive, quelle que soit sa position, coordonnent
très-simplement le genre de mouvement que nous étudions. Plaçons-nous en un point M d'une arête commune
à deux de ces cônes; si une seule vibration a lieu à l'origine O, le point M exécutera successivement deux vibrations, l'une après un retard λ_1, § 117, sur la courbe sphérique du cône R_1, l'autre après un retard λ_2 sur la courbe
sphérique du cône R_2; ou plutôt, ces deux courbes fe-

ront chacune une oscillation après ces deux retards respectifs.

Supposons maintenant que le centre d'ébranlement pro-
duise une suite indéfinie d'ondes progressives, et plaçons-
nous sur un des cônes R_1 ou R_2; ce cône est le lieu d'une
infinité de courbes sphériques, tracées par les sphères dont
le centre est en O; lors du mouvement général, toutes ces
courbes oscilleront; leurs oscillations seront isochrones;
mais elles auront des phases différentes; le retard ou la
phase qui correspond à chaque courbe étant $\sqrt{\dfrac{R}{R_1}}$, ou

$\sqrt{\dfrac{R}{R_2}}$, ce sera comme si le mouvement oscillatoire des
courbes sphériques se propageait, sur la surface du cône,
avec une vitesse de propagation égale à $\sqrt{R_1}$ ou à $\sqrt{R_2}$. Le
mouvement sera le même sur tous les cônes R_1 ou R_2, mais
avec des vitesses de propagation différentes. Enfin, le mouvement, sur chacun des deux axes optiques, résultera d'une
rotation continue, circulaire ou elliptique, se propageant
avec la vitesse b. De la coexistence de ces mouvements divers, on conclut complétement le mouvement vibratoire
d'un point M du milieu, situé à une distance $\sqrt{R}$ du centre
d'ébranlement : car les projections (u, v, w) de son déplacement, à l'époque t, sont les sommes respectives des projections (u_1, v_1, w_1) et (u_2, v_2, w_2) de deux déplacements
périodiques, s'exécutant sur les deux courbes sphériques
des cônes R_1 et R_2, dont l'arête commune est $\overline{OM}$; les
phases de ces deux vibrations sont $\lambda_1 = \sqrt{\dfrac{R}{R_1}}$ et $\lambda_2 = \sqrt{\dfrac{R}{R_2}}$;
leurs amplitudes sont U_1 et U_2, § 126.

§ 129. — Mais il existe un point, un seul, dont le mou- Nécessité d'ad-
vement reste inconnu; c'est l'origine O, le centre unique mettre l'éther.

de l'ébranlement, le sommet de tous les cônes R_1 et R_2. Pour obéir aux lois trouvées, ce point devrait exécuter des vibrations d'une amplitude infinie, et cela, dans toutes les directions à la fois, ce qui est physiquement impossible. Doit-on conclure de là que l'hypothèse d'une suite indéfinie d'ondes progressives produite par un seul centre d'ébranlement est inadmissible? Nous ne le pensons pas. L'explication des phénomènes optiques des milieux biréfringents, fondée sur cette hypothèse, a donné trop de preuves de sa réalité, a découvert trop de faits nouveaux, pour qu'on puisse la rejeter. Il faut donc chercher une autre conclusion, qui laisse subsister une théorie physique, appuyée sur de tels services rendus à la science.

La matière pondérable n'étant pas continue, si l'on découpe l'espace qu'occupe le corps biréfringent en polyèdres égaux, qui comprennent chacun une seule molécule intégrante, chaque polyèdre élémentaire constituera ce que l'on peut appeler le système d'une molécule. Cela posé, l'origine O est occupée par une molécule pondérable, et il faut chercher quel genre d'agitation peut s'établir dans son système, pour qu'il en résulte, au delà, les ondes progressives dont l'expérience constate les effets. Le mystère est ainsi concentré dans ce système, car, quelque petit que soit $\sqrt{R}$, pourvu qu'il ne soit pas nul, ou bien, quelque voisin de O que soit le point M, pourvu qu'il ne se confonde pas avec cette origine, le mouvement de ce point est complétement défini. Or, si la matière pondérable existe seule dans le système central, elle est totalement incapable de produire l'effet dont il s'agit : puisque, si le milieu vibrant qui propage la lumière dans le cristal ne se compose que de particules pondérables, on est inévitablement conduit à cette conséquence, que la molécule O doit exécuter des vibrations d'amplitude infinie dans toutes les directions à la fois. Il faut donc, nécessairement, que le système central, et par suite tout l'espace biréfringent, contienne une autre espèce de matière, qui soit le véritable milieu vibrant sous l'influence de la lumière; tandis que la matière pondérable ne remplit qu'un rôle purement passif, en modifiant, par une sorte de résistance, les directions des vibrations, et les vitesses de propagation dans les divers sens. Cette nouvelle espèce de matière ne peut être que l'éther, dont l'existence est démontrée par le fait de la propagation des ondes lumineuses dans les espaces planétaires.

§ 130. — Puisque l'éther existe dans le système de la molécule centrale, il est possible de se figurer un mode d'agitation de ce fluide, capable de produire les ondes progressives à deux nappes. Imaginons que l'éther y soit distribué en couches d'égal potentiel, ayant, à une certaine distance du centre de gravité du système, la forme d'ellipsoïdes homofocaux. Lors de l'agitation, une molécule du fluide, située sur une de ces couches, est déplacée; son déplacement se décompose en trois projections : l'une normale à l'ellipsoïde qui, occasionnant un changement dans la densité du fluide, n'appartient pas à la lumière; les deux autres transversales, et dirigées suivant les tangentes aux deux lignes de courbure de l'ellipsoïde. Ces dernières projections occasionnent les oscillations des lignes de courbure; oscillations qui se propagent, avec des vitesses diverses, sur les hyperboloïdes homofocaux, conjugués aux ellipsoïdes, et, au loin, sur les cônes asymptotiques à ces hyperboloïdes, § 104. Les axes optiques ne sont autres que les asymptotes de l'hyperbole qui passe par les ombilics des ellipsoïdes, et qui propage des mouvements rotatoires continus. Dans cette manière de concevoir le mouvement général, la molécule pondérable en O est immobile; son atmosphère fluide est considérée comme oc-

Possibilité d'un seul centre d'ébranlement.

cupant tout le cristal, et les autres particules pondérables, disséminées dans cette atmosphère, s'y meuvent comme l'éther qui les entoure ou dont elles tiennent la place. Il se passerait là un phénomène analogue à celui que présenterait une nappe d'eau, parsemée de flotteurs cylindriques lestés, si l'on faisait décrire à un seul de ces flotteurs plusieurs oscillations verticales : le flotteur ébranlé deviendrait le centre d'un système d'ondes circulaires, se propageant à la surface du liquide, et les autres flotteurs se mouvraient comme l'eau ambiante.

Conclusion. §131. — Nous voici arrivés au terme de la longue recherche que nous avons entreprise, dans le seul but de donner un exemple de l'utilité que peut offrir la théorie mathématique de l'élasticité, comme moyen d'exploration dans les questions de Physique générale. Nous nous étions proposé de reconnaître si la matière pondérable est réellement le milieu qui vibre et propage la lumière dans les cristaux diaphanes. Il ne peut plus exister de doute sur cette question, car il résulte clairement de notre analyse que la matière pondérable, seule, est complétement incapable de produire les ondes progressives qui expliquent les phénomènes optiques des corps biréfringents, et qui ont fait découvrir la plupart de ces phénomènes. Les ondes lumineuses sont donc produites et propagées, dans les corps diaphanes, par les vibrations d'un fluide impondérable, lequel ne peut être que l'éther. Or ces conséquences importantes ne pouvaient être déduites, d'une manière certaine et rigoureuse, qu'à l'aide du calcul et en partant de la théorie de l'élasticité. L'explication que nous avons ébauchée au paragraphe précédent, nécessiterait d'autres recherches analytiques et des épreuves expérimentales, dans le but de reconnaître si elle est vraie ou fausse; toutefois, dès à présent, elle définit, d'une manière très-simple, le mouvement des ondes progressives à deux nappes, celui qui se propage sur les cônes orthogonaux, et surtout les axes optiques; malgré ces avantages, nous ne la donnons ici que pour opposer, à l'impossibilité physique des ondes lumineuses par la matière pondérable seule, un moyen facile de concevoir leur formation par l'éther répandu dans les corps diaphanes.

§ 132. — Nous avons exposé la théorie de la double réfraction en suivant la même marche que Fresnel, mais en nous servant de la théorie mathématique de l'élasticité, telle qu'elle existe aujourd'hui. Au lieu des formules de cette théorie, Fresnel a employé une hypothèse, ou un principe de dynamique qu'il aurait examiné de nouveau, s'il n'eût été enlevé prématurément à la science qui lui doit ses progrès les plus importants. Son travail est suffisamment décrit dans plusieurs Traités de Physique; de son principe hypothétique il déduit assez rapidement l'équation qui donne les vitesses des ondes planes; et il en conclut l'équation de la surface des ondes, origine de sa découverte des cristaux à deux axes. Mais il résulte de son point de départ, que la vibration s'exécuterait, à la surface des ondes, sur les courbes ellipsoïdales, et non sur les courbes sphériques; c'est-à-dire qu'elle serait parallèle à la projection du rayon lumineux sur l'onde plane tangente à la surface, et non perpendiculaire à ce rayon comme l'indique la théorie de l'élasticité.

Différence avec la théorie de Fresnel.

Il paraît difficile de décider, par l'expérience, laquelle de ces deux directions est la véritable; car, quelle que soit celle que l'on adopte, les deux rayons réfractés, correspondant à une même incidence, sont polarisés à angle droit, et toutes les conséquences relatives à la polarisation sont les mêmes. Dans leurs recherches analytiques sur la réflexion cristalline, Mac-Cullag et M. Newmann ont adopté la vibration perpendiculaire au rayon lumineux, et leurs formules paraissent s'accorder avec les faits. Mais, puisque l'éther est réellement le milieu dont les vibrations propagent la lumière dans les cristaux biréfringents, les formules que nous avons exclusivement employées sont sans doute insuffisantes. La densité de l'éther peut n'être pas la même dans toute l'étendue du système d'une molécule; et de là résulterait la nécessité de substituer des fonctions périodiques aux coefficients constants des N_i, T_i. En outre, les termes qui contiennent les dérivées secondes des déplacements ne seraient pas négligeables. Or les formules plus générales qui tiendraient compte de toutes ces variations, pourraient conduire à des lois différant beaucoup de celles que nous avons établies. C'est ce qui paraît résulter des belles recherches analytiques de M. Cauchy, sur ce sujet difficile, puisqu'il est conduit à la même conséquence que Fresnel pour la direction de la vibration.

Perturbations.   § 133. — L'expérience vérifie toutes les conséquences déduites de la forme exacte de la surface des ondes, telles que les directions et les vitesses des deux rayons réfractés correspondant à toute incidence, à toute position de la face du cristal, et les phénomènes si singuliers des réfractions coniques et cylindrique; il serait difficile de trouver une théorie partielle qui fût plus complétement d'accord avec les faits. Toutefois cet accord paraît cesser quand on étudie la dispersion de la lumière dans les milieux biréfringents : l'expérience constate que les positions des axes optiques varient avec l'espèce de lumière homogène ou avec la durée de la vibration; c'est-à-dire que les positions des axes d'élasticité et les grandeurs des vitesses principales

(a, b, c) changent d'une couleur à une autre. Mais toutes ces variations, ainsi que le fait de la dispersion dans tout milieu diaphane, sont, pour ainsi dire, de l'ordre des *perturbations*. Ces phénomènes dépendent, comme Fresnel l'a fait voir, des termes négligés, de ceux qui contiennent les dérivées d'ordre supérieur des déplacements moléculaires; et la théorie, limitée à une première approximation, ne pouvait ni les expliquer ni les prévoir.

On remarquera combien il est difficile de quitter les ondes lumineuses quand on les aborde sur quelque point : notre but était de prendre un exemple, aussi restreint que possible, de l'utilité que peut offrir la théorie de l'élasticité comme moyen d'exploration ; nous avons choisi la double réfraction, mais en évitant avec soin de toucher aux autres chapitres de la théorie physique de la lumière ; c'est pour cela que nous avons substitué au principe des interférences l'analogie avec les ondes liquides, dans les explications préliminaires de la réflexion, de la réfraction simple et de la construction d'Huyghens ; que nous nous sommes gardé de prononcer les mots de *plan de polarisation*, et beaucoup d'autres. Mais, lorsque le but est atteint, quand le moment du repos est venu, voilà qu'une multitude de questions surgissent, qui exigent au moins quelques mots de réponse ; et tous les chapitres que nous voulions éviter semblent se mettre de la partie. Malheureusement, nous n'avons ni le temps, ni surtout la puissance de satisfaire à toutes ces exigences.

§ 134. — Nous terminerons cette Leçon, et le Cours que nous avons entrepris, par quelques réflexions sur la constitution intérieure des corps solides. Énonçons d'abord, sans hésitation et sans scrupule, une opinion que les faits justifient et qui a présidé aux méthodes, et même aux pro-

Sur la constitution intérieure des corps solides.

cédés analytiques dont nous avons fait usage. C'est que toutes les questions relatives à la Physique moléculaire ont été retardées, plutôt qu'avancées, par l'extension, au moins prématurée sinon fausse, des principes et des lois de la Mécanique céleste. Les géomètres, préoccupés par l'immense travail nécessaire pour compléter la découverte de Newton, habitués à trouver l'explication mathématique de tous les phénomènes célestes dans le principe de la pesanteur universelle, ont fini par se persuader que l'attraction, ou la matière pondérable seule, devait pareillement expliquer la plupart des phénomènes terrestres. Aussi l'ont-ils prise pour point de départ de leurs recherches sur les différentes parties de la Physique, depuis la théorie de la capillarité, jusqu'à celle de l'élasticité. Il est sans doute probable que les progrès de la Physique générale conduiront un jour à un principe, analogue à celui de la pesanteur universelle, dont ce dernier ne sera même qu'un corollaire, et qui pourra servir de base à une théorie rationnelle, embrassant à la fois les deux Mécaniques, céleste et terrestre. Mais, présupposer ce principe inconnu, ou vouloir le conclure en entier d'une seule de ses parties, c'était retarder, peut-être pour longtemps, l'époque de sa découverte.

Quand la science de la Mécanique moléculaire sera devenue rationnelle dans toutes ses parties, la constitution intérieure des corps ou des milieux pondérables fera l'objet du dernier de ses chapitres, de celui qui devra s'appuyer sur tous les autres. Il sera donc pour longtemps impossible de s'en faire une idée complétement satisfaisante. Cependant cette idée, toujours remaniée et toujours imparfaite, préside à toute étude des phénomènes naturels. C'est en elle que viennent se concentrer toutes les difficultés, tous les doutes que le physicien et le chimiste rencontrent dans leurs travaux de recherche. C'est dans le but de l'éclaircir, de la

définir, que les plus illustres géomètres ont entrepris tant
de travaux infructueux. Est-ce une énigme à jamais inso-
luble? A cette question il faut répondre : Oui, si l'on ne
veut admettre que la matière pondérable; non, si l'on admet en outre l'existence de l'éther.

Si, de la matière pondérable elle-même, émanent les
forces attractives et répulsives, qui rapprochent et éloignent
ses particules, il faut que ces forces opposées varient de
telle manière, que le système de deux molécules seulement
puisse être en équilibre pour un grand nombre d'intervalles
différents; et que le corps solide formé par le groupement
d'un grand nombre de molécules ait la même densité à la
surface qu'à l'intérieur, quelles que soient d'ailleurs la
figure et les dimensions de ce corps. Sinon le fait de la cris-
tallisation, et l'homogénéité des cristaux dans toutes leurs
parties, ne s'accorderaient pas avec l'hypothèse posée. Mais
il est difficile, pour ne pas dire impossible, d'imaginer des
fonctions représentant les forces dont il s'agit, et qui puissent satisfaire complétement à toutes ces conditions. On est
inévitablement conduit à admettre des intervalles plus
grands pour les molécules voisines de la surface, d'où résulterait une diminution de densité, que l'expérience n'a
jamais pu constater. De là s'élève un doute sur la réalité du
principe admis, que toute la puissance de l'analyse mathématique ne saurait détruire.

Mais si l'éther existe et entoure toutes les particules pondérables, on peut se rendre compte, comme il suit, de la
constitution intérieure des corps solides, sans être forcé
d'admettre des variations dans les intervalles moléculaires;
et si ce premier pas nous laisse encore énormément loin de
l'explication, ou de la définition complète, on sent qu'il est
réellement dirigé sur la route qui doit y conduire. Rappelons d'abord le phénomène des attractions et des répulsions

apparentes des corps légers à la surface de l'eau : imaginons
une multitude de flotteurs cylindriques, lestés de manière à
rester verticaux, tous semblables, de même nature, et d'un
très-petit diamètre; par leur action capillaire, ils dépriment
ou exhaussent tous le liquide près de leur ligne de flot-
taison; lorsqu'on les rapproche suffisamment, ils s'attirent,
et restent en quelque sorte collés les uns contre les autres,
de manière à composer un amas de forme quelconque, une
sorte de lame qui se meut tout d'une pièce; on ne distingue
aucune différence entre les intervalles des flotteurs réunis,
vers le milieu de la lame, et près de ses bords; le liquide
interposé y est seul inégalement abaissé ou élevé. D'après
l'hypothèse nouvelle, l'agglomération de molécules, qui constitue un corps solide, serait analogue à la lame formée par
les flotteurs dans l'expérience que nous venons de décrire :
l'éther y jouerait le rôle du liquide; les actions répulsives
ou attractives exercées par la matière pondérable sur le
fluide remplaceraient l'action capillaire; les intervalles
moléculaires pourraient être les mêmes dans toute l'étendue
du corps; la densité de l'éther, analogue à la hauteur du
liquide, serait seule inégale. Nous ne déduirons aucune
conséquence de cette analogie. Nous voulions seulement
montrer que, si l'ancienne hypothèse est impuissante et
stérile, la nouvelle présente au contraire une véritable fécondité, dont il sera nécessaire de bien diriger l'emploi.

Quoi qu'il en soit, l'existence du fluide éthéré est incon-
testablement démontrée, par la propagation de la lumière
dans les espaces planétaires, par l'explication si simple, si
complète, des phénomènes de la diffraction dans la théorie
des ondes; et, comme nous l'avons vu, les lois de la double
réfraction prouvent avec non moins de certitude que l'éther
existe dans tous les milieux diaphanes. Ainsi la matière
pondérable n'est pas seule dans l'univers, ses particules

nagent en quelque sorte au milieu d'un fluide. Si ce fluide n'est pas la cause unique de tous les faits observables, il doit au moins les modifier, les propager, compliquer leurs lois. Il n'est donc plus possible d'arriver à une explication rationnelle et complète des phénomènes de la nature physique, sans faire intervenir cet agent, dont la présence est inévitable. On n'en saurait douter, cette intervention, sagement conduite, trouvera le secret, ou la véritable cause des effets qu'on attribue au calorique, à l'électricité, au magnétisme, à l'attraction universelle, à la cohésion, aux affinités chimiques; car tous ces êtres mystérieux et incompréhensibles ne sont, au fond, que des hypothèses de coordination, utiles sans doute à notre ignorance actuelle, mais que les progrès de la véritable science finiront par détrôner.

FIN.

LEÇONS SUR LA THÉORIE MATHÉMATIQUE DE L'ÉLASTICITÉ DES CORPS SOLIDES.

par M. G. Lamé.

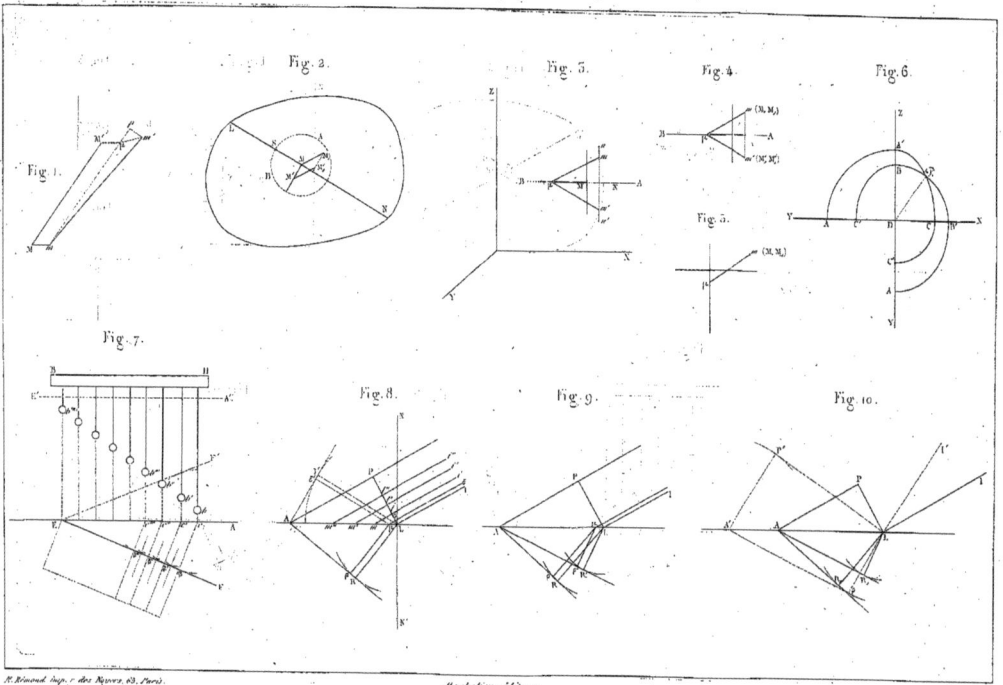

Fig. 1. Fig. 2. Fig. 3. Fig. 4. Fig. 6. Fig. 5. Fig. 7. Fig. 8. Fig. 9. Fig. 10.

H. Rémond Imp. r. des Mignons, 63, Paris.

Bachelier, éditeur.

Dulos sc.

www.ingramcontent.com/pod-product-compliance
Lightning Source LLC
Chambersburg PA
CBHW060130200326
41518CB00008B/984